ÉTUDES

SUR LES

ANIMAUX DOMESTIQUES

PAR

Le Cᵗᵉ Guy DE CHARNACÉ

AMÉLIORATION DES RACES — CONSANGUINITÉ — HARAS

PARIS

VICTOR MASSON ET FILS

PLACE DE L'ÉCOLE-DE-MÉDECINE

1864

ÉTUDES

SUR LES

ANIMAUX DOMESTIQUES

PARIS. — IMP. SIMON RAÇON ET COMP., RUE D'ERFURTH, 1.

ÉTUDES

sur les

ANIMAUX DOMESTIQUES

par

Le Cte Guy DE CHARNACÉ

AMÉLIORATION DES RACES — CONSANGUINITÉ — HARAS

PARIS

VICTOR MASSON ET FILS

PLACE DE L'ÉCOLE-DE-MÉDECINE

—

1864

©

LETTRE

A MM. LES MEMBRES DU COMICE AGRICOLE

DE CHATEAU-GONTIER.

C'est à vous, Messieurs et honorés collègues, que je dédie ce travail, à vous dont la mission est de guider les pas de nos cultivateurs dans la voie des améliorations, à vous, qui avez su favoriser, par d'efficaces encouragements, par de beaux et utiles exemples, la production animale de notre arrondissement, à vous, qui, presque tous avez contribué individuellement à porter au loin la réputation que s'est acquise, comme pays d'élevage et comme producteur de grains, le département de la Mayenne.

Si notre beau pays n'a pas été un des premiers

a

à arborer le drapeau du progrès, si la moitié de nos champs, aujourd'hui couverts de riches moissons, étaient encore, il y a trente ans, livrés aux genets et aux ajoncs, on peut dire qu'une fois en route, nous avons fait de longues étapes, rattrapant bientôt les plus avancés et les dépassant même sous certains rapports.

C'est qu'en effet, il est des époques dans la vie d'un peuple, où, en dépit même des changements politiques qui sembleraient devoir arrêter le développement de la richesse, tout concourt, au contraire, à en favoriser l'essor. Les agitations du moment peuvent, il est vrai, paralyser pour quelque temps les forces d'un pays ; mais lorsque des principes de vie actifs et puissants assurent la prospérité d'une nation, les événements jugés les plus funestes par certains esprits enclins au découragement tournent souvent au plus grand avantage de la masse. N'avons-nous pas vu, par exemple, nos provinces de l'ouest si longtemps arriérées, malgré la fertilité de leur sol, ressusciter tout à coup à la fortune par le seul fait de la création des routes dites stratégiques et devenues, à l'encontre de la volonté qui les avait décrétées, de véritables routes agricoles, où circulent à cette heure la vie et la richesse d'un peuple qu'on ne songeait cependant guère à favoriser? C'est ainsi que depuis quelques années nos athlètes politiques, tour à tour vainqueurs et vaincus, sont venus apporter aux diverses industries de leur pays le secours d'intelligences qui, sans cesse à la recherche d'aliments nouveaux, ont imprimé au capital un mouvement fécond.

Qu'importe, en effet, que toute une jeunesse ait, pendant un temps, abandonné la vie publique, si elle est venue vivre au milieu de populations qu'elle a enrichies et éclairées ? Car, comme le disait en 1843 un savant agronome, l'illustre homme d'État d'un pays voisin, le comte Camille de Cavour :

« Il est difficile d'évaluer avec justesse le bien que peut produire une famille riche ou simplement aisée au milieu d'une population de cultivateurs pauvres et ignorants. Ce bien a peu d'éclat, nul retentissement, et il n'est pas couronné par les académies ; mais pour cela il n'est pas moins immense. Il est si facile à un propriétaire éclairé et fort de gagner l'affection et le respect de tout ce qui l'entoure, qu'il peut sans trop de peine acquérir une influence morale bien plus puissante et plus estimée que celle toute matérielle que les possesseurs du sol devaient jadis à l'organisation féodale de la société. »

Oui, qu'importe que le soldat des plaines africaines ait remis dans le fourreau sa vaillante épée, s'il dirige maintenant, le soc de la charrue?

Qu'importe que l'orateur de nos luttes parlemen-taires soit descendu de la tribune, s'il suit d'un œil éclairé la marche de ses troupeaux pour en favoriser l'extension et l'amélioration? Qu'im-porte que le lutteur ait changé d'arène, si son ardeur le conduit par de nouveaux combats à de nouvelles conquêtes?

Telles sont cependant les vicissitudes éprouvées depuis trente ans par certaines classes de la so-ciété et par quelques individualités brillantes, vi-cissitudes sur lesquelles on a trop gémi, car elles n'ont pu arrêter la marche naturelle des choses dans le chemin du progrès. Bien plus, abandon-nant le centre où elles se mouvaient pour se con-sacrer entièrement à l'exploitation de la terre, ces intelligences, aidées par le capital dont elles disposaient, ont puissamment contribué à la pros-périté toujours croissante, constatée de toutes parts aujourd'hui. Cette sorte de renaissance agricole est singulièrement favorisée, il faut le dire, par la sollicitude du gouvernement impérial. La création de la grande *prime d'honneur*, couronnement heureux des concours régionaux fondés par la République de 1848, le décret qui autorise la dépense de 25 millions pour l'achèvement de chemins vicinaux, l'abolition de l'échelle mobile, les distinctions éclatantes accordées à l'agronome aussi bien qu'au simple fermier; toutes ces inno-

vations ont concouru avec l'aide des efforts individuels à lancer l'industrie agricole dans la voie
des perfectionnements. L'impulsion est donnée,
l'agriculture est sortie de l'ornière où l'avaient
laissée si longtemps plongée l'ignorance de ceux
qui la dirigeaient et l'abandon des possesseurs du
sol. Elle ne sera plus désormais livrée aux chances
de l'empirisme; la science marche chaque jour de
conquête en conquête, apportant incessamment à
nos travaux le secours de ses découvertes, et son
règne est appelé à caractériser une époque nouvelle qu'on pourra désigner sous le nom de
période scientifique.

En effet, les comptes rendus des concours régionaux, les rapports des jurys sur les fermes
des lauréats, montrent que le capital sagement
employé dans l'exploitation du sol n'est pas moins
nécessaire à la réussite d'une entreprise agricole,
qu'à celle de toute autre industrie; et que partout
où il a été combiné avec l'intelligence pratique de
la culture, il en est résulté un accroissement de
richesse. On a également compris que ce n'était
point assez de creuser le sillon et d'y jeter la semence, mais qu'il fallait encore combiner la suc-
cession des récoltes, et rendre au sol les principes
que la plante lui avait enlevés. C'est l'œuvre de la
chimie qui décompose la terre et qui lui prête,
selon les lieux, selon les plantes qu'elle est des-

tinée à porter les éléments nécessaires à sa fécondation. Maintenant, c'est la mécanique, c'est la vapeur venant au secours des forces de l'homme et
les décuplant. Le corps du travailleur, courbé vers
le sol, se relève; son cerveau plus libre se prend
à songer; il considère, il réfléchit, il applique, il
crée. C'est enfin la zootechnie, c'est l'art de l'élevage, la science qui doit guider l'homme des
champs dans le choix des compagnons de ses
travaux et dans l'amélioration des animaux dont
il attend sa nourriture.

De même que le flambeau de la science éclaire
nos industriels dans la création des lignes ferrées, des télégraphes, dans la fabrication des
produits manufacturés, de même aussi sa vive
lumière pénètre les secrets de la nature, et guide
le cultivateur dans ses labeurs. Ce n'est plus
seulement aux sueurs du paysan que nous demanderons notre pain, c'est aussi à son intelligence. C'est en avançant dans les nouveaux sentiments ouverts par le génie de quelques-uns,
que l'homme trouvera la satisfaction de ses intérêts moraux et matériels.

« Il n'est pas à espérer ni même à désirer, dit
M. E. About dans un livre sagement pensé
et brillamment écrit[1], que le travail dispa-

----

[1] *Le Progrès*, Hachette, Paris 1864.

raisse jamais de la terre; mais nous pouvons, avec un peu d'autorité, créer des instruments qui l'obligent pour nos descendants. Il tient à nous d'épargner aux générations futures la fatigue ingrate et continue et l'abrutissement qui s'ensuit. L'intervention des machines dans l'industrie ne tardera pas à supprimer tous ces travaux écrasants qui assimilaient l'homme à un bœuf de labour. L'ouvrier, dans cinquante ans, ne sera plus employé comme force, mais comme intelligence dirigeante : tous les progrès de la mécanique tendent à ce but... Nous pouvons, moyennant un labeur assez rude, déraciner les misères et les vices qui pullulent dans notre pays; mais je n'espère ni ne souhaite l'abrogation de la loi du travail : toute la mauvaise herbe aurait bientôt repoussé, si les cultivateurs se croyaient dispensés de cultiver la terre. Il faudra que nos enfants se remuent comme nous, et nous eussions perdu le sens du bien, la connaissance du vrai et la notion du possible, si nous rêvions de leur préparer une vie toute en loisirs. Ce que nous pouvons souhaiter et obtenir à la longue, c'est que tout homme en naissant trouve la facilité de s'instruire, l'occasion de vivre honnête et les instruments d'un travail utile et modéré. »

Aujourd'hui, nous sommes en marche vers la dernière étape. C'est là que nous trouverons la lumière et le succès en récompense de nos travaux communs. Que chacun de nous travaille dans sa sphère à rapprocher le moment heureux où l'homme arrivera sûrement au bien-être par le travail et l'intelligence. Que tous, propriétaires et capitalistes, savants et praticiens, s'associent donc en vue de la meilleure exploitation de cette terre de France dont le soleil bienfaisant échauffe les entrailles fertiles.

Appartenant à une contrée où le bétail est l'une des principales richesses, j'ai cru que je devais entrer dans l'examen de certaines questions zootechniques et économiques auxquelles sont intéressés producteurs et consommateurs. Je viens donc encore une fois me mettre dans les rangs des soldats de l'agriculture, dont vous êtes, mes chers collègues, une des plus glorieuses phalanges, et apporter dans le champ de la discussion le fruit de mes études. Mon but serait atteint si le comice de ma ville natale accordait au livre que je lui dédie sa sympathique sanction.

GUY DE CHARNACÉ.

DE

L'AMÉLIORATION DES RACES

SÉLECTION — CROISEMENT

Parmi les grandes questions qni préoccupent le plus les esprits tournés vers les choses de l'agriculture, il en est une qui nous a plus particulièrement attiré, en raison de sa double importance économique et sociale, — c'est la production de la viande à bon marché. Des noms célèbres dans la science et dans l'élevage ont tour à tour, et à des points de vue différents, abordé ce problème si compliqué. Parmi eux, on peut citer Gasparin, Baudement, MM. de la Tréhonnais, Gayot, Tisserant, Lecouteux, Léonce de Lavergne, Magne, Renault, Sanson, de Falloux, Thénard et d'autres encore. Tous sont tombés d'accord sur trois

1

points : 1° que la production de la viande était insuffisante ; 2° que la cause de cette insuffisance provenait en partie de l'infériorité de nos races de boucherie ; 3° qu'il était urgent d'aviser à l'amélioration de ces races. Mais lorsqu'il s'est agi de proposer le moyen d'arriver au but commun, on s'est séparé. Les uns se sont prononcés pour le croisement de nos races indigènes avec des races étrangères perfectionnées ; d'autres ont admis le croisement comme un moyen industriel, acceptant le résultat et repoussant le principe ; d'autres encore ont conseillé le croisement jusqu'à certaines limites, dans le but de créer des races intermédiaires. Quelques-uns enfin ont en vue, dans le croisement, l'absorption complète de la race croisée dans la race croisante. Ce sont ces différentes doctrines que nous allons examiner. Vivement préoccupé des intérêts des classes ouvrières, qui ne peuvent qu'exceptionnellement faire entrer la viande dans leur alimentation, convaincu que l'amélioration de nos races de boucherie ne peut s'obtenir que par le croisement, nous nous sommes rangé des premiers du côté des partisans du croisement de nos races inférieures, cette pratique dût-elle entraîner leur complète absorption. Aujourd'hui, une occasion se présente pour nous de défendre nos principes, et nous la saisissons. Un ouvrage nouveau, considérable, vaste encyclopédie agricole de ce temps-ci, a consacré une large part à la zootechnie. Le légitime succès obtenu par *le Livre de la Ferme*[1] est trop général pour qu'il ne soit pas très-important de réfuter quelques-unes des opinions de M. Sanson, auteur de la partie zootechnique de cette publication.

I

Il convient d'écrire dès le début les noms de deux illustrations dans la science agronomique, noms désormais inséparables de l'art zootechnique, — Gasparin et Baudement. Tous deux, hélas! sont, à quelques mois d'intervalle, descendus dans la tombe, l'un chargé d'ans et de gloire, l'autre bien jeune encore et lorsqu'il semblait destiné à rendre d'éminents services à la science. Si le premier de ces deux hommes a su caractériser par un mot le mouvement qui se produit dans la période agricole que nous traversons, le second, par un merveilleux instinct des besoins de son temps, a posé le fondement d'un art qui peut être regardé, à bon droit, comme la clef de voûte de toutes les améliorations culturales. La zootechnie est, en effet, l'expression d'une situation toute nouvelle; elle représente le triomphe du progrès sur la routine, de la science sur l'empirisme. Autrefois l'on disait :

[1] *Le livre de la ferme et des maisons de campagne,* publié sous la direction de M. P. Joigneaux, 2 vol. grand in-8. Paris, Victor Masson et fils, 1862-1864.

le bétail est un mal nécessaire ; aujourd'hui l'on dit : le bétail est la source féconde, indispensable de toute production, de tout bien-être, de toute richesse. Aux économistes de la jeune école donc, la gloire d'avoir renversé la vieille donnée de l'école allemande ; aux physiologistes du jour, l'honneur d'avoir donné un corps aux vérités entrevues par leurs devanciers, en essayant de convertir en principes scientifiques et lumineux les pratiques de l'empirisme.

M. Sanson, après avoir parlé de l'importance de la zootechnie et des fonctions économiques du bétail, arrive à la définition du mot race, autrement dit variété de l'espèce. Il établit que c'est à la puissance de l'hérédité qu'on reconnaît la race et que « la constance ou fixité des caractères est la première condition d'existence de la race. » Il admet qu'il y a race lorsque les caractères individuels des reproducteurs présentent assez de constance et de fixité pour se transmettre intacts au produit. Cette définition est d'une grande importance pour la doctrine du croisement combattue dans le Livre de la Ferme, et que nous défendons. Elle nous autorise, en effet, à dire que toute famille constituée par le procédé du croisement, et qui se maintient avec certains caractères, au moyen d'une sélection rigoureuse, peut être considérée comme une race. C'est ainsi qu'à l'encontre de M. Sanson, loin de repousser la dénomination de race, appliquée aux moutons de la Charmoise, par exemple, nous admettons que ces moutons puissent former souche et constituer une nouvelle famille, une race même. En effet, c'est en 1848 que Malingié cessait de recourir aux béliers Niewkent, type adopté par cet éleveur distingué pour la création de la race à laquelle il donna le nom du berceau qui l'avait vue naître. Depuis cette époque, aucun bélier étranger n'a été introduit dans le troupeau, qui se conserve par la seule méthode *in and in*, avec tous ses caractères distinctifs. On nous dit que ces caractères propres ne se transmettent que dans des conditions hygiéniques au moins égales à celles sous l'influence desquelles ils ont été formés; que, dès que ces conditions baissent, l'atavisme reprend ses droits; que les *coups en arrière* deviennent de plus en plus fréquents, c'est-à-dire qu'il arrive qu'un grand nombre de sujets rappellent les ascendants maternels. Et on induit de là que les moutons de la Charmoise, ainsi que tous les animaux provenant du croisement, ne peuvent être considérés comme formant une race.

Ce raisonnement ne nous paraît pas inattaquable. Quelle est, en effet, la race qui, transportée dans un milieu inférieur à celui où elle vivait, conservera et perpétuera dans sa descendance les caractères qui la distinguaient? Croit-on, par exemple, que la race bovine normande, introduite dans un lieu où elle ne trouverait pas les pâturages de son pays natal, conserverait sa forte ossature et ses qualités lactifères? Non

certes. Ces caractères ne tendraient-ils pas à disparaître à mesure que les conditions qui ont présidé à
leur formation disparaîtraient? Une race quelconque
ne doit-elle pas se modifier selon les circonstances
qui l'entourent? Elle le doit certainement. Par conséquent, conclure du seul fait énoncé plus haut contre
la possibilité de créer une race, c'est aller trop loin.
M. Sanson cite la race mérine, qui, dans les diverses
situations où elle a été importée, n'en a pas moins
imprimé à ses descendants ou aux races avec lesquelles elle a été croisée les principaux caractères
particuliers à sa toison. Cela est vrai en ce qui concerne la laine, mais cela cesse de l'être pour la forme
et le développement du corps, devenus tour à tour
et selon les lieux ou très-considérables, ou très-exi-
gus.

Non content d'avoir étudié les moutons charmoise
dans les concours et à la ferme même de la Charmoise, nous avons interrogé M. Paul Malingié, l'habile et zélé continuateur de l'œuvre paternelle sur le
degré de fixité de sa race. Il nous a affirmé, et nous
avons dans sa parole la confiance qu'inspire une ho-
norabilité et une bonne foi que personne ne conteste,
que les *coups en arrière* deviennent de plus en plus
rares, et que ces cas n'atteignent pas aujourd'hui la
proportion de 2 pour 100. Et, cependant, l'école d'agriculture de la Charmoise, située sur un terrain argilo-
siliceux, ne produit avec bénéfice ni les luzernes ni

les betteraves. Les prairies artificielles ne se composent
que de raygrass avec addition de trèfle, et le troupeau ne reçoit, en fait de racines, que des topinam-
bours. Etant donnée la nature du sol, les fourrages
sont donc peu nourrissants. Dans les fermes environ-
nantes, où la culture est moins avancée, on ne rencontre plus cependant que des métis charmoise-solo-
gnots. Ainsi, dans la commune de Pont-Levoy, où la
population ovine est évaluée à 4,005 têtes, il n'a pas
été trouvé par la commission d'enquête un seul mouton du pays : tous ces animaux avaient plus ou moins
de sang charmoise. Ce fait prouve d'une façon irréfutable que les éleveurs se trouvent bien du croisement
de leur race avec celle de M. Malingié ; car chacun sait
que le paysan, naturellement très-prudent, n'adopte
définitivement les races étrangères, aussi bien que les
instruments nouveaux, que s'il y trouve son avantage.
M. Malingié exporte annuellement et en moyenne
167 reproducteurs, et jusqu'ici aucune plainte ne lui
est parvenue ; tout au contraire, il ne reçoit que
des éloges sur les qualités des animaux vendus par lui.

En ce ce qui concerne la fécondité, il est reconnu
que la race de la Charmoise est plus féconde que les
races bérichonne ou solognote. Le chiffre des portées
doubles tend aussi, chez M. Malingié à s'augmenter
notablement. Ainsi, avant 1858, le chiffre n'était
que de 2 à 3 pour 100 ; aujourd'hui, on peut l'évaluer
à 5 pour 100 au minimum.

Une autre race, dans l'espèce chevaline, dont l'existence prouve d'une façon irréfutable la possibilité de
former des races par le croisement, c'est celle des
trotteurs russes, dite encore du comte Orloff. On sait,
en effet, que c'est par le croisement de l'étalon oriental avec la jument hollandaise, connue sous le nom
d'hardrawe, qu'un Orloff procédait, il y a de cela plus
d'un siècle, à la formation d'une famille de chevaux
célèbres en Europe, et dont l'administration des
haras de France importait dernièrement quelques
types. Depuis une longue période d'années, la race
Orloff se perpétue avec les caractères qui lui sont propres, sans qu'il soit nécessaire de recourir aux deux
éléments qui ont concouru à sa création. Elle se maintient avec une fixité constante, et les différents sujets que nous avons vus présentaient, en effet, une
parfaite homogénéité de conformation et d'allures.
Nommons encore la race des Clydesdale en Écosse,
qui, d'après Sainclair, s'est constituée par l'introduction de juments flamandes, et la race des Trakener
en Prusse.

M. Sanson cite ensuite les Anglais, qui, nous le reconnaissons avec lui, sont nos maîtres dans l'art
zootechnique, et qui, dit-il, n'ont pas eu recours au
croisement pour l'amélioration de leurs races, mais
bien toujours à la sélection. Ceci n'est pas exact, puisque, comme le reconnaît M. Darwin, presque toutes les
races canines de l'Angleterre sont le produit de dif-

férents croisements. Il en est de même pour l'espèce porcine d'Outre-Manche, qui a été complétement transformée par le croisement avec le verrat chinois ou napolitain. Donc nos voisins ne repoussent pas le croisement. S'ils ne l'ont pas employé pour l'amélioration de leurs différentes races bovines, c'est qu'il n'existait point sur le globe de races susceptibles d'améliorer les leurs. Encore faut-il ajouter que la race d'Ayr a été formée par le croisement, et que plusieurs auteurs soutiennent que la race durham est issue du croisement de la race des bords de la Tees avec le taureau hollandais. S'il en était ainsi, quel meilleur exemple pourrait jamais être invoqué à l'appui de notre opinion? Mais des faits incontestés ne nous manquant pas, nous n'avons pas besoin de recourir à ceux qui paraissent douteux. Toutefois, il existe dans la race durham elle-même un exemple de croisement que nous ne pouvons passer sous silence, car il est peu connu et d'une grande valeur pour notre thèse.

Le colonel O'Callaghan, contemporain et voisin de Charles Colling, possédait une vache Galloway, race des montagnes d'Écosse, qui se distingue par une taille plutôt petite, mais trapue, par un rein large et une cuisse bien descendue, par la couleur de son poil long, frisé et fauve, par son manque de précocité, caractères qui, comme on le voit, la différencient essentiellement de la race durham. Le colonel envoya sa vache à Ketton, chez Colling, pour qu'elle fût livrée

1.

à un taureau nommé *Bolingbroke*, fils du fameux *Hubback*. Le produit qui résulta de ce croisement fut un mâle qui ne différait en rien de son père, mais qui parut si merveilleusement beau à Colling, que ce dernier s'en rendit propriétaire. Il l'accoupla avec sa vache *Old-Favourite*, mère de *Bolingbroke*, et par conséquent bisaïeule du jeune taureau Durham-Galoway. Le produit de ce nouveau croisement, dit M. de la Tréhonnais dans l'historique qu'il fait de la race durham, fut encore un veau mâle, auquel on donna le nom de *Petit-Fils de Bolingbroke*. Charles Colling l'accoupla alors avec *Phœnix*, une fille d'*Old-Favourite*. Cette fois, le produit fut une génisse, et c'est de cette femelle, qu'on nomma *Lady*, qu'est issue toute la postérité dite d'alliage. Les événements, ajoute l'auteur qui raconte le fait, vinrent justifier et ce triple dosage *in and in*, et l'essai du croisement durham-galoway, car les descendants de *Lady* ont toujours réalisé, dans la vente, des prix très-élevés. En 1810 une fille de *Lady*, nommée *Countess*, atteignit le chiffre de 10,500 fr.

On ne doit pas conclure de cette déclaration que nous partagions les idées de Buffon qui croyait à la nécessité des croisements des races du Nord avec celles du Midi pour leur conservation ; nous sommes, au contraire, fort éloignés de cette doctrine, et nous partons d'un point tout différent. Nous ne disons pas : croisez toutes les races pour les con-

server; mais bien : croisez une race lorsqu'elle ne
répond plus à vos besoins ou lorsqu'elle est tellement inférieure, que l'amélioration de la race par le
régime devient irréalisable par une seule génération
d'hommes. En dehors de ces deux cas, tenez-vous
à la sélection dans la race même. Personne ne doute
qu'à l'aide d'une sélection intelligente et continue
on ne parvienne à améliorer sensiblement nos races
de boucherie; mais, avec cette doctrine, qu'a-t-on
produit jusqu'ici, et combien de temps encore fau-
dra-t-il pour atteindre le but? Nous irons même plus
loin, et nous dirons : Vous pourrez améliorer nos
races continentales par le seul fait du régime, mais
vous ne parviendrez certainement pas à remplacer
leur lourde ossature par une ossature légère et peut-
être pas davantage à leur donner la précocité et la
facilité à un engraissement prompt. Et voici pourquoi,
c'est que nos vieilles races présentent un ensemble
d'éléments trop homogènes et trop profondément fixés
pour que leur atavisme puisse être combattu par
cet atavisme lui-même. Nous en concluons que ce
ne sera que par une force étrangère, un atavisme
analogue comme ancienneté, mais différemment combiné, qu'on parviendra au résultat que doit se proposer tout producteur de bétail : produire dans un temps
donné et au meilleur compte le plus de viande possible.

Un savant dont les travaux ont fait grand bruit,
M. Darwin, n'est point absolument opposé à la thèse

que nous soutenons : « On connaît, dit-il, des faits
nombreux montrant qu'une race peut être modifiée
par des croisements accidentels, si on prend soin de
choisir soigneusement les descendants croisés qui présentent le caractère désiré. » Puis l'écrivain anglais
ajoute : « Mais qu'on puisse obtenir une race presque
intermédiaire entre deux autres races différentes, j'ai
quelque peine à le croire[1]. » Cependant, les faits prouvent que la chose est très-possible, témoins les métis
mérinos qui se maintiennent en Beauce, en Brie, en
Champagne, avec des caractères parfaitement fixes.

A l'encontre de M. Darwin, M. de Falloux admet
la possibilité de créer des races intermédiaires ; c'est
du moins ce que nous sommes amenés à conclure de
certains passages d'une brochure intitulée *Dix ans
d'agriculture*. Après avoir démontré la supériorité de
la race durham sur nos races indigènes, M. de Falloux dit : « Si tous les cultivateurs avaient exclusivement en vue de former l'animal de boucherie, je
craindrais que l'éleveur, visant naturellement au bénéfice le plus prompt, n'abusât de la précocité de la
race durham, et ne finît par couvrir le sol d'animaux
lymphatiques, d'une viande assurément plus abondante, mais en même temps moins nutritive. » En
outre, M. de Falloux redoute l'abandon du bœuf comme
animal de trait, bien qu'il l'ait lui-même répudié sur

---

[1] *De l'origine des espèces ;* Paris, 1862. Guillaumin et Victor
Masson et fils.

sa magnifique exploitation du Bourg-d'Iré. En conséquence, il conseille l'opération du croisement, qui
lui a valu, comme chacun sait, d'éclatants succès.
« Le bœuf croisé, continue-t-il, devient l'instrument
du petit cultivateur ou fermier ; le croisement modifie
la conformation et assouplit la peau dans la proportion
qu'exige le développement de la viande, sans rien ôter
à l'énergie des muscles et de toutes les facultés labo-
rieuses. On obtient le bénéfice sans l'inconvénient, on
améliore les races indigènes sans les dénaturer, comme
il est arrivé quelquefois dans l'espèce chevaline. »

Comme on le voit, M. de Falloux croit à la possibilité de maintenir une race intermédiaire entre le
Durham et le bœuf français. Mais ce qu'il ne définit
pas, ce sont les moyens à employer pour atteindre le
résultat proposé, et cependant ce serait essentiel à la
discussion. Ce que nous savons, c'est que M. de Falloux a parfaitement réussi jusqu'ici ; mais comment
s'y prendra-t-il à l'avenir pour éviter l'absorption
complète de la race locale? Reviendra-t-il au taureau
manceau, ou bien accouplera-t-il les produits métis
entre eux? Évidemment, le premier moyen ne serait
pas praticable longtemps, car il arrivera un moment
où le système du croisement ayant prévalu autour de
M. de Falloux, la race indigène disparaîtra. Il faudra
donc forcément allier les métis entre eux. C'est ce
qui a été fait déjà pour les métis-mérinos, c'est ce
qu'on pratique à Alfort et ailleurs encore pour les

dishleys-mérinos et ce que plusieurs éleveurs commencent à tenter. Les uns pratiquent le métissage dès
la première génération ; d'autres, au contraire, atten-
dent plus longtemps, chacun suivant le degré de sang
améliorateur qu'ils veulent donner à leurs animaux.
Parmi ces éleveurs, nommons le comte d'Andigné de
Mayneuf, qui possède une des étables les plus importantes de France et, bien certainement, la plus remarquable comme réunion de croisements avec le Durham ;
M. Cesbron-Lavaud, tous deux aussi en Maine-et-Loire ;
M. de La Vallette, le célèbre éleveur de la Mayenne,
qui fait, sur les espèces chevaline, bovine et porcine,
des expériences intéressantes de croisements par les
mâles et par les femelles (croisement à *l'envers*) ; le
vicomte Charles de Charnacé, lauréat de la grande
prime d'honneur dans la Sarthe, il y a quelques années,
qui poursuit parallèlement les deux buts, — l'absorption complète de la race mancelle par le Durham, et
à côté la formation d'une race intermédiaire en accouplant les métis entre eux. L'exposition de l'habile
agriculteur du Plessis-d'Auvers au dernier concours
régional de Tours offrait une heureuse démonstration de l'excellence des pratiques zootechniques de
mon oncle ; l'un de ses taureaux qui a obtenu le
premier prix de sa catégorie est le résultat d'un
sixième croisement avec le Durham pur sang. Un
autre taureau, fils de celui-ci et par conséquent issu
d'un métissage, ne laissait rien à désirer sous le rap-

port de la précocité, du développement et de la régularité des formes. Le jury l'a pensé comme nous. Le fait le plus frappant, c'est que ce jeune taureau obtenu de parents métis, mais très-avancé dans le croisement, c'est-à-dire dans l'absorption de la race améliorée, accusait encore plus de sang que son père. C'est presque un Durham pur, et plus d'un connaisseur s'y tromperait certainement. On pourrait encore citer le marquis d'Havrincourt, dans le Pas-de-Calais, qui a opéré le croisement de la race flamande avec le Durham, et bien d'autres éleveurs. La vérité sortira un jour triomphante de tous ces essais, aussi les suivrons-nous avec une attention constante.

II

Comme le dit *le Livre de la Ferme*, « le point de vue économique ou industriel doit dominer toutes les opérations. Le caractère propre, le caractère unique des améliorations est que leur effet soit la satisfaction plus directe ou plus complète d'un besoin économique. » Eh bien, c'est en nous appuyant sur ces deux vérités que nous combattons la doctrine de l'amélioration de nos races par le régime seulement, ce qui équivaut à peu près au *statu quo*, comme nous l'avons expliqué précédemment.

Les partisans du maintien de la pureté de nos

races continentales invoquent les qualités qui les distinguent, et qui se résument en deux aptitudes, à savoir : l'aptitude au travail et l'aptitude à la sécrétion du lait. Ici, vient tout naturellement se placer la question de la *spécialisation*.

Il ne peut venir dans l'esprit de personne de nier qu'il y a des races chez lesquelles certaines aptitudes sont plus développées que chez d'autres ; qu'il y a des races travailleuses, des races laitières et des races portées vers l'engraissement. C'est ce que Baudement le premier, croyons-nous, a nommé *spécialisation des aptitudes, spécialisation des races*. *Le Livre de la Ferme* prétend que toutes les améliorations du bétail doivent se garder de porter atteinte à ces différentes aptitudes, exclusives, dit-il, les unes des autres, au risque de rompre en visière avec la science, et, par conséquent aussi, au risque de stériliser toutes les opérations de perfectionnement. Tel est un des principaux arguments que nous opposent les adversaires du croisement des races. Examinons donc s'il n'est pas possible, en s'appuyant sur la doctrine elle-même de la *spécialisation*, de spécialiser nos races de boucherie en vue de la production de la viande, afin de l'obtenir à meilleur marché.

Tout d'abord, voyons s'il est économiquement avantageux de développer l'aptitude au travail dans l'espèce bovine. Est-il vrai que le travail des champs

soit plus économiquement opéré par les bœufs que
par les chevaux ? Voilà ce qui n'est point démontré,
et ce qui ne peut l'être, à notre sens, d'une façon
absolue. Toutefois, il résulte, des études publiées sur
cette matière, que le travail du cheval, étant le plus
expéditif, doit être, dans la plupart des cas, préféré
à celui du bœuf. Et ceci s'applique à la grande comme à la moyenne culture. C'est même la nécessité
d'accélérer les travaux, plus encore que le manque
de bras, qui a fait adopter la vapeur comme force
motrice appliquée à la charrue dans les exploitations
considérables. Il résulte, des exigences d'une civilisation nouvelle, la nécessité économique d'augmenter les forces de production, et d'abandonner,
lorsque les circonstances le permettent, les moyens
d'action qui ne sont plus en rapport avec le but
qu'on se propose. C'est une loi à laquelle toutes les
industries ont obéi, et à laquelle l'agriculture ne peut
se soustraire. Donc, la plupart de nos races bovines,
spécialement dirigées jusqu'ici vers l'aptitude au
travail, n'ont plus leur raison d'être ; donc, il est
nécessaire d'aviser au moyen de leur inculquer d'autres aptitudes. Cette opération est-elle possible ? Nous
n'hésitons pas à répondre affirmativement, et personne ne nous contredira. Il s'agit maintenant de
savoir de quelle façon on peut y parvenir, et c'est ce
que nous voulons examiner.

En ce qui concerne l'aptitude à la production du

lait chez quelques-unes de nos races, il n'est guère permis de soutenir qu'il est impossible de la leur conserver, tout en leur donnant la précocité. Ces deux qualités ne s'excluent nullement; la race durham en est une preuve éclatante, aussi bien que les croisements opérés en France avec cette race. Il est reconnu, par exemple, que les vaches durham-mancelles sont plus laitières que les mancelles purés. Personne, que nous sachions, n'a la prétention d'engraisser une vache lorsqu'elle est en lait; mais, du jour où elle tarit, elle demeure un agent important de production, lorsqu'elle appartient à une race possédant cette qualité essentielle de l'espèce bovine, l'aptitude à l'engraissement. Maintenant, si nous passons à l'espèce ovine, la question est bien simplifiée. En effet, il ne s'agit plus là de travail, mais seulement de savoir si nous devons donner la préférence à la production de la laine, ou bien, au contraire, si ce n'est pas plutôt à la production de la viande qu'il faut viser. Ici, le problème est encore plus facile à résoudre, comme nous croyons l'avoir montré dans nos *Études d'économie rurale*[1]. Mais sans revenir sur une question déjà traitée à fond par nous, qu'il nous soit permis de reproduire un article publié l'année dernière par le *Journal de Chartres*, et dû à la plume de M. Lelong. Le président du co-

---

[1] Paris, 1863. Michel Lévy.

mice agricole de cette ville conclut, comme nous, à
la nécessité de la transformation des métis-mérinos.
Non seulement cette race constitue une véritable
plaie pour l'agriculture de certains pays, tels que la
Beauce et l'Aisne par exemple, mais elle atteint
encore le consommateur lui-même par la rareté et
la cherté de la viande qu'elle produit. La meilleure
preuve de ce que nous avançons est dans ce fait que
la population ovine de la France atteint à peine celle
de l'Angleterre, malgré la différence dans l'étendue
du territoire des deux pays. Les trente-cinq millions
de moutons anglais fournissent à peu près, selon
M. de Lavergne, le double plus de viande que le même
nombre n'en donne en France! Ce fait seul prononce
la condamnation de la race, et toute croisade prêchée
contre elle sera un bienfait signalé. En outre, comme
nous l'avons prouvé victorieusement les chiffres en
main, dans l'ouvrage cité plus haut, l'agriculture
d'une grande partie de l'Europe ne peut soutenir la
concurrence avec les vastes contrées transocéaniques
pour la production des laines fines. C'est donc à ce
double titre que nous citons ici l'opinion d'un agronome distingué et d'un homme important, puisqu'il
a été appelé par ses concitoyens à présider le comice
d'un pays où le métis-mérinos règne et gouverne
malheureusement encore seul. Puisse l'opinion que
voici, de M. Lelong, prévaloir bientôt autour de lui.

« Le *Journal de Chartres* du 16 novembre dernier

a inséré un article intitulé : *Moutons de Beauce et du croisement anglais.* L'auteur, M. A. Sanson, écrivain vigoureux, très-versé dans les questions zootechniques, a appliqué cette fois son talent hardi et plein d'initiative à la défense d'une cause qui a rallié autrefois de nombreux partisans, mais que l'évidence des faits et le danger de persister dans une voie qui n'est plus en rapport avec les exigences agricoles et économiques de ce temps-ci a dispersés depuis et rendus fort rares. L'auteur néanmoins vient rompre une dernière lance en faveur du métis-mérinos et repousse toute amélioration de cette race par le croisement anglais. « Les personnes mieux intentionnées qu'éclai- « rées, dit-il, qui se sont donné la louable mission « d'indiquer la voie du progrès, engagent les culti- « vateurs de la Beauce à renoncer à la production de « la laine pour celle de la viande ; il suffit de songer « aux conditions agricoles de la contrée pour com- « prendre à quel point aussi le préjudice serait grand « pour la plupart des fermiers beaucerons s'ils com- « mettaient la faute de les suivre. »

« Pour nous, notre conviction n'a pas varié, elle s'est fortifiée au contraire par les faits qui se sont déroulés devant nos yeux ; nous devons donc passer en revue, pour les combattre, les objections et les arguments contre la transformation urgente et radicale qui doit, suivant nous, s'opérer dans la race ovine de la Beauce.

« Il y a eu jusqu'ici deux sortes d'objections en
faveur du métis-mérinos parmi ses fidèles partisans :
« Il faut le conserver parce qu'il est le meilleur pro-
« ducteur de laine et qu'il rapporte plus que les au-
« tres. Il faut le conserver parce que le mouton de
« provenance étrangère n'est pas fait à notre climat,
« à notre régime agricole. » C'est dans chacun de ces
deux ordres d'idées que M. Sanson choisit ses arguments. Il trace d'abord du mérinos beauceron un
portrait dans lequel les agriculteurs habitués à fré-
quenter les foires et les fermes de la contrée ne re-
connaîtraient pas l'original. « Il a le corps trapu,
« court, ramassé, le garot un peu saillant, le ventre
« gros. » Qui dit trapu dit près de terre, carré par la
base, plus développé en largeur qu'en hauteur. Cela
suppose une poitrine large et profonde, qui présente
à la partie antérieure comme à la partie postérieure,
tout le long de la paroi costale, une conformation
voûtée en forme de tonneau ; cela dénote une cavité
pectorale large et spacieuse, une structure ample et
très-disposée à prendre graisse. Cette désignation
d'animal trapu suppose encore qu'à partir des épaules
jusqu'à l'arrière-train, le corps entier doit, par sa
structure et sa conformation voûtée, ressembler à la
poitrine ; par là non-seulement les parties de la viande
qui ont le plus de valeur peuvent prendre un grand
développement, mais les organes de la digestion trouvent admirablement l'espace qui leur est nécessaire.

« Je demande si c'est bien là le portrait du mérinos beauceron, portrait dans lequel je ne reconnais que le garot saillant et le ventre gros. Pardon, j'y reconnais encore ceci, c'est que la peau présente de nombreux plis qu'on appelle fanon, autour du cou, en avant des cuisses et des fesses; on aurait dû ajouter avec du jarre dans les plis.

« Il est bon de s'entendre au début sur les termes de la question. En dissimulant la partie la plus saillante des défauts de cette race et en lui prêtant une conformation extérieure qu'elle n'a pas, il est évident qu'on fait disparaître aux yeux de l'homme prévenu l'urgence de sa transformation; mais nos lecteurs, familiers avec le type du mouton de Beauce, savent bien qu'à la place d'un animal trapu, court et ramassé, c'est-à-dire bien près de la perfection, nous ne possédons qu'une bête enlevée, lourde d'ossature, légère de parties charnues, à l'épine dorsale raboteuse et avivée, comme le profil que les géographes ont tracé de la Norwége : le cou est long, l'épaule mal adaptée antérieurement à l'encolure, postérieurement au dos et aux parties latérales de la poitrine ; les jambes sont trop hautes, le nez et le facies d'un développement presque insensé, le flanc interminable; dans un grand nombre de sujets, l'indigence est grande dans la fesse et l'arrière-train.

Depygis, nasula, vago latere ac pede longo.

Voilà l'animal qu'il faut garder, d'après M. Sanson;

en l'améliorant au point de vue de la boucherie, surtout au point de vue du tassé et de l'homogénéité de la laine, car pour lui la production de la laine fine a gardé sa vieille auréole ; elle doit rester : ce sont ses propres termes, la base des opérations pour le cultivateur du pays.

« Les cultivateurs ne comprendront guère, après tant de déceptions, l'insistance avec laquelle il les engage à se livrer à l'amélioration de la laine, tant sous le rapport du poids que de la qualité, surtout en ajoutant, comme il le fait pour les encourager : « Le prix baissera encore, sans nul doute, car c'est la « loi du progrès pour les matières premières de l'in- « dustrie. » Séduisante perspective, en vérité ! quand elle vaut 90 centimes à 1 franc le demi-kilo, ce qui est à peu près l'équivalent de deux bottes de foin d'une année de cherté moyenne.

« La laine, dans les conditions où le cultivateur s'obstine à la produire depuis trente ans, est une matière ingrate, qui coûte deux fois plus qu'elle ne rapporte. Dans cette carrière point de but pour les efforts de l'améliorateur ; fine ou grossière, chargée d'impuretés ou préservée avec soin des souillures, soumise à l'étuve des bergeries hermétiquement closes pendant les jours caniculaires ou nourrie à l'air libre dans des conditions normales de fraîcheur et d'ombrage, c'est toujours 1 franc le demi-kilo pour tout le monde. L'acheteur se garderait bien d'offrir une

prime à la propreté, à l'élasticité, à la qualité ner-
veuse, à l'homogénéité, à toutes les nuances qui établissent la supériorité d'une laine sur une autre, et
qui devraient, ce nous semble, en faire varier la valeur vénale de 25 à 30 pour 100 en faveur des bons
lots. Point du tout. Ce serait élever les prétentions
des vendeurs de laine de qualité inférieure.

« La bergerie de Rambouillet, que vous présentez
comme un type de qualité supérieure, et qui mérite
cette distinction, n'a jamais réussi à vendre plus de
10 centimes au-dessus du cours. C'est entendu pour
ce genre de commerce, c'est 1 franc le demi-kilo
pour tout le monde! Ce n'est donc pas dans la laine,
dans le développement du poids et de la qualité qu'il
faut chercher l'avenir des troupeaux de la Beauce,
quoique M. Sanson nous ait promis pour la laine un
débouché toujours certain. Grand merci! Mais cela
n'est pas toujours littéralement vrai. La laine se vend
quand elle peut et quand on peut. Cet avenir, il faut
le chercher dans l'aptitude et la disposition de la bête
ovine à produire de la viande grasse et de la viande
précoce ; et le plus sûr moyen pour arriver au but,
ce n'est pas l'amélioration du mérinos par lui-même,
car l'inanité des alliances par sélection entre deux
sujets de la même souche qui ne possède pas à l'a-
vance l'aptitude nouvelle qui lui est demandée, nous
est démontrée par un trop grand nombre de faits, et
ces faits nous apprennent que dans toutes les races,

dans toutes les espèces, les reproducteurs ne peuvent transmettre à leurs descendants des qualités qu'ils ne possèdent pas eux-mêmes. Ce moyen, c'est le croisement dont la puissance est irrésistible, c'est le croisement avec les bêtes ovines de l'Angleterre, célèbres dans toute l'Europe par leur densité, par leur ampleur et leur puissance à reproduire des qualités précieuses développées par l'intelligence et le travail de plusieurs générations.

« Mais les sécheresses prolongées de votre climat de Beauce, l'absence d'eaux vives et d'ombrages, l'absence de fourrages verts, si nécessaires aux bêtes lymphatiques qui ont la production de la viande pour destination ; mais votre assolement triennal, si peu élastique, et où les céréales tiennent tant de place, voilà des objections spécieuses, mais qui tombent devant l'examen des faits ; l'auteur ignore-t-il que le mérinos de la Beauce a toujours été traité en enfant gâté, et qu'il ne ressemble en rien au mérinos des pays de pâturages calcaires qui vit comme il peut, ne rapporte guère, mais au demeurant n'a rien coûté. Pour le mérinos de la Beauce, au contraire, la nourriture d'hiver la plus succulente, les grains les plus riches en principes alibiles ; au printemps, par ordre de précocité, les trèfles incarnats hâtifs, puis les trèfles incarnats tardifs, puis les premières coupes de sainfoin, de luzerne, de trèfle rouge, les vesces fauchées en vert et semées à diverses reprises jusqu'à la Saint-Jean ; les deuxième et troisième coupes, enfin les feuilles de betteraves à la fin de la saison ; pour compléter la similitude avec les troupeaux anglais, en hiver, de copieuses provendes de betteraves.

« Quant à l'eau vive et aux frais ombrages, la Beauce n'en est pas riche ; mais il ne s'agit pas ici d'y faire vivre des troupeaux de pur sang, qui en effet ne peuvent se passer des conditions de brume, d'ombre et de fraîcheur qu'on ne rencontre que dans leur sol natal ; il ne s'agit que des métis de sang anglais, et nous savons quelle brèche profonde un bélier qui ne possède qu'un quart et demi de sang peut faire dans un troupeau de brebis mérinos.

« Et le sang de rate, cette maladie qui sévit si cruellement sur les troupeaux des plaines calcaires ; le sang de rate dont M. Sanson constate les effrayants sinistres dans la Beauce : n'est-il pas à croire qu'il perdrait de son intensité par le mélange de deux sangs si opposés ? Cela n'est-il pas d'ailleurs dans les lois de la physiologie ? Qui est-ce qui produit en effet l'apoplexie par le sang de rate ? L'excès de sang apparemment ; et le sang n'existe jamais en excès chez la bête croisée, puisque sa nature, son aptitude spéciale la déterminent à convertir, non pas en sang, mais en viande, en suif, en graisse tous les principes immédiats des aliments. Loin donc de conclure, comme le savant rédacteur en chef de *la Culture*, nous dirons aux intéressés : Ne retournez pas aux mérinos qui vivent de sacrifices perpétuels sans compensation ; ne vous préoccupez pas de laines fines qu'il ne vous est pas donné de produire économiquement ; la laine fine c'est la Russie qui vous la fournira ; c'est Buenos-Ayres et l'Australie qui sont appelés à en inonder la France. Ce sont toutes les contrées où l'agriculteur n'a à payer ni le loyer de la terre, ni impôts, ni main-d'œuvre ; la laine fine, malgré le prix du fret et trois mois de navigation, arrivera du port Philippe au Havre au prix effrayant (effrayant pour le producteur indigène) de 3 centimes le kilo, pour tous frais de transport !

« Pour vous qui êtes placés dans les plaines voisines de Paris, votre rôle est de pousser au marché des montagnes de viandes ; vous le pouvez en choisissant bien vos types reproducteurs.

« Aujourd'hui, par le déplorable choix de votre race tout en os et en peau, vous n'avez que la triste clientèle des étaux où la viande se vend au rabais, et le monopole des restaurants de second ordre, où l'on ne consomme que des qualités infimes. »

Puissent ces sages avis porter bientôt leurs fruits !

En ce qui concerne l'espèce porcine, presque tous les agronomes s'accordent à dire que nous pouvons, sans danger aucun, croiser nos races avec les races étrangères, mieux dotées que les nôtres sous le rapport de la précocité et de la facilité à l'engraissement. Comme on le voit, c'est surtout à l'endroit de nos races bovines que nous rencontrons des adversaires. Quant

à nous, nous voulons amener aux mêmes termes nos
différentes espèces, persuadé que ce qui est possible
pour une espèce l'est aussi pour les autres.

Si nous jetons un coup d'œil sur ce qui s'est fait
au delà de la Manche, nous verrons que nos voisins
ont dû mettre d'accord les principes de la physiologie avec les nécessités économiques et sociales de
notre époque. Nous verrons que chaque race, à quelque espèce qu'elle appartienne, a été dirigée le plus
promptement possible vers la fin fatale de l'animal
de boucherie, l'abattoir. Nous verrons que l'aptitude
à la précocité, aussi bien que celle à un engraissement
rapide, a été le but constant des efforts des éleveurs
les plus distingués, des Bakewell, des Colling, des
Ellman, des Jonas Webb et des FisherHobbs. C'est
ainsi que les Hereford, les Devon, les Angus, les
Westhyland ont perdu insensiblement leurs formes natives, pour prendre celles du Durham. Aucune, parmi
ces races, il faut le dire, ne réunit au même degré les
qualités qui distinguent celle des bords de la Tees ;
mais quelques-unes ont atteint la précocité de cette
dernière. Quant à la sécrétion du lait, c'est toujours
la vache durham qui l'emporte sur les autres.

Les pratiques zootechniques des Anglais, essentiellement variables selon les circonstances, ont
amené leur industrie agricole à une prospérité qui
n'a encore été atteinte nulle part ailleurs. Eh bien,
de semblables résultats, que personne ne conteste,

ne sont-ils pas de nature à prouver que la voie que nous indiquons est celle qui nous conduira le plus promptement et, peut-être aussi, le plus sûrement aux heureux résultats auxquels nous convient le sol et le climat de notre patrie.

Nous venons de montrer par des exemples que le croisement et le métissage avaient formé des races possédant les caractères qui répondent à la définition de la race selon nos adversaires, et que le croisement est compatible avec le maintien de la spécialisation des aptitudes. Nous allons maintenant examiner, en les comparant, les deux moyens d'amélioration : la *sélection* ou le *régime* et le *croisement*.

III

Le mot sélection, dans le sens propre du mot, veut dire simplement : choix entre divers objets. Quelques zootechniciens ont adopté ce terme pour caractériser un système d'amélioration qui consiste à fixer dans une race, par l'accouplement de sujets d'élite de cette même race, les caractères qui la distinguent. Cette opération, les Anglais l'ont désignée par ces mots : *in and in*. Ici se placerait naturellement la question de la consanguinité ; mais la discussion nous entraînerait trop loin, et nous la réservons pour l'étude qui va suivre.

2.

Tout système d'amélioration, quelque nom qu'il prenne, est basé sur la loi de l'hérédité, c'est-à-dire la perpétuation, dans les descendants, des formes et des aptitudes des reproducteurs. On comprend dès lors avec quelle puissance agit l'hérédité, lorsqu'elle trouve son application dans deux individus chez lesquels les caractères de la race sont également répartis. Aussi n'y a-t-il aucune raison pour qu'un produit de la sélection faite dans la race échappe à la loi naturelle de l'hérédité ; et, si le cas se présente, ce n'est qu'un fait isolé, exceptionnel. Donc l'action du régime étant reconnue insuffisante, et surtout trop lente, attendre du hasard l'amélioration d'une race serait une chose insensée, lorsque vous avez à côté de vous des races produites par une sélection heureuse et dotées de qualités précieuses et faciles à imprimer sur une autre souche. Car, comme le dit M. Flourens : « Pour obtenir par la nourriture ce que l'homme peut obtenir par le croisement, il faut une longue série de siècles. » En conséquence, nous disons : sélection dans la race elle-même, toutes les fois qu'il s'agira d'une race répondant aux besoins des consommateurs ; croisement, au contraire, lorsqu'il y aura nécessité de donner à une race les qualités qui lui manquent.

On comprend quelle est, pour nous qui préconisons le croisement comme moyen de transformation, l'importance de cette question : Quelle est l'influence

de chacun des deux producteurs dans l'acte de la génération? A ce sujet, plusieurs opinions ont été émises. M. de la Tréhonnais, dans le remarquable et
très-intéressant travail qu'il a publié sur ces matières
dans la *Revue agricole de l'Angleterre*[1], dit : « Au
moyen d'une observation attentive des phénomènes
de la reproduction, on est parvenu à noter certains
faits qui ont servi à déterminer, d'une manière générale et constante, la part de chacun des reproducteurs. Ainsi, on a pu établir les trois principes suivantes. 1° Le mâle donne au produit la série d'organes
que comprend le système locomoteur, tels que la
charpente osseuse et son enveloppe musculaire, les
ligaments, les tendons, en un mot, la forme extérieure et tous les points extérieurs qui caractérisent
l'espèce et la race, et servent à classer le produit. La
femelle donne au jeune animal la série d'organes nu-
tritifs : le cœur, l'estomac, les poumons, et, en général, tous les viscères et toutes les surfaces de
sécrétion muqueuse. C'est elle qui détermine l'ampleur de la cavité pectorale par le volume des viscères
que cette cavité contient. C'est encore elle qui fournit
l'appareil lactifère et le système lymphatique. 2° La
femelle reçoit du mâle par l'accouplement une certaine influence, qui se manifeste non-seulement sur
les produits immédiats de cet accouplement, mais
encore sur les produits subséquents, quand bien

[1] Paris, Firmin Didot.

même ceux-ci seraient issus de mâles différents. Cette dernière observation est entièrement d'accord avec les expériences faites dans les derniers temps par les éleveurs. Déjà en Angleterre, on les avait tentées. C'est ainsi qu'on avait fait couvrir une jument de pur sang par un zèbre et qu'à la troisième génération e quoique la jument ait été depuis son alliance avec le zèbre, couvert par un étalon de sa race, les poulains conservaient encore des traces du premier accouplement. Il est inutile d'ajouter que le produit du zèbre et de la jument ressemblait parfaitement à son père dont il avait le pelage. 3° Lorsque le mâle et la femelle appartiennent à des races très-disparates et éloignées, ou bien lorsqu'ils sont d'espèces différentes, quoique présentant des analogies de formes et d'aptitudes, comme le cheval et l'ânesse, le chien et la louve, etc., le produit est toujours métis, c'est-à-dire qu'il présente les deux types reproducteurs. Mais si les animaux reproducteurs, tout en étant de la même espèce, sont de races différentes, voici ce qui arrive : si les deux races ont leurs points distinctifs aussi fortement typifiés et aussi persistants chez l'un que chez l'autre, les produits, s'il y en a plusieurs, sont ou tout l'un ou tout l'autre : les uns ressemblant en tous points au mâle, les autres à la femelle. Si, au contraire, l'un des deux reproducteurs, soit le mâle, soit la femelle, a plus de persistance, plus de fixité dans les points qui le caractérisent, c'est lui qui transmet au produit la forme extérieure, la couleur et tout ce qui peut établir son exacte ressemblance avec le reproducteur. Même quand cette influence vient du côté maternel, la fixité, par l'ancienneté ou par d'autres causes, des qualités ou des défauts distinctifs, exerce toujours une prépondérance marquée. C'est à cette influence, qu'il a érigée en loi, que Baudement donne le nom d'*atavisme*. »

M. Sanson repousse ces différentes opinions comme de « pures conceptions de l'esprit. » « Il est certain, dit-il, que l'influence des deux procréateurs, pris individuellement, est au moins égale, et que, s'il y a prépondérance, elle est en faveur de la mère. » Cette théorie fait comprendre pourquoi M. Sanson combat la doctrine du croisement ; mais on appréciera aussi, en réfléchissant à l'étendue de l'action du mâle, qui s'exerce autant de fois que le mâle féconde de femelles, combien il importe pour nous de réfuter les assertions de l'écrivain du *Livre de la Ferme*. Les exemples cités par M. de la Tréhonnais, dont l'un avait été déjà invoqué par Buffon, nous semblent fournir la meilleure des réponses aux négations de M. Sanson. « Prenons, dit M. de la Tréhonnais, comme le fait le plus vulgaire, le produit hybride des races asine et chevaline : le mulet. Le mulet peut être le produit soit d'un cheval et d'une ânesse, soit d'un âne et d'une jument. Dans les deux cas, ce sont toujours les mêmes éléments, les mêmes influences qui concourent à la re-

production du mulet ; eh bien, malgré cette similitude, les résultats diffèrent, et, de plus, la différence
est constamment la même. Les deux hybrides sont
tellement disparates que, dans certains pays, on leur
donne des noms différents. Le mulet produit d'un
âne et d'une jument est en tout point un âne quelque
peu modifié. Les oreilles sont celles de l'âne, bien
qu'un peu plus courtes ; la crinière est droite et hé-
rissée, la queue mince et dénuée de poils à sa naissance ; même peau, même couleur, jusqu'à cette croix
noire qui s'étend le long de l'épine dorsale et dont
les bras se couchent sur les épaules ; les jambes
grêles, les hauts sabots étroits ; en un mot, toutes
les marques distinctives de l'âne sont manifestes et
reconnaissables au premier coup d'œil. Mais ce en
quoi il diffère de l'âne, son père, c'est l'ampleur du
corps et surtout de la poitrine, et la forme cylindrique du tronc, qu'il tient de sa mère la jument. L'autre mulet, au contraire, produit de l'étalon cheval et
de l'ânesse, est essentiellement un cheval quelque
peu modifié. Les oreilles sont celles du cheval, seulement un peu plus longues ; la crinière tombe sur le
cou, la queue est fournie de crins depuis l'attache.
Comme celle du cheval, la peau est fine et se détache
bien au toucher, et la couleur du pelage varie comme
celle du cheval ; les jambes sont fortes, le sabot aplati
et large ; en un mot, c'est un animal appartenant
ostensiblement à la race chevaline ; seulement le tronc

est aplati sur les côtes, et la poitrine est étroite comme chez l'ânesse, sa mère... On peut également observer que, lorsque le mulet fils du cheval et de l'ânesse donne de la voix, il hennit comme son père quand c'est l'âne qui est le père, au contraire, il brait... » M. de la Tréhonnais fait encore observer que le croisement du bélier d'Ancône, dont les jambes sont torses, avec les brebis ordinaires, produit un hybride qui ressemble identiquement au père ; que le croisement du bouc avec la brebis produit aussi un hybride ressemblant extérieurement au bouc ; et que les produits du croisement d'un loup avec une chienne ont une ressemblance frappante avec le loup, tandis que ceux provenant de l'accouplement d'un chien avec une louve ressemblent fortement au chien. Le docteur Wilson raconte qu'ayant croisé un chat ordinaire avec une femelle manx, race féline qui n'a point de queue, tous les petits vinrent au monde avec des queues. Il fit alors l'opération contraire, c'est-à-dire qu'il croisa le chat manx avec une femelle ordinaire, et il arriva que les petits chats naquirent presque tous sans queue. Ces exemples, auxquels on pourrait en ajouter beaucoup d'autres, parlent, ce nous semble, bien haut en faveur de la prépondérance du mâle dans l'acte de la génération, surtout en ce qui concerne la structure extérieure et l'appareil musculaire.

M. Sanson, à l'appui de ses opinions, fait appel à

la pratique des Arabes, qui d'après lui, accorde-
raient à la femelle une grande supériorité. Nous ne
savons pas où notre contradicteur a puisé ses renseignements ; mais voici ce que nous trouvons dans
un des ouvrages du général Daumas, dont personne
ne contestera la compétence, et à qui nous devons
tant de documents précieux sur les différentes pratiques de l'éleveur arabe. » Il n'est pas rare, lit-on
dans *les Chevaux du Sahara*[1], d'entendre les Arabes
dire : « Choisissez l'étalon, et choisissez encore ; car
« *les produits ressemblent toujours plus à leurs pères*
« *qu'à leurs mères.* Souvenez-vous que la jument
« n'est qu'un sac : vous en retirez de l'or si vous y
« avez mis de l'or, et vous n'en retirerez que du cui-
« vre, si vous n'y avez mis que du cuivre. » Voici,
en outre, ce que l'émir Abd-el-Kader écrivait, à ce
sujet, à M. le général Daumas : « *La noblesse du père
est la plus importante.* Les Arabes préfèrent beaucoup
le produit d'un cheval de sang et d'une jument commune au produit d'une jument de sang et d'un cheval
commun. Ils considèrent la mère comme presque
étrangère aux qualités du produit ; c'est, disent-ils,
un vase qui reçoit un dépôt et qui le rend *sans en
changer la nature.* » Voilà donc, contrairement à ce
que pense M. Sanson, une croyance parfaitement
établie chez un peuple essentiellement observateur et
chez lequel toute science est le résultat de l'expé-

[1] Paris, 1862, Hachette.

rience, croyance qui prend à nos yeux une grande
valeur, puisqu'elle est partagée par l'ex-prisonnier
d'Amboise, dont les connaissances sont justement
appréciées.

L'exemple du mulet rentre, au dire de M. Sanson,
« dans les faits anormaux. » Puis il ajoute : « Donc,
égalité pour la transmission des formes et prépondérance quant à la constitution, cela met au compte de
la femelle une supériorité dans l'acte générateur qui
n'est pas douteuse. » Cette conclusion, basée seulement sur les théories personnelles de l'auteur, est,
comme on vient de le voir, détruite par les faits et en
désaccord avec l'opinion générale. Voici ce que dit, à
ce sujet, Girou de Buzareingues : « Plusieurs naturalistes ont reconnu les influences générales du père
sur la vie extérieure et de la mère sur la vie intérieure des produits. En parlant des mulets, Vicq-
d'Azyr dit : « Il semble que l'extérieur et les extrémités
« soient modifiés par le père, et que les entrailles
« soient une émanation de la mère. » Suivent de
nombreux exemples à l'appui : « Les propriétaires de
vaches, continue Girou, ont remarqué qu'il était encore plus important au perfectionnement d'une vacherie de faire un bon choix de taureaux que de
génisses, attendu que la propriété de donner beaucoup
de lait se transmet plus sûrement par le mâle que par
la femelle : or, ce fait, que je considère comme très-
constant, parce que je l'ai observé très-souvent dans

3

mon étable, n'annonce-t-il pas que le mâle a souvent
une grande influence sur l'organisation sexuelle des
produits féminins?.... De ces observations, on peut
déduire les propositions suivantes : Il n'y a rien dans
l'animal qui ne puisse être transmis par la génération.
Les deux sexes sont représentés, dans chacun de leurs
produits, dans des rapports différents et variables.
Le père y prédomine par la vie extérieure et la mère
par la vie de végétation cellulaire, et cette prédominance est d'autant plus sensible que la famille, la
race, ou l'espèce du père diffèrent davantage de la
famille, de la race ou de l'espèce de la mère. Il y a
presque équilibre dans la distribution de l'organisation intérieure. Cependant, même encore sur ce point,
il y a une légère prédominance du père. » Puis plus
loin : « Dans l'appareillement des animaux, on ne
doit pas s'occuper exclusivement des individus, on
doit encore faire attention à leur race, et spécialement
à celle de la femelle pour la taille, la fécondité, les
formes du tronc et du bassin, pour tout ce qui tient,
en un mot, à la vie intérieure ou en reçoit les influences; à celle du mâle, pour la force musculaire, les
dimensions de la poitrine et la forme de la tête et des
membres; à l'un et à l'autre pour le tempérament...
Lorsqu'on doit suivre constamment l'amélioration
par les mâles, il est bon que la première femelle
employée soit issue d'une longue suite de mélanges. »
On sait que c'est en se basant sur ce principe que

Malingié a formé la race ovine de la Charmoise.
Dans un autre endroit, Girou dit : « Je reconnais,
avec Aristote, l'*influence spéciale du mâle* sur les
formes extérieures des produits. » M. Gayot est arrivé
aux mêmes conclusions dans son grand et très-instruc-
tif ouvrage intitulé : *La France chevaline* [1] ; et comme
elles sont confirmées par nos propres observations,
nous maintenons jusqu'à preuve du contraire la prédominance du mâle dans l'acte de la génération.

IV

C'est lorsque M. Sanson expose les conditions nécessaires à la réussite de ce qu'il nomme la sélection,
et ce que nous appellerons plus justement, avec
M. Magne, le régime, que nous aimons à suivre les
enseignements du *Livre de la Ferme*, car l'éleveur
y trouvera d'excellentes leçons, aussi profitables à
celui qui opère simplement par le régime qu'à celui
qui pratique le croisement. L'auteur établit qu'il ne
suffit pas de choisir judicieusement les reproducteurs,
mais que le développement des organes, chez les animaux, est entièrement subordonné aux conditions de
milieu sous l'influence desquelles il s'effectue. Il appuie sur la nécessité d'une gymnastique fonctionnelle,

[1] Paris, veuve Bouchard-Huzard.

et fait voir que l'art du zootechnicien consiste essentiellement à diriger cet exercice dans le sens du but à
atteindre, en favorisant chez les jeunes sujets l'activité
organique des aptitudes qu'il s'agit de développer par
l'emploi des moyens hygiéniques qui y sont propres.
Puis il ajoute : « Toutes les races domestiques sont
en possession, dans une certaine mesure, de la tota-
lité des aptitudes dont l'ensemble est exploité pour nos
besoins, dans chacune des espèces auxquelles ces
races appartiennent. Les conditions de la culture, et
peut-être aussi d'autres influences qui sont le résultat
plus direct de l'intervention de l'homme, ont fait
prédominer chez quelques-unes d'entre elles certaines de ces aptitudes. Il n'est pas impossible, par
exemple, que les circonstances économiques, plus
que les conditions agricoles, aient été pour quelque
chose dans la formation immémoriale des races que
nous appelons laitières, parce qu'elles sont remarquables surtout par l'activité sécrétoire de leurs mamelles. L'industrie des populations au milieu desquelles cette aptitude spéciale a pris naissance
explique mieux son développement, dans l'état actuel
de la physiologie, que toute autre considération tirée
de la constitution géologique ou agricole des localités.
Toujours est-il que ce qui est rendu évident par l'observation des animaux soustraits à l'influence de l'état
social, c'est que le développement de l'aptitude dont
il s'agit ne peut être qu'une conséquence de ce même

état. Dans la pure condition de la nature, il n'y a point de raisons pour que les mamelles fournissent du lait au delà des besoins de la nutrition du fruit. »

Notre contradicteur sait si bien que ses leçons s'appliquent indifféremment à tout système d'amélioration, qu'il est conduit à reconnaître lui-même que « les dissidences si profondes qui divisent les zootechniciens et les éleveurs, au sujet de l'amélioration des races par elles-mêmes ou par voie de croisement, perdent beaucoup de leur importance. » Nous voulons seulement constater, quant à présent, nous réservant d'y revenir plus loin, cet aveu auquel le lecteur n'était guère préparé par les déclamations antérieures de M. Sanson : « Le tout, ajoute-t-il, est de s'entendre, en ne donnant aux mots que la valeur qu'ils doivent avoir. On croit souvent faire du croisement ou du métissage, alors qu'on ne fait en réalité que de la sélection. »

« La base logique de tous les perfectionnements du bétail, en vue des nécessités sociales, dit encore M. Sanson, est dans l'accroissement de ses aptitudes natives. » Nous ajouterons, nous : *Aussi bien que dans celui des aptitudes qu'on a pour but de lui inculquer par le croisement;* car ce que nous tenons surtout à prouver, c'est que là où le régime est impuissant, lors même qu'il est aidé par une sélection intelligente, et un concours heureux de circonstances, là surtout, disons-nous, le croisement fait des pro-

diges, quoique le milieu où il s'opère soit bien souvent peu favorable.

Oui, il est bien certain que les formes et les aptitudes chez les animaux dépendent essentiellement
des circonstances hygiéniques au milieu desquelles
elles se développent. C'est ainsi que nous reconnaissons, avec *le Livre de la Ferme,* que le cheval de
course doit, en partie, ses aptitudes spéciales à l'éducation qu'il reçoit, et qu'on désigne sous le nom
d'entraînement. Nous pourrions, à cette occasion,
signaler les nombreuses contradictions auxquelles
M. Sanson est amené par ses idées préconçues ; mais
cela nous entraînerait hors de notre sujet immé-
diat. Notons seulement cette observation très-juste
de M. Sanson, qu'il se charge lui-même pourtant de
réduire dans la suite à néant, et qu'il entoure de réticences : « On ne saurait disconvenir, dit-il, que le
cheval de course offre le type de la puissance musculaire portée à son plus haut degré, c'est-à-dire produisant, en un temps donné, le travail mécanique le
plus considérable. C'est à ce prix que ses allures
acquièrent la vitesse, qui est l'effet d'une énergie
plus intense que durable, mais n'exigeant pas moins,
pendant que dure l'influence de cette énergie, un
déploiement de force dont la somme, si elle était con-
vertie en travail utile, nous surprendrait par son
élévation. » Que veulent donc dire alors ces deux
mots : « travail utile, » et ceux-ci : « l'énergie passa-

gère et factice » du cheval de pur sang ? M. Sanson
ferait-il par hasard au cheval de course le reproche
de n'être pas une machine à vapeur, à laquelle il
suffit de fournir eau et combustible pour en tirer
profit? Et qu'entendre aussi par : « cette excitabilité
à présent constante dans la race? »

M. Darwin, en parlant des effets des habitudes
chez les animaux, dit qu'il a trouvé que les os de
l'aile pesaient moins et les os de la cuisse plus, par
rapport au poids entier du squelette, chez le canard
domestique que chez le canard sauvage, et il pense
que cette différence provient de ce que le canard domestique vole moins et marche plus que son con-
génère sauvage. Il formule aussi l'opinion émise
depuis par M. Sanson à l'égard des mamelles des
vaches et des chèvres, et fait encore observer qu'on
ne pourrait citer un seul de nos animaux domestiques
qui n'ait pas en quelque contrée les oreilles pendantes.
« Quelques auteurs, ajoute-t-il, ont attribué cet effet
au défaut d'exercice des muscles de l'oreille, l'animal
étant plus rarement alarmé par quelque danger, et
cette opinion semble très-probable. » Nous sommes
donc parfaitement d'accord avec M. Sanson sur ce
point, que les éleveurs doivent appeler à l'aide de
l'amélioration physiologique des races tous les agents
qui peuvent y contribuer.

V

Il ne rentre pas dans le cadre de notre travail, qui n'est autre chose qu'un essai de critique zootechnique, de nous occuper de l'origine des espèces, de la théorie de la transformation graduelle des espèces, ou de celles des créations successives ; de discuter le système de M. Darwin, qui suppose l'existence de quelques types originaux, peut-être même celle d'un seul. « Je pense, dit l'auteur anglais, que tout le règne animal est descendu de quatre ou cinq types primitifs tout au plus, et le règne végétal d'un nombre égal ou moindre. L'analogie me conduirait même un peu plus loin, c'est-à-dire à la croyance que tous les animaux et toutes les plantes descendent d'un seul prototype. » Il peut y avoir, au point de vue purement scientifique, intérêt à rechercher s'il y a unité ou multiplicité des types originaux de toute espèce ; mais, outre que le problème est resté jusqu'ici insoluble, et qu'on en est réduit aux hypothèses, puisque de faits semblables, Buffon et M. Darwin tirent des conclusions toutes contraires, le problème, dirons-nous, n'a qu'un intérêt secondaire dans l'étude purement pratique que nous avons entreprise. Toutefois, qui pourrait dire si, par suite de migrations à des époques antérieures, le croisement n'a pas présidé bien souvent à la formation des espèces et des races ?

C'est ainsi que M. J. Geoffroy Saint-Hilaire a conclu
que les chiens domestiques sont des types de création
humaine, résultat du croisement d'un grand nombre
d'espèces de chacal. « Dans quelques cas, dit aussi
M. Darwin, le croisement des espèces, originairement
distinctes, a probablement joué un rôle important dans
la formation de nos races domestiques. Lorsque, dans
nos contrées, plusieurs races domestiques déjà établies ont été accidentellement croisées, ce croisement,
aidé de la sélection, a, sans aucun doute, aidé à la
formation de nouvelles sous-races. » Car enfin, après
avoir lu le livre de M. Darwin, on n'est pas plus fixé
sur l'origine des races que sur celle des espèces. « D'où
viennent les races? » dit M. Flourens. « Des variétés
de l'espèce, me dira-t-on. Oui, sans doute, mais qui
s'en est assuré? qui l'a vu? qui a pris l'espèce, si je
puis ainsi dire, en flagrant délit de variation ? »

Acceptant les termes mêmes dans lesquels M. Sanson formule le système qu'il repousse, nous sommes
de ceux qui « admettent des races dégradées et la
nécessité de les régénérer par le croisement. » Cependant, nous ajouterons : toutes les fois que des conditions de climat et de culture le permettront, car il
importe avant tout de préparer le terrain à recevoir
la semence. Nous dirons aussi que, pour nous, il n'est
pas nécessaire qu'une race soit « dégradée » pour
subir un changement de formes ou d'aptitudes ; la
plupart de nos races continentales ne méritent pas, à

5.

proprement parler, l'épithète de dégénérées ; elles sont simplement, selon nous, insuffisantes.

Le collaborateur du *Livre de la Ferme*, entrant ici dans une discussion où nous allons le suivre, prétend que les partisans du croisement « ont imaginé la notion idéaliste du pur sang. » C'est alors que, pour les combattre, il cite la définition de M. Eugène Gayot, qui a voulu établir une différence entre la noblesse et la pureté du sang. « La noblesse s'acquiert, dit-il, elle a ses degrés. La pureté du sang est préexistante et absolue ; c'est un principe. » Nous avouons, pour notre part, ne pas admettre la doctrine dont M. Gayot fait un « dogme, » et nous ne comprenons rien à cette phrase mystique : « La pureté est ou n'est pas. Seul, Dieu a pu faire le miracle de laver la tache originelle. » Ce qu'il faut avant tout, selon nous, lorsqu'on fait de la science, c'est la dégager de tout élément imaginatif, de toute formule vague. Déjà, trop souvent, le physiologiste en est réduit aux hypothèses, pour qu'il soit permis d'obscurcir encore l'explication des phénomènes de la nature par le langage du roman. Aussi, repoussons-nous la définition suivante de l'ancien directeur général des haras : « Le pur-sang, puissance vive, active et conservatrice, force inhérente à l'espèce, doit être considéré en dehors de la forme qui le contient. Celle-ci peut varier et revêtir des caractères extérieurs très-différents, sans que le principe qui l'anime cesse d'être parfaitement identique, parce que le pur-sang a pour lui une admirable flexibilité ; c'est son propre. En lui sont toutes les perfections, il est la source de toutes les spécialités. C'est en cela qu'il domine l'espèce, c'est à cause de cela qu'il en est le prototype. »

M. Sanson a fait, sur la définition de M. Gayot, ces judicieuses remarques : « Ainsi, d'après ce qu'on vient de lire, on pourrait croire d'abord que, dans l'esprit de l'auteur, il s'agit de propriétés inhérentes à la constitution physique et chimique du sang, qu'il resterait toutefois à démontrer par l'analyse ; il dit en effet que, « physiologiquement parlant, le sang est la source génératrice de toute trace organique ; » mais, à travers les obscurités et le manque de précision de son langage élégant, on voit bientôt que le pur-sang est une idée pure, moins que rien, un dogme. Il est impossible à un esprit attentif de comprendre autrement le texte cité. C'est une entité indépendante de la forme, c'est une création de l'imagination, quelque chose comme une âme particulière dont on aurait doué l'espèce, et qu'elle a perdu dans le plus grand nombre de ces incarnations. Seule, la race mère, la race arabe l'aurait conservée et transmise à ses descendants purs, au nombre desquels il faudrait placer les Anglais, dits de pur-sang.... Des esprits clairvoyants et pratiques peuvent-ils, en effet, concevoir un principe d'action indépendant et séparé de la forme, de la matière ? »

Pour nous, ces mots *pur-sang* sont une expression improprement choisie par les Anglais pour qualifier une race qu'ils ont importée d'Orient, et qu'à la suite d'un régime exceptionnel, pratiqué sous un nouveau climat, ils ont complétement transformé. La dénomination de race arabe européenne eût été plus claire, et eût rallié à la nouvelle famille bien des esprits prévenus qui l'ont rejetée longtemps, comme élément améliorateur, par ce seul fait qu'elle venait d'outre-Manche : car où le patriotisme ne va-t-il pas se nicher? C'est donc dans ce sens seulement que nous consentons à faire une distinction entre le pur-sang et la race pure. Autrement, nous n'en admettons aucune. Pour nous, toute race qui s'est conservée pure dans l'état de domesticité, et dont la perpétuation affirme la fixité, mérite aussi bien le titre de race pure que le cheval d'Orient. Nous croyons, en cela, être d'accord avec d'autres zootechniciens, entre autres avec M. Huzard fils. De ce que les Arabes et, à leur exemple, les Anglais, ont imaginé un livre de noblesse où est inscrite la généalogie des membres de la famille dite de pur-sang, ainsi que leurs états de service (en anglais, *performances*), il ne s'ensuit pas pour cela que les différentes autres races ne présentent pas les mêmes caractères de fixité et de pureté. Les preuves matérielles et authentiques de la pureté de la race manquent, il est vrai, mais la tradition et les faits prouvent suffisamment la pureté de la race, et tiennent lieu, jusqu'à un certain point, d'une preuve écrite.

Nous nous ralliions donc à cette opinion confusément exprimée par M. Sanson, « que les conditions propres au cheval arabe, au cheval anglais, sont le fait, comme celles qui caractérisent toutes les races de la même espèce ou des autres arrivées à un haut degré de spécialisation, non point d'une pureté originelle dont la certitude ne repose sur rien, mais bien de la gymnastique fonctionnelle, de l'éducation, qui est la base de tout perfectionnement. Il est non moins clair que la puissance de transmission héréditaire de ces conditions est en rapport avec leur fixité, avec leur constance, mais aussi avec les autres circonstances de la sélection. » Toutefois, nous repoussons cette prétendue doctrine, que M. Sanson attribue aux zootechniciens partisans de l'entité du sang, que « toutes les races dégénérées, c'est-à-dire non races indigènes, sans exception, doivent être amenées à la perfection par ce qu'ils appellent un sang noble. » Non, pour nous, il ne s'agit point de cela, mais bien tout simplement d'amener à un type plus parfait toutes les races qui ne répondent pas à ce que nous attendons d'elles. « L'homme idéal du temps, dit mademoiselle Royer dans la préface de sa traduction du livre de M. Darwin, c'est celui qui produit. » Eh bien ! la race animale idéale de notre époque est celle dont les ressources sont en harmonie avec les besoins de notre civilisation. Celui qui arrivera dans le plus court espace de temps à la réalisation complète de cette idée, aura certes bien mérité de l'humanité, quel que soit le procédé auquel il aura eu recours. Aussi, ne pouvons-nous nous associer aux lamentations superflues de M. Sanson, qui déplore qu'on ait étendu l'expression de pur-sang aux animaux de boucherie. Bien au contraire, nous nous félicitons que certains hommes aient eu l'idée d'établir des documents authentiques qui permettent désormais à l'éducateur de nos races bovines de marcher plus sûrement dans la voie des améliorations. Dire d'un taureau et d'une vache durham qu'ils sont de pur-sang, signifie qu'ils sont inscrits au *Herd-Book*, comme dire d'un cheval qu'il est de pur-sang, signifie qu'il figure au *Stud-book*. Il n'y a donc rien là qui puisse obscurcir la question.

M. Sanson a la prétention de définir toutes les expressions techniques employées par les éleveurs, et de leur donner un sens que ces derniers leur refusent. Quoique nous n'ayons aucun goût pour les querelles de mots, nous sommes cependant forcés de relever ces définitions, qui peuvent induire en erreur. Ainsi, nous lisons à la page 481 du *Livre de la Ferme* : « Dans le langage hippique, dire d'un cheval qu'il a du sang, cela signifie qu'il est d'une énergie plus ou moins considérable, et cela se dit des chevaux appartenant à toutes les races ; seulement, le pur-sang, en d'autres termes, ainsi que nous l'avons vu, la plus forte somme possible d'énergie ne se rencontre, d'après les hippologues, que chez le cheval noble d'Arabie ou chez l'anglais. » Eh bien! non ; dire d'un cheval qu'il a du sang ne signifie pas qu'il est d'une énergie plus ou moins considérable. Le cheval arabe ou le cheval de pur-sang étant considérés dans toute l'Europe comme le type améliorateur par excellence de nos races légères, l'homme spécial dit, en voyant un de ses dérivés : Ce cheval a du sang! c'est-à-dire qu'il reconnaît, soit dans les aptitudes, soit dans la construction de l'animal, la trace d'un croisement avec le pur-sang arabe ou anglais. De même qu'on dira d'un bœuf amélioré par le durham, qu'il a du sang. Nous n'admettons pas non plus cette opinion des hippologues dont parle M. Sanson, « que la plus forte somme d'énergie ne se rencontre que chez le cheval noble d'Arabie ou chez l'anglais. » De même qu'il existe des locomotives spécialement construites pour remorquer les charges considérables à une vitesse moyenne, d'autres pour monter les fortes rampes; de même aussi il s'en fait pour traîner des poids plus légers et pour courir sur les surfaces planes. Dans la plupart des cas, en hippologie, les mots force, énergie n'ont qu'un sens relatif, et il n'en peut être autrement dans celui qui nous occupe. Le limonier gravissant une côte, attelé à un tombereau de houille, par exemple, déploie tout autant d'énergie que le cheval de course, pressé en arrivant au but par un rival qui lui dispute le prix de la lutte.

M. Sanson nous explique que, s'il insiste « sur la conception du pur-sang, » c'est « parce qu'elle est la base de la doctrine du croisement quand même, qui a passé à peu près intacte dans la zootechnie empirique, avec son langage et ses prétentions. » En effet, le pur-sang, tel que nous l'entendons, c'est-à-dire toute race pure et bien fixée, qu'il s'agisse d'un cheval, d'un taureau ou d'un bélier, le pur-sang, disons-nous, pris comme élément améliorateur, est l'une des conditions premières d'une complète réussite dans l'opération du croisement. Dans la doctrine nouvelle et pour les motifs que nous avons donnés, le croisement doit s'opérer par les mâles, et, ce que l'on se propose, c'est à des degrés divers l'absorption de la race défectueuse dans celle de l'étalon. Mais M. Sanson prétend que « quelque loin que soit poussée cette absorption par une suite de générations croisées, le résultat ne s'en maintiendra point s'il est abandonné à lui-même, et qu'il y a nécessité de revenir de temps en temps à la souche amélioratrice. » Nous voyons bien là une assertion; mais sur quels faits est-elle basée? Voilà ce qu'on se garde de nous dire, et, pour cette cause majeure, c'est que les faits manquent. M. Gayot, qui cependant est un des grands promoteurs du croisement des races, qu'il nomme une « œuvre de perfectionnement, » partage l'opinion de M. Sanson. « Une

SÉLECTION. — CROISEMENT.   53

longue série de croisements change de fond en comble
la race sur laquelle s'est opérée la croisure ; elle la
rapproche de la souche paternelle, au point qu'il soit
impossible de l'en distinguer extérieurement ; mais si
l'on abandonnait à elle-même cette race croisée, si
l'on négligeait de la retremper par intervalles dans le
sang de la race de perfectionnement, on la verrait
déchoir peu à peu et retomber à la fin dans un état
de dégradation dont rien ne la sauverait. » Nous
avons, au contraire, fait voir précédemment comment
plusieurs races s'étaient constituées et maintenues,
quoiqu'elles dussent leur origine à un croisement entre
deux races bien distinctes, telles que les races Orloff
et de la Charmoise, les races canines du *fox-hound* et
du *pointer*, et bien d'autres encore, sans qu'il soit
nécessaire de nommer celles qui sont en voie de transformation. M. J. B. Huzard est, en cela, de notre
avis, comme on peut le voir dans son livre sur *les
Haras domestiques*[1]. « Longtemps cependant, dit-il,
les hommes du plus grand savoir en ces sortes de
matières avaient pensé que l'amélioration ne se sou-
tiendrait pas ; il a fallu l'expérience pour faire voir le
contraire. Il en sera du métissage des races de chevaux
comme il en a été de celui des bêtes à laine. »

Nous trouvons, dans la remarquable étude de M. de
Laveleye, sur *l'Économie rurale en Néerlande*, un

[1] Paris, veuve Bouchard-Huzard.

nouvel exemple d'une race qui s'est constituée par le croisement. Dans le Wilhelmina-Polder, formé depuis 1809 entre les deux îles de Oost et de Zuid-Beveland, en Zélande, M. Van den Bossche, agronome d'un grand mérite, entretient une race de moutons qu'il a créée lui-même. Pour donner à la variété du pays une laine plus fine et plus de disposition à prendre de la chair, il a eu recours au croisement avec le bélier leicester. Cette opération a été commencée en 1838 et poursuivie jusqu'en 1841. A cette époque, on commença à employer à la reproduction les animaux issus du croisement, quoiqu'ils n'eussent, en réalité, que trois croisements avec le pur-sang. Depuis, M. Van den Bossche n'a plus eu recours au sang leicester qu'exceptionnellement. La famille a d'ailleurs paru tellement fixe à la Société d'agriculture de la Zélande, que cette dernière a donné à la nouvelle race le nom d'*Iman*, prénom de son créateur. « Dans la Frise, dit M. de Laveleye, on commence à introduire les taureaux durham pour obtenir une race croisée qui, prétend-on, sans donner autant de lait, produit plus de crème et en même temps s'engraisse plus facilement que la race du pays. » Le savant économiste belge ajoute qu'à « l'École centrale de Gembloux, en Belgique, on a obtenu la même quantité de crème des vaches hollandaises, donnant en moyenne vingt litres de lait, et des vaches durham qui n'en donnaient que seize. » « On se trouve si bien du croisement de la race durham avec l'espèce bovine de Zélande, dit encore M. de Laveleye, que déjà M. Van den Bossche vend à de très-hauts prix, aux propriétaires allemands les reproducteurs issus des croisements durham, poursuivis encore à cette heure par cet éminent éleveur. » Mais, jusqu'ici, ce n'est encore que du métissage.

Il est bien certain aussi, comme nous l'avons fait remarquer, qu'on ne connaît pas tous les exemples de races qui se sont formées par le croisement ; mais nous ne négligerons certes pas de recueillir les exemples que nous rencontrerons dans l'histoire, afin de fortifier encore, par des faits de plus en plus nombreux, la doctrine que nous défendons. M. Darwin raconte qu'un roi des Indes, Aliber-Khan, grand amateur d'oiseaux, qui vivait vers l'année 1600, avait entrepris, dit un chroniqueur, de croiser les races, « méthode qu'on n'avait point encore pratiquée dans ce pays, et qui les améliore étonnamment. » De même, lorsqu'on étudie, par exemple, l'histoire des races chevalines depuis les temps les plus reculés jusqu'à nos jours, on voit que presque toutes sont le résultat d'un ou plusieurs croisements successifs. Dans l'antiquité, cette pratique se rencontre à chaque pas, comme on peut s'en convaincre en lisant le très-intéressant travail publié dans *la Revue contemporaine*, par M. Ch. de Sourdeval. Quant à ces mots, relatifs au produit d'un croisement : « s'il est abandonné à lui-même, » nous nous étonnons de les rencontrer sous la plume de M. Sanson. Est-ce qu'il peut être en effet question, en agronomie, d'abandonner à elle-même une production quelconque? Qui dit domesticité dit soins, régime, sélection. L'objection n'étant pas sérieuse, nous n'y insistons pas davantage. Nous préférons nous rallier à l'opinion du docteur Bertillon, opinion que nous trouvons dans son remarquable article sur l'acclimatement : « J'aurais montré avec M. Rufz, dit le savant anthropologiste, que des types nouveaux et mieux doués peuvent être espérés par le croisement; mais que c'est par la sélection qu'ils sont perfectionnés et fixés[1]. »

A propos d'une note lue par M. Magne à la Société d'agriculture, M. Sanson, dans la *Culture*, dit que son « honoré maître conteste l'un des principes fondamentaux en zootechnie. » Cette accusation serait bien grave si réellement on pouvait dire que les principes fondamentaux de l'art zootechnique sont définitivement arrêtés; mais on peut avancer qu'en matière de production animale, la science n'est pas encore fondée; elle l'est si peu que les doctrines de M. Sanson sont vivement combattues. La note de M. Magne en est une nouvelle preuve. Nous en sommes encore réduits, si ce n'est à l'empirisme pur, car ce serait contester les résultats acquis autant par la

---

[1] *Dictionnaire encyclopédique des sciences médicales*. Paris, P. Asselin et Victor Masson.

science que par la pratique, du moins à chercher con-
tinuellement notre voie. Ce qu'il importe, c'est que,
tout en marchant à la conquête de la vérité scientifique, les praticiens ne se ruinent pas. Il faut que
ceux qui ont la mission d'éclairer les éleveurs ne perdent jamais le point de vue industriel, afin que leurs
conseils, loin d'engendrer des déceptions, deviennent, au contraire, de nouveaux agents de richesse.
C'est à cette seule condition que la science peut espérer de fonder son empire. En somme, ce que M. Sanson
nomme « principes fondamentaux » n'est autre chose
que les opinions personnelles de cet écrivain; par
conséquent, chacun est dans son droit en les discu-
tant. Nous n'avons certainement pas la prétention de
nous ériger en avocats du directeur d'Alfort, qui trouvera lui-même de meilleures réponses que celles que
nous pourrions lui suggérer; cependant, nous ne
croyons pas que l'avenir ratifie ce jugement de
M. Sanson, que personne ne « sera touché des arguments de M. Magne. » Nous ne pensons pas non plus
que toutes choses soient confondues dans son esprit,
comme la phrase suivante pourrait le faire croire :
« Nous avons essayé, dans *le Livre de la Ferme*, d'é-
tablir aussi clairement que nous l'avons pu la distinction qui doit exister entre le croisement, le métissage
et la sélection, aussi bien au point de vue scientifique
qu'au point de vue industriel. Dans la dissertation de
M. Magne, tout cela nous paraît confondu. » Quant à

nous, nous pensons qu'il n'y a pas lieu d'opposer la sélection au croisement. Il est beaucoup plus juste de raisonner comme le fait M. Magne, en n'employant que les deux termes régime et croisement. En effet, la sélection ne peut être considérée comme l'opposé du *croisement;* elle doit, au contraire, lui venir sans cesse en aide. Qu'on agisse dans un sens ou dans un autre, on doit toujours faire de la sélection, c'est-à-dire choisir les meilleurs reproducteurs, ceux qui réunissent au plus haut degré les qualités qu'on recherche dans l'espèce animale que l'on entretient.

M. Magne répond à cette phrase d'un membre de la Société impériale et centrale d'agriculture, qui résume l'opinion d'un grand nombre de zootechniciens : « Le croisement ne forme pas de races, il les détruit. » Et il ajoute : « Si le croisement ne forme pas des races, quelle peut en être l'utilité? » Cette question doit évidemment, en effet, embarrasser ceux qui veulent borner le rôle du croisement à la production de métis qui seraient exclus de la reproduction. M. Magne répond à ceux qui ne veulent pas pousser l'expérience au delà du premier et du second croisement ce que nous avons dit nous-même dans le courant de cette étude, à savoir qu'il faudrait conserver pure la race croisante et la race croisée, « ce qui, économiquement parlant, n'est pas possible. » M. Magne repousse également le système, qui consiste dans l'absorption d'une race par l'autre. L'inconvénient qu'il voit est celui-ci : « En le suivant, on arriverait inévitablement, après cinq ou six générations croisées de métis tout à fait semblables, à la race paternelle. » D'après cette phrase, et en tenant compte des opinions qui vont suivre, nous sommes en droit de croire que le savant professeur partage nos idées sur la possibilité de l'absorption complète d'une race dans une autre. C'est un appui précieux pour nos doctrines. M. Magne explique ainsi son objection : « Conçoit-on nos éleveurs de chevaux ne produisant que des chevaux de courses, et les cultivateurs seraient-ils mieux nantis quand ils n'auraient que des bœufs durham, des moutons dishley et des porcs leicester ? » Nous n'hésitons pas à répondre que non-seulement nous ne verrions aucun mal qu'il en fût ainsi en ce qui concerne les espèces de boucherie, mais encore que c'est le but que nous conseillons de viser. Quant à la crainte d'arriver, par le croisement répété indéfiniment, à ne faire que des chevaux de course, M. Magne nous permettra de lui dire qu'elle n'est pas fondée.

En effet, et d'abord que faut-il entendre par un cheval de course? Selon nous, le cheval de course n'est point nécessairement un cheval de pur-sang, pas plus qu'un cheval de pur-sang n'est nécessairement un cheval de course. Tout cheval qui est admis sur l'hippodrome est un cheval de course, qu'il s'appelle *Monarque* ou *Colonel, La Toucque*

ou *Bayadère*. Ceci n'a pas besoin de démonstration. Il ne nous paraît pas moins évident qu'un cheval
de pur-sang n'est pas nécessairement un cheval de
course. M. Magne, en employant cette expression de
« cheval de course, » a-t-il voulu dire que l'abus de
croisement par les mâles de la race pure ne donnerait
que des sujets d'apparence légère et mince, tels que
ceux que nous voyons apparaître sur la pelouse de
Longchamp? S'il en est ainsi, nous répondrons à
M. Magne que ce qui fait le cheval de course, c'est le
régime, c'est l'entraînement, c'est l'*in and in*. Élevez
des chevaux de pur-sang à la manière pratiquée dans
l'élevage ordinaire des chevaux de commerce, et vos
produits sembleront tout aussi forts, tout aussi gros
que ceux qui s'éloigneraient davantage du type pur.
C'est une expérience que nous avons faite. Qui serait
capable de dire combien de générations de pur-sang
se sont succédé dans telle famille chevaline d'où vous
voyez sortir des sujets d'une ampleur remarquable?
Parmi les chevaux de chasse d'Angleterre que vous
citez, croyez-vous donc qu'il n'y en ait pas beaucoup
auxquels il ne manque que d'être inscrits au *Stud-
Book* pour être considérés comme des pur-sang?
Presque tous les reproducteurs inscrits dans la catégorie des *hunter* à l'exposition universelle, dans le
parc de Battersea, n'étaient-ils pas issus de parents
appartenant à la race pure? Et ceux dans la généalogie desquels il y avait quelque mésalliance étaient-

ils si différents de leurs voisins que vous eussiez pu affirmer leur bâtardise à la simple inspection de leurs formes? Évidemment non. Nous avions donc le droit de dire que les craintes exprimées plus haut n'étaient point fondées.

Nous arrivons à une proposition importante de M. Magne : « Je ne conteste pas, dit-il, et il est superflu de l'ajouter, la supériorité comme reproduction des individus de race pure sur les métis, surtout les métis des premiers croisements. Il est bien reconnu que les caractères sont d'autant plus fixes et qu'ils se transmettent avec d'autant plus de certitude du père aux enfants que les races sont plus anciennes. Je soutiens seulement que les métis peuvent être employés pour propager leur race et mieux pour en communiquer les caractères à d'autres races. Pour résoudre complétement la question de l'utilité des métis comme reproducteurs, pour confirmer ce que je viens d'avancer, j'ajouterai que les *qualités communiquées à des animaux par le croisement des races se conservent aussi facilement que celles qui ont été produites par le régime.* Cette proposition, je le sais, trouvera de nombreux contradicteurs, mais c'est parce qu'on ne tient pas compte des circonstances dans lesquelles les animaux se produisent. Les éleveurs s'abusent quand ils croient qu'une amélioration sera fixe parce qu'elle aura été produite par les soins hygiéniques. Rien n'est plus commun que le fait à l'appui de ce que j'avance.

4

Transportez sur les montagnes granitiques du Morvan une famille de bœufs nés dans les herbages argilo-calcaires de Saône-et-Loire ou de la Nièvre, et, si elle ne reçoit que des soins donnés ordinairement au bétail morvandian, elle se transformera en mal, comme la famille qui aurait été produite par le croisement. » C'est précisément ce que nous disions nous-même au début de cette étude.

« Mais d'où provient, continue M. Magne, une opinion si contraire aux faits, quoique si générale? De ce qu'on a souvent voulu communiquer à une race, par le croisement, des améliorations que le régime seul peut produire, et qu'il est toujours arrivé qu'elles disparaissaient rapidement, tandis qu'on voyait que des améliorations de même nature, réalisées ailleurs à la suite d'un grand progrès agricole et d'une distribution plus abondante de fourrages, se conservaient. En présence de ce double effet, et sans en rechercher les causes, on n'a pas manqué de dire que les améliorations produites par le croisement ne se conservaient pas comme celles qui étaient réalisées par le régime. Il suffit d'indiquer l'origine de ce raisonnement pour démontrer qu'il n'est pas fondé. Ainsi, les races métisses se conservent comme les races améliorées par le régime. Améliorez par le régime seul, ou par le régime et le croisement, et vous n'aurez aucune différence dans les résultats. Seulement, en employant le croisement, vous arriverez au but plus promptement;

mais, dans un cas comme dans l'autre, les améliorations se conserveront si les animaux sont soumis à un
régime semblable à celui qui aurait été nécessaire
pour les produire, tandis que, sans cette condition,
elles disparaîtront, soit qu'elles aient été la conséquence du régime, soit qu'elles proviennent d'un croisement. Et, si quelques améliorations peuvent se
conserver *indépendamment de cette condition, c'est-
à-dire indépendamment des influences hygiéniques,
ce sont celles qui sont produites par le croisement.* »
Voilà certes une assertion qui pèse d'un grand poids
dans la discussion, et qui vient tout à fait à l'appui de
nos théories. Voici, d'ailleurs, d'après M. Magne, les
améliorations que le croisement produit : « C'est la
production, dans le cheval, d'une tête épaisse, carrée,
à la place d'une tête busquée, d'une encolure droite
à la place d'une encolure rouée ; c'est la suppression
des cornes et l'accroissement du train antérieur dans
le taureau et le bélier ; c'est la transformation d'une
toison grossière et légère en toison fine et lourde dans
les bêtes à laine. Quelles sont celles que nous ne pouvons obtenir que par le régime ? C'est l'élévation de
la taille, l'augmentation du poids, la production du
tempérament, qui constitue la précocité et l'aptitude
à prendre la graisse dans le bœuf ; c'est l'énergie
excessive dans le cheval. » Déjà, en 1843, M. J. B.
Huzard avançait son opinion conforme à celle de
M. Magne. Voici comment il la formulait en terminant

son livre sur les *Haras domestiques*[1] : « Il n'y a aucune objection parmi celles que j'ai citées relativement au métissage dans l'espèce chevaline, qui puisse, je ne dis pas prouver, mais seulement faire soupçonner, que l'opinion suivante soit fausse, que dans cette espèce les produits d'un métissage bien suivi peuvent rester au point où ils sont parvenus, en se reproduisant par eux-mêmes et sans qu'on soit obligé de recourir à des étalons purs de la race régénératrice. »

VI

M. Sanson examine ensuite et critique cette méthode qui consiste à chiffrer exactement « la quantité, la dose proportionnelle des deux espèces de sang qui coulent dans les veines d'un produit provenant de races différentes et dont la généalogie est bien connue. » Dans cette méthode très-défectueuse, en effet, « on représente la force du mâle par une valeur égale à 1 et celle de la femelle par une valeur égale à 0. On a dès lors, pour le produit du premier croisement, une valeur égale à 0,50, c'est-à-dire un *demi-sang*. A la seconde génération, 0 étant remplacé par cette valeur de 0,50, on a une valeur de 0,75, ou un

---

[1] Paris, veuve Bouchard-Huzard.

trois-quarts de sang. En ajoutant ainsi successivement la valeur obtenue à **1**, valeur du père, et en divisant par **2**, somme des père et mère, eu égard au produit, on arrive d'abord, à la troisième génération, à **0,873** ou *sept huitièmes de sang;* puis enfin, à la trentième génération, à une valeur représentée par une fraction décimale composée de vingt-neuf chiffres, dont les neuf premiers sont des 9. » Cette façon de procéder, nous le reconnaissons, ne brille pas par sa logique, aussi est-elle blâmée et par M. de la Tréhonnais, fervent adepte de la doctrine du croisement, et par M. Sanson.

Le premier dit, dans la *Revue agricole de l'Angleterre*, page 238 : « On entend tous les jours parler de demi-sang, de trois-quarts de sang, de sept huitièmes de sang, etc. Quelle preuve a-t-on que ces fractions sont exactes? Pour qu'elles le fussent, il faudrait supposer que les deux types reproducteurs ont dans leur sang une égale influence d'atavisme et d'hérédité, c'est-à-dire qu'ils ont leur nature individuelle et celle de leurs familles typifiées au même degré de persistance..... Dans presque tous les cas de croisement, l'un des deux reproducteurs, appartenant à une race plus ancienne, plus permanemment caractérisée, et surtout plus pure, c'est-à-dire avec un atavisme moins altéré dans sa puissance par des croisements avec d'autres races, devra nécessairement donner au produit une plus forte proportion de sa nature et de son

4.

tempérament. » M. Sanson se fait du calcul cité plus
haut une arme contre nous, et va jusqu'à dire que la
théorie si séduisante tout à l'heure du croisement
s'évanouit aussitôt. Car il n'est plus possible, dit
M. Sanson en premier lieu, de représenter par 0 seulement la valeur de la mère dans la première opération ; en second lieu, de diviser par 2 seulement la
somme des valeurs, puisqu'elle contient un nouveau
facteur indéterminé, qui est précisément la quotité
pour laquelle agit la puissance héréditaire de chacun
des procréateurs ; puis un autre, étranger à ces derniers, lequel se trouve dans les conditions hygiéniques
au milieu desquelles s'opèrent la conception et le développement du produit. »

Ce dernier argument, dirigé contre nos doctrines,
n'est pas sérieux ; il est donc inutile d'y insister. Ce
qui résulte pour nous de cette discussion, c'est que
la formule mathématique inventée, croyons-nous, par
M. Gayot, est fausse, voilà tout ! Cette conclusion tirée
par M. Sanson, « que l'on ne saurait constituer une
race nouvelle avec des produits croisés, » ne sera
point admise par tout le monde. On a vu que M. Magne
est d'une opinion contraire, et que les faits lui don-
neraient raison, comme le prouvent les races intermédiaires Dishley-mérinos d'Alfort, les Cotswold-ber-
richons de M. Lalouël de Sourdeval, et d'autres citées
déjà. Mais si, au contraire, on se propose l'absorption
complète d'une race dans une autre, il faut, en effet,

continuer, sur un nombre indéterminé de générations,
l'emploi du sang régénérateur à l'état de pureté.
C'est alors seulement qu'on pourra pratiquer avec
succès la méthode *in and in*, sans qu'il soit désormais
nécessaire de recourir à des reproducteurs étrangers.

Nous n'admettons pas davantage que, pour qu'il y
ait chance de réussite, il faille qu'il existe entre les
deux races qu'on veut allier « certains rapports de
taille, de volume, et même quelque identité de formes, » et encore bien moins qu'on ne puisse obtenir
même « des produits individuels. » Heureusement, les
faits sont là, qui prouvent surabondamment que non-
seulement ce n'est point une condition *sine quâ non*,
mais qu'au contraire les croisements entre races très-
différentes réussissent parfaitement. Les produits durham-bretons, si fort estimés pour la qualité de leur
viande, pour leur précocité et leur facilité à l'engraissement, sont une preuve qu'on peut, par le croisement,
même dès la première génération, obtenir d'excellents
résultats individuels. Cependant, on peut affirmer
qu'il n'y a aucune analogie entre le durham et le
breton. Comment admettre d'ailleurs cette nécessité
d'identité des formes, dans la réussite du croisement
des races, lorsque la ressemblance ne peut même pas
servir à classer, à différencier les espèces. « L'âne,
dit Buffon, ressemble plus au cheval que le barbet au
lévrier, et cependant le barbet et le lévrier ne font

qu'une même espèce, puisqu'ils produisent ensemble des individus qui peuvent eux-mêmes en produire d'autres ; au lieu que le cheval et l'âne sont certainement de différentes espèces, puisqu'ils ne produisent ensemble que des individus viciés et inféconds. »

Les détracteurs du croisement des races se battent donc le plus souvent, comme on le voit, contre des moulins à vent. Nous touchons d'ailleurs à la dernière objection de M. Sanson. Il revient sur la nécessité de la « prépondérance » du mâle dans l'acte de la génération, pour que la doctrine du *croisement* soit défendable. Nous ne pouvons découvrir la raison de cette nécessité. En effet, le mâle ne serait-il pas prépondérant, ce qui ne nous paraît cependant pas probable, il faudrait admettre qu'il apporte une part au moins égale, et, dans ce cas, au moyen d'alliances successives entre la race amélioratrice et les produits du croisement, on arrivera forcément à l'absorption de la race locale, dont l'atavisme sera combattu et successivement amoindri à chaque génération. Aussi, avouons-nous ne pas comprendre comment M. Gayot s'élève contre le croisement de l'étalon dit de pur sang avec les races chevalines plus ou moins abâtardies qui peuplent une partie de la France. Serait-il donc d'avis de laisser dans l'avilissement ces animaux, occupant le dernier degré de l'échelle dans l'espèce ?

M. Sanson a, toutefois, appris à faire quelque cas des motifs et des idées qui poussent les partisans du croisement à soutenir leurs doctrines. La nécessité de créer des animaux produisant à meilleur compte une plus grande quantité de viande n'est plus niée par le *Livre de la Ferme*, et l'on est agréablement étonné de voir qu'en terminant, M. Sanson reconnaît qu'il n'entend pas dire « qu'il faille s'abstenir d'une manière absolue des opérations dites de croisement... Ramené à son importance scientifique réelle, dit-il, le croisement est un moyen, un procédé d'exploitation industrielle des animaux qui, à l'exemple de tous les procédés de fabrication, donne des résultats en rapport avec la manière dont il est mis en pratique..... Le problème du croisement, problème purement industriel, se pose donc de la manière suivante : Étant donnée une race locale, avec toutes les matières premières nécessaires à son exploitation plus lucrative que celle que permettent ses seules aptitudes, tirer le meilleur parti possible de ses produits. »

Ainsi donc, vous admettez qu'il est certains cas où nos races indigènes sont devenues insuffisantes, et où les intérêts d'une industrie progressive et intelligente nécessitent que les races ne soient plus conservées intactes. La lumière luit tellement éclatante, que vous ne pouvez plus fermer les yeux ; les résultats vraiment merveilleux obtenus par la pratique du croisement dans maints pays vous obligent à reconnaître que

« ce procédé industriel » a réussi. Une agriculture en partie transformée, comme celle de certains départements de l'Ouest, par le croisement de leurs races de boucherie avec les races anglaises améliorées; des populations vivant naguères dans la misère et maintenant dans l'aisance, toutes ces considérations, disons-nous, ont cependant fait fléchir votre parti pris. Vous-même, vous avez donné votre sanction au croisement « en le préconisant pour les races ovines de l'Ouest, » que vous recommandez « d'accoupler avec le South-down. » C'est vous-même qui avez la générosité de nous rappeler le conseil donné par vous aux éleveurs de votre pays natal. Cependant, laissez-nous vous dire que vous avez commis là une grande imprudence, car le jour où toute une contrée sera entrée dans cette voie, il ne sera plus possible de retrouver de types purs de la race locale. Et que deviendra alors le principe de l'amélioration des races par elles-mêmes, principe hors duquel vous avez dit précédemment qu'il n'y avait point de salut? Et voyez ce qui arrive! Le paysan, qui, tôt ou tard, finit par se ranger du côté des gros bénéfices, ne veut plus entretenir son ancienne race mancelle à l'état de pureté. Cette dernière n'existe presque plus nulle part, et le moment est proche où une vache mancelle sera montrée par curiosité. De Laval à Angers, de Château-Gontier à Sablé, dans les foires, partout enfin, vous ne voyez plus qu'animaux croisés, Durham-manceaux, Durham-bretons,

Mortagnes-dishley Craonais-leicester. Devant cette expérience, le savant le plus entêté de son système est amené à réfléchir, à modifier l'inflexibilité de ses principes, et à faire des concessions à ceux qu'il appelait naguère des « éleveurs ou zootechniciens ignorants, butés à une idée qu'ils ont adoptée sans examen, et qu'ils suivent en aveugles. » Renoncez ussi à nous prouver que, lorsqu'on opère entre races peu distinctes, on aura « à proprement parler de la sélection, c'est-à-dire l'accouplement de deux individus aussi rapprochés que possible par leur constitution physique. » Ne nous dites plus, par exemple, que « le mariage entre le charollais et le durham n'est point à proprement parler un croisement, car pour le coup ce serait « heurter trop directement le bon sens. »

En dehors de la vérité scientifique, que nous espérons avoir démontrée, nous tenons à tirer cette double conclusion, que c'est du croisement de nos races indigènes qu'on doit attendre, d'une part, la prospérité de l'agriculture française, et, d'autre part, le bien-être des classes ouvrières. Produire, dans un temps donné, une quantité double de viande que par le passé, tel est forcément le résultat qu'on obtient en entretenant, comme l'Angleterre le fait, un bétail plus précoce que le nôtre, c'est-à-dire qui, dans moitié moins de temps, arrive à son complet développement et à un engraissement parfait.

M. le baron Paul Thenard, dans un article « sur les
races précoces, » que nous trouvons dans la revue
scientifique *les Mondes*, après avoir cherché à démontrer qu'il fallait à chaque peuple, et selon le degré de latitude qu'il habitait, un régime différent,
particulier, prétend que, « sous notre climat, l'usage
des viandes ultra-adipeuses serait funeste à la santé
publique. » Nous ne saurions partager les craintes du
neveu du célèbre chimiste; il est encore loin le jour
où on pourrait redouter pour le peuple l'abus des
viandes adipeuses, voire même ultra-maigres. D'ailleurs, la viande des animaux précoces n'est pas nécessairement adipeuse : elle sera, chez nous, ce que
l'engraisseur voudra qu'elle soit, *fin-grasse* ou seulement demi-grasse. Il faut vraiment n'avoir jamais
mangé de roastbeef, de gigot ou de jambon en Angleterre, pour admettre comme « très-spirituel » le
propos de la « ménagère » cité par M. Thenard. Les
bons mots, tels que ceux-ci, par exemple, ne passe-
ront jamais pour des raisons : « Quant à sa viande
(celle de l'Angleterre), dit l'interlocutrice de M. Thenard, véritable diminutif du poisson de l'Esquimau,
elle ressemble à une éponge sans goût qu'on aurait
trempée dans la graisse : c'est de la mie de pain
avec de la chandelle. »

M. Thenard pense que « le régime anglais est le
régime esquimau diminué et le régime français ampli-
fié. » Au risque de souhaiter à nos compatriotes une

ressemblance quelconque avec les Esquimaux, nous faisons des vœux pour qu'ils mangent beaucoup de viande telle que celle qu'on consomme au delà de la Manche, au risque encore, comme le dit l'écrivain des *Mondes*, « de rompre cet équilibre entre le système respiratoire et le système digestif, qui est indispensable, et que nous rencontrons si facilement et si heureusement avec le pain et le vin. Hélas ! cet équilibre obtenu avec le pain et le vin ne se rencontre pas si « facilement » que M. Thenard le croit. De même que ce n'est qu'aux jours de foires ou de noces que le paysan d'une grande partie de la France mange de la viande de boucherie, de même aussi ce n'est guère que dans ces circonstances qu'il boit du vin à ses repas. Voilà la vérité , et nous disons que tout ami de l'humanité , aussi bien que tout économiste sensé , doit travailler à la solution du problème que nous croyons résoudre par l'introduction des races précoces , afin de mettre fin à une situation indigne d'un pays essentiellement agricole comme le nôtre.

Qu'on cherche ce résultat par un chemin ou par un autre, par la diminution du prix de revient ou par l'élévation des salaires, il faut avant tout que la marchandise existe sur le marché. Eh bien, la viande ne s'y trouve pas en quantité suffisante pour répondre aux besoins de la population. Non, « l'idée de la vie à bon marché » n'est pas une « comédie de circon-

5

stance ; » c'est une aspiration très-légitime et très-ho-
norable d'économistes plus ou moins heureux dans
leurs solutions, voilà tout. Ce mot de comédie nous
blesse lorsqu'il vient à propos d'une question de sub-
sistance. Cette comédie n'est que le triste drame qui
se joue trop souvent dans la demeure de ceux dont les
bras sont les instruments de notre bien-être, bien-être
auquel la France doit s'efforcer de convier tous ses
enfants.

Nous ne pouvons mieux terminer cette étude
qu'en citant les lignes suivantes, empruntées au docteur Bertillon, passage qui résume éloquemment notre pensée sur l'avenir de la zootechnie : « ... Il n'y a
plus qu'à coordonner l'enseignement du passé avec
la méthode et les données journalières de la science
moderne, pour fonder l'art de domestiquer, d'accli-
mater, de modifier au gré de nos désirs l'organisme.
animal. Il est certain que l'homme a créé le chien,
probablement le froment, et maintes autres prétendues variétés domestiques, qui méritent au moins le
nom d'espèces; il a créé le mulet, le léproïde, et
déjà un grand nombre d'autres hybrides dont un bon
nombre sont indéfiniment féconds. Il a rendu si mobiles les organismes domestiques, que l'art anglais
se charge, en un nombre déterminé de générations,
de créer un type de pigeon conforme à la fantaisie
d'un demandeur ! Qui ne voit que c'est là le commencement d'un art immense, l'art de créer et d'adapter

à nos besoins, à nos goûts, à notre domicile, la substance vivante de deux règnes...

« Mais ces difficultés sont accidentelles et temporaires ; elles sont bien moindres que celles dont les
acclimatements connus ont déjà triomphé par un
peu de hasard et par un temps immense. L'art, inspiré par la science, surprend aujourd'hui les secrets de ces triomphes ; il supprimera le hasard, il
abrége les temps !

« Alors, comme la matière brute nous est déjà soumise, nous sera soumise aussi la substance vivante ! »

ROLE DE LA CONSANGUINITÉ

DANS L'AMÉLIORATION DES RACES

I

Bien qu'il ne nous appartienne peut-être pas
d'examiner quels peuvent être les effets de la consanguinité sur l'espèce humaine, nous avons pensé qu'en
une matière aussi grave on ne devait négliger aucun
document, aucun résultat scientifique, aucun fait de
nature à éclairer la discussion. Passer sous silence
les travaux des médecins et de quelques-uns des
membres de la Société d'anthropologie, c'eût été pri-
ver nos lecteurs du principal élément d'appréciation.
C'est en effet dans le sein de cette docte compagnie
que se concentrent les lumières de la physiologie
contemporaine ; et le devoir de quiconque veut se former une opinion sur l'une des branches de cette

science est de ne négliger aucune des communications
de ceux qui la professent. Peut-être nous objectera-
t-on qu'il serait téméraire de conclure que ce qui est
vrai pour l'espèce humaine doit l'être aussi pour les
animaux. Nous savons bien que l'organisme des animaux étant beaucoup moins compliqué que le nôtre,
que leurs facultés cérébrales étant peu développées,
il y a tout un côté qui échappe à la comparaison.
Mais, outre qu'il nous paraît que certains principes
doivent être immuables en physiologie, que les mêmes
causes doivent physiquement, dans tout le règne
animal, produire les mêmes effets, nous espérons
qu'on ne nous en voudra pas d'avoir enrichi cette
étude des importantes recherches de quelques savants.
Nos amis des champs, auxquels s'adressent toujours
plus spécialement nos travaux, nous sauront peut-
être gré, c'est du moins notre espoir, de leur avoir
épargné des lectures qui leur sont le plus souvent fort
difficiles, si ce n'est impossibles.

De tous temps, les différents peuples du globe, les
philosophes, les législateurs se sont préoccupés de la
consanguinité : les uns pour la recommander, les
autres pour la blâmer. Mais ce n'est que tout récemment qu'il s'est élevé sur ce sujet une controverse
sérieuse et vive. Ayant cru découvrir, dans l'exercice
de leur art, des effets malheureux qu'ils rapportaient
aux mariages contractés entre proches, quelques médecins se sont emparés avec ardeur de cette idée de

la nocuité des unions consanguines. Dans un but assurément très-philanthropique, ils ont réuni leurs
observations, les ont groupées sous formes d'avis aux
familles en les appuyant de raisonnements, d'exemples, de statistiques qui reflètent un peu trop peut-
être les préoccupations momentanées des auteurs,
c'est-à-dire qu'on sent trop, dans les ouvrages que
nous allons passer en revue, le parti pris sous l'empire
duquel ils ont été écrits.

D'autres, au contraire, ont pensé que leurs con-
frères s'étaient trop hâtés, voire même trompés dans
leurs appréciations, et se sont empressés de combattre
leurs conclusions. Le débat a été fort intéressant et
fort animé, et si la majorité se prononce encore dans
le sens de la nocuité, il n'en est pas moins vrai que
ceux qui la combattent ont paru dans la lutte avec cet
esprit essentiellement critique qui consiste à écarter
des discussions tout parti pris et tout préjugé. Si les
premiers ont recherché avidement tout ce qui pouvait
aider à la propagation de leurs idées ou de leurs
craintes, se montrant peu difficiles en matière de
preuves, se laissant aussi aller un peu trop loin dans
la voie du sentiment et de l'imagination, les seconds
n'ont procédé qu'avec une méthode purement scientifique, simplifiant autant que possible les termes du
problème qu'ils ont, si ce n'est résolu pour tous,
dégagé du moins des éléments étrangers qui l'obscur-
cissaient, et, mieux encore, entouré d'une lumière

destinée, c'est notre croyance, à éclairer notre génération sur une question qui intéresse à des titres divers
l'humanité tout entière.

Si l'on cherche, sans parti pris, à se faire une
opinion d'après l'examen des travaux des médecins
sur cette question : Les alliances consanguines ont-
elles une influence pernicieuse, ou bien sont-elles in-
nocentes des maux qu'on leur impute ? la vérité
semble se trouver du côté des défenseurs de l'innocuité
des unions consanguines. MM. J. Perier, E. Dally,
A. Bourgeois, A. Sanson ont montré le peu de valeur
des faits et des arguments produits par leurs adversaires. Ces faits sont peu variés, et, en général, trop
particuliers, pour qu'on puisse les généraliser. Nous
n'examinerons point en détail les écrits de MM. Cha-
zarin, Rillet de Genève, Ménière, Bemiss, Aubé, etc.
Il nous suffira d'analyser les mémoires de MM. Boudin
et Devay, qui ont résumé les travaux des auteurs précédents en les complétant par leurs propres observations.

Tous ceux qui ont combattu la consanguinité ont
fait, suivant nous, qu'ils nous excusent de le leur
dire, la même faute qui entache leurs arguments et
leur fait interpréter les faits d'une façon vicieuse. Tous
ont allégué des expérimentations directes, faites sur
les animaux et quelquefois sur l'homme, comme s'il
s'agissait de physique ou de chimie. Il semblerait,
d'après eux, que l'expérimentation prononce d'une

manière catégorique sur les difficultés que présente la
biologie. Il n'en est point ainsi. Toutes les expériences
en cette matière sont incomplètes et insuffisantes. En
effet, les circonstances purement matérielles compli-
quent tellement l'observation, lorsqu'il s'agit des êtres
vivants, que l'expérimentation seule devient dans ce
cas insuffisante lorsqu'elle est possible. Ainsi, l'Académie des sciences est occupée, depuis bien des années,
de la question des générations spontanées, qui, dans
les termes où elle est posée, semblerait d'une solution
facile, puisqu'il s'agit seulement d'isoler l'air et, avec
lui, des germes que des conditions favorables développeront ensuite. Cependant cette difficulté arrête
encore des expérimentateurs extrêmement exercés,
et des faits contradictoires empêchent une conclusion
qui semble reculer sans cesse. Que seront ces difficultés si l'on se trouve en présence des influences
sans nombre que la civilisation raffinée apporte à
chaque instant à notre existence? Quelle prise l'expérience peut-elle avoir sur le système nerveux, chez
nous tout-puissant, au point qu'il peut donner la
mort par l'influence morale? C'est donc par une autre
logique, par l'emploi judicieux de la comparaison,
qu'il faut aborder la question de la consanguinité et
celle de l'hérédité qui s'y lie d'une façon directe. Es-
sayons si dans cette voie nous trouverons des lumières
qui nous manquent ailleurs.

Le fait le plus général, et partant le plus important

qui se puisse alléguer dans cette affaire, est celui de la production artificielle de différentes races, modifiées au point de vue de l'utilité dont elles peuvent être pour l'homme. Il est certain qu'il a fallu marier les frères et les sœurs, les pères et les filles, comme nous le verrons plus tard. On a pu, de cette façon, transmettre à une descendance les qualités observées chez quelques individus. Ce fait s'est reproduit des milliers de fois, il est incontestable; et le produit atrophié d'un frère ou d'une sœur dans l'espèce canine (Aubé, *Mémoire*) ne prouve rien contre la valeur de la consanguinité qui a fait obtenir la race excellente dont il descend.

L'influence humaine qui produit la domestication est donc toute-puissante, et c'est du rapprochement, de la comparaison de cet état avec l'état de liberté dont jouissent les animaux, qu'on peut tirer des arguments concluants. Ces deux circonstances : *liberté, domestication*, sont donc celles qui doivent appeler toute notre attention et servir de base à notre raisonnement. C'est par la domestication que la vache est devenue plus laitière, le cheval propre aux usages que nous en tirons, le cochon capable d'engraisser jusqu'à l'excès, etc. C'est par l'absence du régime, que ces animaux, portés en Amérique par les Espagnols, et abandonnés en très-petit nombre dans les bois, sont retournés à l'état d'où ils avaient été tirés primitivement par l'homme, et c'est assurément par des alliances consanguines que se sont opérés ces retours.

Si la domestication dirigée est le fait le plus général qui ait été observé, il peut servir à l'établissement d'une doctrine, c'est-à-dire qu'on peut contrôler par le rapprochement qu'on en fera toutes les autres observations. Cette doctrine peut se formuler encore de cette manière : 1° la domestication dirigée peut produire des races temporaires ; 2° ces races retournent à l'état sauvage quand elles sont rendues à la liberté. Les races ainsi modifiées sont assez nombreuses pour que les exemples ne manquent pas : les chevaux, les chiens, les chats, les chèvres, les lapins, les poules, les pigeons, les dindons, les canards, les oies, etc. Mais faut-il conclure des animaux à l'homme, et la comparaison peut-elle être poussée jusque-là ? Oui, ce nous semble, en tenant compte de la liberté illimitée laissée à l'homme, et de la domesticité presque recluse imposée aux animaux.

Suivons maintenant les travaux des adversaires de la consanguinité, et cherchons à les juger d'après la règle que nous avons posée. Examinons d'abord les statistiques de M. Boudin.

Les statistiques ont, dans certains cas, une valeur positive, que nous ne nierons pas ; mais, dans beaucoup, elles ne prouvent rien. Le nombre des naissances, celui des décès, le chiffre des gens qui meurent de telle ou telle maladie, la durée moyenne de la vie chez les hommes ou les femmes, sont, comme la

taille des conscrits et le poids moyen des bœufs, inté·
ressants pour des administrateurs ; mais, pour des
médecins, il semble que ces statistiques n'ont point
de valeur. Un vieux médecin de nos amis, le docteur
Paulin, nous disait un jour : « Il n'y a point de maladies, il n'y a que des malades. » Si, en effet, chaque
maladie est un cas particulier, est-il possible de faire
une assimilation complète, de mettre un même chiffre
sur des valeurs aussi diverses? Nous ne le pensons
pas. Bien plus, que serait-ce s'il fallait accepter les
statistiques de M. Boudin ? Le docteur E. Dally, dans
un article de la *Gazette hebdomadaire de médecine*[1],
combat leur exactitude et prouve qu'elles ont été re-
connues fausses dans quelques cas, pour les mariages
des juifs, entre autres. Nous n'insisterons donc pas
davantage sur les statistiques.

Nous voulons cependant opposer aux faits cités par
M. Boudin l'exemple suivant, que nous trouvons dans
la thèse de M. Alfred Bourgeois, et qui a pour titre :
*Quelle est l'influence des mariages consanguins sur
les générations*. M. Perier, un ethnologiste distingué,
a fait, à la Société d'anthropologie, sur cette thèse,
qui conclut à l'innocuité des unions consanguines,
un rapport favorable, où nous lisons ce qui suit :
« Enfin, M. Bourgeois nous apprend que l'opinion
qu'il défend est professée à la Faculté, dans le cours
d'hygiène, par M. Bouchardat : savoir, que la consan-

---

[1] Tome IX, 15 août 1862, p. 516. Paris, Victor Masson et fils.

guinité, même répétée, est sans inconvénients, et doit
même produire de bons résultats, si les conjoints sont
exempts de tous vices héréditaires, ou, mieux encore,
doués des meilleures qualités physiques et morales.
Réciproquement, ces alliances entre sujets atteints de
ces mêmes vices seraient nécessairement nuisibles et
le deviendraient dans une proportion exagérée à l'extrême, au moyen de la consanguinité répétée. C'est,
en d'autres termes, la conclusion que nous avons
énoncée tout à l'heure, et qui nous montre le disciple
en parfait accord d'idées avec son maître. » De plus,
en terminant, il apporte un important tribut de faits,
qu'il met en parallèle avec ceux de ses adversaires.
Ce tribut comprend deux sections : 1° l'histoire très-
détaillée d'une famille qui se compose de 416 membres, y compris les alliés, issus d'un couple consanguin au troisième degré, dans l'espace de cent
soixante ans, et après 91 alliances fécondes, dont 16
consanguines superposées : histoire qui paraît ne
laisser aucun doute, non-seulement sur la fécondité, non-seulement sur l'innocuité, mais encore
sur les avantages de la consanguinité dans les familles saines ; 2° une série d'observations recueillies par lui-même, ou par ses amis, et qui sont
complétement en désaccord avec celles venues du
camp opposé, notamment au point de vue d'abord de
la stérilité et, ensuite, de l'état sanitaire, constamment
bon chez les enfants, sauf les cas où les pères et

mères étaient déjà affectés de maladie ou seulement de faible santé. M. Bourgeois a promis à la Société d'anthropologie un tableau généalogique de la famille dont il vient d'être question, et qui est la sienne propre. Dans ce document, l'auteur donne avec soin le signalement de chacun des membres de cette famille, si riche en mariages consanguins, et pourtant si prospère.

M. Devay est d'une opinion toute contraire. La dégénérescence des races et des individus par le fait de la consanguinité, telle est la thèse qu'il prétend démontrer[1]. Cette question appartient à la physiologie moderne, car, si nous comprenons bien, ce n'est point à titre de prescriptions hygiéniques que les interdictions contre les alliances consanguines ont ont été faites jadis. Elles sont toutes morales et catholiques. Ce n'est point une raison pour les laisser tomber en désuétude, mais c'en est une pour ne pas prendre ces prohibitions comme un argument physiologique. C'est cependant ce qu'a fait M. Devay, qui, après avoir cité les Pères de l'Église, ajoute que ces interdictions ont été faites parce que « ces sortes d'alliances entraînent après elles une idée de malédiction, et que la consanguinité dans le mariage viole les instincts naturels des nations civilisées. » Ces assertions sont toutes gratuites.

[1] *Du danger des Mariages consanguins*, par Francis Devay. Paris, Victor Masson et fils.

M. Devay prétend aussi prouver sa thèse par
l'exemple des animaux. Nous verrons plus tard,
lorsque nous traiterons cette partie de notre sujet,
s'il a réussi. Remarquons ici seulement qu'après
s'être fait, de l'exemple des animaux, un argument
contre la consanguinité humaine, il en vient à repousser l'assimilation : « C'est un tort, dit-il, de
conclure des lois de la propagation des races inférieures à celles de l'espèce humaine. » Le secret de
cette contradiction, c'est que M. Devay était dans la
nécessité de nier que les races obtenues par les soins
de l'homme soient préférables, dans notre société,
aux races naturelles.

M. Devay fait un effrayant tableau des dangers
qu'entraînent les mariages consanguins. Dans l'énumération des maladies qui en sont le résultat, suivant lui, figure la longue série, ou peu s'en faut, de
toutes les infirmités humaines. En voici quelques-
unes : la stérilité, l'avortement, les monstruosités,
le *sexdigitisme*, le bec-de-lièvre, le spina bifida, le
varus équin, l'anencéphalie, l'apoplexie, l'épilepsie,
l'absence des mains, l'albinisme, l'ichthyose, l'eu-
chodrome, retard ou absence de dentition, hypo-
spadias, crétinisme, idiotie, cécité, surdi-mutité,
aliénation, scrofules, rétinité pigmentaire, et il y en
a d'autres! M. Devay semble avoir pris pour base de
tous ses raisonnements cette proposition néfaste : Tout
le monde est malade ; dans chaque famille, il y a

une maladie plus ou moins spéciale, plus ou moins menaçante, mortelle : l'hérédité la transmet. Donc, les mariages consanguins sont le fléau de la société.

Peut-être pourrait-on dire, et l'on concevra que, faute d'un diplôme, nous n'avancions les choses qu'avec la plus grande réserve, que chacun a son organe faible, par lequel il doit périr, à moins qu'un accident ne le tue prématurément. Cette épée de Damoclès, comme dit M. Devay, s'alourdit et nous menace d'autant plus que père et mère, entachés du même vice, doivent transmettre deux germes au lieu d'un à leur postérité. Mais la même métaphore, si l'on y tient, peut servir à prouver l'inverse, et les qualités et la beauté peuvent se transmettre comme les défauts, s'inféoder dans les descendants et doubler le fil qui supporte la fatale épée. Notre auteur adopte aussi cette formule, qu'il trouve dans Sydenham : « Les maladies aiguës viennent de Dieu, les maladies chroniques viennent des hommes. » Voici comment nous la comprenons. Les maladies chroniques viennent des hommes en ce sens qu'elles sont perpétuées par la civilisation, c'est-à-dire que c'est par elle qu'une foule d'êtres qui auraient péri dans un état plus barbare sont conservés à l'existence. Il en résulte, en effet, qu'ils transmettent à leur postérité la disposition aux maladies, et que cette fâcheuse influence se greffe nécessairement sur la civilisation, qui en éprouve un notable dommage. Mais pourquoi M. Devay semble-t-il, encore une fois, se refuser à admettre que les qualités sont transmissibles aussi bien que les défauts ? C'est cependant ce qu'on observe aussi, les exemples abondent pour le prouver.

Les habitants d'Otaïti étaient, au rapport de Cook et de Bougainville, une population absolument fermée et tous remarquables par la beauté des formes extérieures. Les Canadiens (des Normands de nos côtes) sont devenus, grâce à des circonstances favorables, une des populations les plus belles, les plus amples pour le volume et la fécondité des femmes. On trouve, sur la limite du département de l'Ariége, une petite rivière qui a donné son nom à un pays très-circonscrit, qui est l'Andora. Les deux petites vallées qui composent ce pays descendent vers l'Espagne. La population est de 6,000 âmes tout au plus. Ces gens, qui prétendent tenir de Charlemagne la constitution toute traditionnelle et coutumière qui les régit, ne se mêlent pas aux Espagnols, dont ils sont aussi distincts que des Français. Voilà une expérience qui peut passer pour assez longue. Jamais, dans les six communes qui composent ce pays, l'héritier ou 'héritière n'a quitté son patrimoine, car l'héritage ne se morcelle pas ; la consanguinité a dû seule entretenir cette population, où l'aristocratie est aussi vivante qu'elle fut jamais. Il est facile de voir que cette race d'hommes est fort loin d'avoir dégénéré ; elle n'a pas cessé d'offrir les conditions qui caractérisent les monta-

gnards, alertes, vigoureux, sans infirmités. Il est vrai
qu'il y a des crétins ; mais il y en a partout dans les
Pyrénées, les Alpes, les Landes, etc. C'est encore dans
les Pyrénées, mais en France, qu'on trouve d'autres
montagnards dont l'histoire serait sans doute fort
intéressante si l'on pouvait avoir des détails sur le
commencement de leur établissement. Dans les montagnes de l'Ariége, au-dessus de Foix, Pamiers, sont
des villages : tous les habitants d'un hameau sont
forgerons ; d'un autre, bûcherons ou tisserands ;
d'un autre, sabotiers ; près de là, dans un autre, ils
ont une faculté inépuisable de boire et de manger,
et pour cela sont d'avance invités ou retenus même
aux noces, aux enterrements des villages voisins !
Tous ces groupes forment des clans séparés, ne s'al-
lient qu'entre eux, ne quittent point leur village,
dont chacun a sa physionomie, son type, son caractère, ses préjugés, ses coutumes particulières. L'origine est commune : les persécutions contre les Albi-
geois ont dispersé au loin des malheureux qui ont
cherché asile dans des lieux alors inhabités et sauvages, et chacun de ces chefs de famille a fait par la
suite prédominer la profession qu'il avait exercée
jusque-là. Il serait difficile de trouver chez tous ces
consanguins une trace de dégénérescence.

Nous devons ces observations à l'obligeance de
M. de Montègre, docteur en médecine, qui constate,
dans la note qu'il nous a remise, que ces groupes de

populations ont aussi leurs cagots, et il ajoute :
« M. Devay fait, au sujet des cagots, cette race mau-
dite, un tableau assez romanesque. L'histoire de ce
qu'ils ont été, ou plutôt de ce qu'on leur attribue
dans le passé, est de peu de valeur pour le présent.
Dire pour eux, comme pour les Juifs, que c'est un
fait providentiel qui les éternise par la consanguinité,
est un argument qui n'est ni humain ni physiologique.
La situation qui leur est faite aujourd'hui est fort
différente, en effet, de ce qu'elle fut. Si quelquefois on
leur attribue l'art divinatoire et la faculté de *jeter
des sorts*, ils ont cela de commun avec les bergers,
qui ne sont point entachés, qu'on sache, du vice de
consanguinité. J'ai fréquenté beaucoup toute la chaîne
des Pyrénées,, j'ai vu nombre de ces cagots à divers
degrés d'idiotie. La fatalité qui fait naître un *innocent*
dans une famille (car c'est encore le nom qu'on leur
donne) est interprétée favorablement ; c'est un bon-
heur qu'on s'en promet. Loin d'en avoir horreur, on
a pitié d'eux ou même on les utilise suivant la mesure
de leurs facultés, ou bien on les supporte avec bien-
veillance. »

Nous terminerons cette analyse par la discussion
d'un fait qui nous parait très-contestable, et dont
M. Devay croit pourtant tirer un grand parti : le fait
de la dégénérescence. des races. Il cite l'exemple des
nègres et les changements opérés dans leur type, dans
leur race même, par le séjour sur le continent améri-

cain. Ils tendent à se rapprocher de leurs maîtres,
leur peau n'a pas le noir velouté, les pommettes
s'abaissent, leurs lèvres s'amincissent, leur nez se
relève, leur laine s'allonge, et l'angle facial devient
moins aigu ; un siècle et demi a suffi pour leur faire
franchir le quart de l'espace qui les sépare du blanc.
Si ces observations, empruntées à M. Élisée Reclus,
sont vérifiées sur un nombre suffisant de noirs, elles
sont assurément fort importantes. Mais ne pourrait-on
pas y voir bien plutôt l'influence du milieu que celle
de la consanguinité à qui M. Devay en veut faire honneur ? Faudrait-il aussi s'obstiner à y voir une dégénérescence, pour appuyer la doctrine de M. Devay, ou
une amélioration qui combattrait cette doctrine ?
Nous le laissons à décider au lecteur.

Nous avons eu l'occasion d'indiquer que notre auteur appelle races dégénérées, celles des hommes
dont la santé est altérée, qui sont maladifs, d'une
construction plus ou moins vicieuse, atteints de maladies chroniques, etc. Ces populations chétives de
corps, rachitiques, scrofuleuses des grands centres,
ne constituent-elles pas des races dégénérées tout aussi
bien que celles dont l'affaiblissement provient, selon
M. Devay, de la consanguinité? Et, d'ailleurs, les
races dégénérées au physique sont-elles également
déchues au moral? La réponse n'est pas toute simple.
Ne sait-on pas, en effet, que les constitutions athléti-
ques ne comportent pas une grande dose d'intelli-

gence? N'avons-nous pas entendu dire que les enfants scrofuleux sont en général très-intelligents? Il est donc imprudent de généraliser une expression qui peut avoir des sens aussi divers. Et comment les Juifs se trouvent-ils compris parmi les races dégénérées? L'on peut dire que rien n'est plus hasardé qu'une pareille opinion. Sous le rapport physique, qu'on le demande aux artistes; sous les autres rapports, qu'on le demande à la notoriété publique si les Juifs sont au-dessous du niveau moyen des peuples parmi lesquels ils habitent? Pour ne parler que de la France, n'en voyons-nous pas figurer aux premiers rangs de la société? Mais c'est le cas de rappeler que M. Devay emprunte ses renseignements aux statistiques du docteur Boudin, et que les statistiques sont extrêmement suspectes, comme l'a démontré le docteur Dally.

L'auteur consacre son dernier chapitre à examiner les causes de la dégradation, ou plutôt de l'extinction graduelle des aristocraties et des corps fermés, à qui des lois ou des préjugés interdisent des alliances étrangères. Ce fait est généralement admis, et depuis les neuf mille Spartiates de Lycurgue qui, du temps d'Aristote, étaient réduits à un millier, tout semble confirmer cette observation. Il est entendu d'avance que c'est pour M. Devay la consanguinité qui est encore ici responsable de ce méfait. Mais cette question de la réduction des aristocraties, très-intéressante, est aussi très-compliquée, comme l'ont fait voir plu-

sieurs historiens, et nous ne croyons pas devoir entrer dans une voie qui nous entraînerait trop loin.
Nous passerons donc de suite à l'examen des opinions
émises sur les effets de la consanguinité chez les animaux.

II

Nous voici maintenant sur notre terrain. Quand il
s'agissait des races humaines, nous n'avions point
qualité pour nous prononcer d'une manière décisive ;
aussi nous sommes-nous borné à exposer les doctrines
de quelques savants médecins. Ici, nos études spéciales et l'observation constante des faits nous permettront, en examinant les idées émises sur la matière,
de formuler, bien qu'avec toute la réserve que commande un pareil sujet, notre opinion personnelle.

Un assez grand nombre de physiologistes, et principalement ceux du dernier siècle et du commencement de celui-ci, se prononcent contre les accouplements consanguins chez les animaux. Les uns se
contentent de raisons vagues; d'autres, d'affirmations
nullement justifiées. Bien peu, tout en constatant
l'effet, ont tenu à remonter scientifiquement à la
cause. Encore parmi ceux que nous allons citer, en
est-il qui ne redoutent la consanguinité que dans une
certaine mesure. Les opposants sont donc, en France :

Buffon, Bourgelat, Préseau de Dompierre, Demoussy, Huzard père, Giron de Buzareingues, Levrat, J.-H. Magne, docteur Boudin, docteur Devay ; en Angleterre : David Low, Sinclair, Knisat, sir John Sebright ; en Allemagne : Hartmann et son école. Ceux qui se prononcent en faveur de la consanguinité, considérée comme moyen d'amélioration, ou qui tout au moins ne la repoussent pas, sont : E. Baudement, Lefour, Huzard fils, E. Gayot, A. Sanson, R. de la Tréhonnais, Weckerlin, A. Gobin, docteur Perier, docteur Bourgeois, docteur E. Dally, Murger, M. Meynell, docteur Dauney.

Bourgelat, qui, comme Buffon, croyait à la nécessité du croisement des races pour leur conservation, proscrit les unions consanguines : « Il faudrait nécessairement, dit-il, bannir et interdire les accouplements incestueux, source funeste et féconde des promptes dégénérations. Le poulain sert sa mère, sa sœur ; la pouliche est servie par son père. Dès lors, nulle compensation, nulle possibilité, nulle espérance de réparer, de diminuer les vices de l'empreinte originaire. » Préseau de Dompierre repousse également la consanguinité, sans sembler s'apercevoir de la contradiction qu'il laisse échapper, lorsqu'il dit que, chez les Arabes, « la propagation *en dedans* a dû s'effectuer souvent, non-seulement dans la race, mais encore dans les mêmes familles. »

« Lorsqu'on a obtenu une race supérieure, dit sir

John Sinclair dans son *Agriculture pratique et raisonnée,* on a beaucoup disputé sur la question de
savoir si on doit la perpétuer, soit en accouplant des
individus de la même famille, ou des individus de la
même race, mais de familles différentes, ou enfin des
individus de race différente. La méthode qui consiste
à propager la race *toujours dedans (in and in)* consiste à accoupler les animaux du degré de parenté le
plus rapproché. Quoique le système ait été à la mode
pendant quelque temps et d'après l'autorité de Bakewell
lui-même, cependant l'expérience a prouvé aujourd'hui
qu'on ne pouvait pas continuer de le suivre avec
succès. Il peut être avantageux, il est vrai, lorsqu'il
n'est pas poussé trop loin, pour fixer une variété
qu'on regarde comme précieuse ; mais, en définitive,
on peut s'abuser facilement sur ce point... Le célèbre
éleveur sir John Sebright fait beaucoup d'expériences
en multipliant, *toujours dedans,* des chiens, des poules,
des pigeons, et il a trouvé que les races dégénéraient
constamment. Les expériences de M. Knight l'ont
pleinement convaincu que, dans les végétaux aussi
bien que dans les animaux, la progéniture d'un mâle
et d'une femelle qui n'ont pas une origine commune
possède plus de force et de vigueur que lorsqu'elle
sort de la même famille. Cela prouve combien de
telles unions sont peu profitables. Ce n'est cependant
pas une raison pour qu'un éleveur ne puisse pas tirer
parti très-avantageusement d'une famille particulière

d'animaux. » On le voit, Sinclair ne repousse la consanguinité que lorsqu'elle est poussée trop loin. Mieux encore : il semblerait, d'après le passage suivant, qu'il la redoute surtout lorsque les sujets sont atteints de quelque défaut, qui, quelque petit qu'il paraisse d'abord, s'accroîtra dans les générations suivantes, et finira par prédominer de manière à rendre la race de peu de valeur. « Ainsi, la propagation *toujours dedans* ne tendrait qu'à accroître et à perpétuer le défaut, qui pourrait être déraciné par un choix judicieux fait dans une autre famille de la même race... D'après ce principe, le célèbre Culley a continué d'employer, pendant plusieurs années, des béliers qu'il prenait à loyer chez Bakewell, dans le même temps que d'autres éleveurs lui payaient un prix fort élevé pour le loyer des siens propres. » En serrant un peu la discussion, ne pourrait-on pas conclure que Sinclair n'a pas assez distingué entre la consanguinité et les phénomènes d'hérédité morbide, ce qui arrive encore fréquemment aujourd'hui, comme nous le verrons plus tard.

Demoussy, qui est de l'école de Bourgelat, professe les mêmes opinions que Sinclair : « La consanguinité, dit-il, perpétue les défauts dont une race est entachée. Les alliances incestueuses qui ont lieu entre les frères et les sœurs, les fils et les mères, les filles et les pères, éloignent toute espèce d'amélioration. Les étalons, souillés par les imperfections qui déshonorent les juments de leur caste, ne peuvent que fortifier les vices

6

de construction dont elles sont atteintes. Ces défauts s'accroissent dans leurs descendants par leur union irréfléchie, leurs qualités s'affaiblissent à mesure que cette prédominance se consolide dans les générations subséquentes, et les races les plus distinguées descendent peu à peu au dernier degré de détérioration. »

« En général, dit Girou de Buzareingues dans son *Livre de la Génération*[1], les accouplements consanguins ne réussissent pas ou réussissent mal. Lorsqu'on veut avoir des élèves forts et robustes, on doit éviter les unions consanguines. » Dans ses magnifiques travaux sur la génération, le savant agronome de l'Aveyron n'insiste pas davantage sur les effets de la consanguinité.

M. Darwin, dans son chapitre sur l'hybridité, dit : « La stérilité varie en degré ; elle n'est pas universelle ; les alliances entre proches parents l'augmentent... Je ne doute point qu'en effet la fécondité d'une variété hybride ne décroisse soudainement pendant les quelques premières générations. Néanmoins, je suis persuadé qu'en chacune de ces expériences la fécondité s'est toujours trouvée diminuée par une cause indépendante, c'est-à-dire par les croisements entre des sujets très-proches parents. J'ai recueilli une masse considérable de faits prouvant que les alliances entre proches diminuent la fécondité, tandis qu'au contraire un mariage entre un autre individu

[1] Paris, veuve Bouchard-Huzard.

ou avec une variété distincte l'augmente. Je ne saurais douter de l'exactitude de cette observation, qui a presque la force d'un axiome parmi les éleveurs. » Comme on le voit, M. Darwin se borne à reprocher l'infécondité aux mariages consanguins, encore a-t-il été trop loin en essayant de nous faire admettre pour un axiome ce qui ne peut être accepté que comme une présomption chez quelques-uns. Ce reproche n'est nullement fondé, car on a vu des pays entiers se peupler d'animaux d'une même race, et cela par le seul fait d'unions consanguines entre un très-petit nombre d'individus. La race mérinos, transportée dans toute l'Europe, en Amérique, en Afrique, dans la Nouvelle-Hollande, est un exemple frappant de la propagation rapide d'une race par le fait de la consanguinité. On sait aussi que les mérinos ont prospéré sous les différents climats, de façon à démontrer la parfaite innocuité de la consanguinité.

A ces accusations formulées contre la consanguinité, MM. Devay et Boudin viennent joindre les leurs. M. Devay, après avoir mentionné les travaux de Bakewell, qu'il ne conteste cependant pas, mais dont il parle en homme qui ne les connaît que superficiellement, dit : « Tout démontre que produire l'extraordinaire n'est point perfectionner, qu'amener des résultats insolites n'est point travailler pour la stabilité. L'animal aussi dévie par la consanguinité. » M. Boudin s'exprime à peu près dans les mêmes termes. On éprouve vraiment quelque peine en voyant les représentants de la science imbus d'idées telles que celles-ci. Comment! voilà deux savants qui en arrivent, pour la défense de leur cause, à renier pour ainsi dire l'empire de l'homme, les œuvres de la civilisation! Comment! ceux qui travaillent au développement de la richesse, à l'augmentation et à la diffusion du bien-être, ces hommes-là n'amèneraient que des « résultats insolites? » Ces magnifiques créations de l'intelligence et du labeur de l'homme ne seraient que des « produits factices, condamnés à la mort. » Comment! des savants dont la mission est de nous précéder, le flambeau à la main, dans la voie des transformations indéfinies, viennent nous prêcher la « stabilité! » Faut-il que la production animale soit livrée aux seules influences du sol et du climat? Non, non, la loi du progrès, qui est la loi du monde, ne le veut pas ainsi. Elle veut que l'homme interroge sans cesse la nature, qu'il pénètre ses secrets, qu'il la dompte pour ainsi dire. C'est dans cette lutte que l'homme s'ennoblit, que son génie, s'appuyant sur les lois éternelles et immuables de la nature, marche par le progrès à la conquête de la liberté. C'est dans ce travail de l'intelligence, où l'homme, se saisissant de la matière animée, la façonne, la plie au gré de ses besoins, que l'homme affirme sa royauté, sa puissance! Non, les lauriers de Bakewell, de Colling ne périront point; l'animal que, dans le plus noble but

social, ils ont pour ainsi dire créé n'a point dévié !
Loin de là, il s'est perpétué et se perpétuera comme
le monument impérissable de leur gloire. D'autres
artistes ont pétri la terre de leurs mains, ont sculpté
le marbre ; mais le temps peut briser la statue, le
vent peut en disperser dans l'espace les précieux dé-
bris, et des noms fameux peuvent se perdre dans l'oubli. Bakewell et Colling vivront par leurs œuvres dans
la mémoire des générations futures dont ils auront
assuré le bien-être.

« Que l'on veuille bien réfléchir, continue M. Devay,
sur ce que vaut, en tant que reproducteur, le cheval
pur-sang, la solidité de ses qualités... Cette race tout
artificielle a été créée en vue d'un but unique, qu'elle
atteint admirablement. On lui demande de dépenser le
plus de force possible dans le moins de temps possible. Par cela même, elle est absolument impropre à
rendre les services qui exigent des efforts soutenus
pendant un temps considérable... Avec l'honorable
vice-président de la Société d'acclimatation, on peut
dire que l'anglomanie mal entendue des hommes qui
exercent sur les questions chevalines une influence
prépondérante a fait dépenser à la France plus de
cent millions pour compromettre notre production.
On assure que l'expérience va être tentée de nouveau.
Nous ne craignons pas de prédire que le résultat sera
encore le même. » On voit par ces lignes que M. Devay ne connaît pas bien exactement l'histoire de la

race de pur-sang, puisqu'il méconnaît en même temps et les intentions de ses créateurs, et les résultats obtenus dans l'Europe entière par l'emploi de la race qu'il répudie. Nous n'entreprendrons pas de retracer l'histoire du cheval de pur-sang, cela nous entraînerait trop loin ; puis pour deux qui l'ignorent, cent la savent par cœur. Nous ne pouvons mieux faire que de renvoyer les premiers à l'ouvrage de M. Gayot, l'historien élégant et instruit de la race de pur-sang. Ils y verront que c'est dans un but de régénération que les Anglais ont introduit dans leur pays le cheval arabe, qui, sous l'empire de la consanguinité, de certaines règles hygiéniques, d'une gymnastique fonctionnelle érigée en principe, et sous un climat nouveau et favorable, s'est transformé et se maintient tel que nous le voyons aujourd'hui. D'autres nations déjà, telles que l'Espagne et la France, avaient aussi, l'une à la suite des invasions mauresques, l'autre au retour de ses croisades, retrempé leurs races équestres dans le noble sang des chevaux de l'Orient. Mais l'esprit essentiellement pratique et persévérant de l'Anglais a pu seul fonder définitivement ce que le hasard et la fantaisie ne pouvaient faire. Depuis, nous avons repris l'œuvre commencée, et, à notre exemple, l'Allemagne entière, la Russie se sont emparées du type incomparable auquel elles doivent comme nous les progrès que nous constations l'année dernière à l'exposition universelle de Hambourg. Mais n'insistons pas davan-

tage sur des choses que tout le monde devrait connaître, et principalement ceux qui tiennent à en parler.

Nous ne pouvons regarder comme d'une logique
rigoureuse la déduction suivante : « On lui demande
(à la race de pur-sang) de dépenser le plus de force
possible dans le moins de temps donné. Par cela
même, elle est absolument impropre à rendre les services qui exigent des efforts soutenus pendant un
temps considérable. » M. Devay s'appuie sur l'autorité de M. de Quatrefages pour avancer une opinion
qui est démentie par les faits. Nous le regrettons
pour le savant professeur ; mais il semble qu'il ignore
absolument une chose que n'ignore aucun des hommes qui se sont occupés d'hippologie : c'est que le
cheval anglais est, au contraire, propre à tous les
usages. Il a, comme l'Arabe, un *fond* inépuisable,
une incomparable' énergie et une grande vigueur
musculaire. Les Arabes, qui usent et abusent de leurs
chevaux, obtiennent d'eux des courses extraordinaires.
Eh bien, le cheval anglais peut rendre les mêmes services et beaucoup d'autres encore auxquels est impropre le cheval arabe, puisque la taille et la force
donnent au premier les qualités du cheval de trait.
D'ailleurs, les expériences sont là qui prouvent que,
de tous les chevaux connus, c'est le cheval pur-sang
qui résiste le mieux à la fatigue, en un mot, qui a le
plus de *fond*. Il a même été constaté plus d'une fois
en Europe et en Orient que le cheval de pur-sang

anglais avait non-seulement plus de vitesse, mais encore plus de fond que son ancêtre le cheval arabe. Ce dernier a toujours été battu par l'anglais, et cela pour n'importe quelle distance. Ceci est un fait tellement acquis, que, dans les courses, en Angleterre, les produits immédiats d'un étalon oriental reçoivent une diminution de poids, ce qu'on nomme une *décharge* en langue technique.

Ce qui paraît avoir échappé à M. de Quatrefages, et ce qui est plus grave de la part d'un naturaliste aussi éminent, c'est qu'en blâmant le moyen qu'on emploie pour s'assurer de la supériorité des chevaux de pur-sang, c'est-à-dire une course rapide en peu de temps, ce qui lui a échappé, disons-nous, c'est que cet exercice garantit autant la perfection de la respiration que l'énergie musculaire, car celle-ci est soumise à celle-là. Il est très-connu que les animaux qui ont le plus d'haleine sont aussi ceux qui ont le plus de résistance et d'énergie dans les efforts. Quant à cette « expérience » dont parle M. Devay, et à laquelle il prédit un si triste sort, nous l'ignorons complétement, et il nous a été impossible de comprendre ce qu'il a voulu dire.

M. Devay dit qu'on sait très-bien, en Angleterre, tout ce qu'il avance. Certes, si on y a lu cette nouvelle et curieuse assertion que les Anglais nous achètent leurs « chevaux de service, » on a dû bien rire de la naïveté du médecin lyonnais ; puisque, hélas !

il faut en convenir, la France importe annuellement
de l'Allemagne ou de l'Angleterre pour une somme
considérable de chevaux de service, et, dans le nombre, nous ne comptons pas, bien entendu, les reproducteurs de pur-sang. Qu'on le sache bien, l'Angleterre, sauf quelques rares exceptions, ne nous achète
que quelques chevaux de gros trait, et encore n'est-ce
que dans de très-petites proportions. D'ailleurs, M. Devay eût été mal inspiré en faisant intervenir ici les
boulonnais et les percherons. En effet, l'élevage de
ces derniers est circonscrit dans un petit nombre de
départements. Nous savons par expérience que la
mode joue un très-grand rôle dans le choix des étalons, et que, lorsqu'un reproducteur obtient quelques
succès dans une localité, ont peut l'y laisser indéfiniment sans courir le risque de voir sa clientèle diminuer. La consanguinité y joue donc un rôle important
et considérable. Nous pourrions citer, entre autres,
un étalon percheron célèbre, appartenant à M. Pico-
reau, de Château-Gontier, qui n'a cessé de faire la
monte dans cet arrondissement depuis 1848. Dans
une période de temps aussi longue, il est plus que
probable qu'il a dû être accouplé avec quelques-unes
de ses filles, et que, parmi ses enfants, certains ont
dû produire ensemble. Eh bien, à cette heure encore
le sang de cet admirable cheval est justement recherché, aussi bien par les étalonniers étrangers que par
les éleveurs du pays.

M. Devay triomphe donc trop aisément à l'aide
d'une autorité aussi douteuse que celle du fait dont
il a été question tout à l'heure. Il y a peu d'inconvénients à se tromper, comme lorsqu'il parle de la race
dishley comme d'une race bovine, tandis que le dishley est un mouton; cela prouve seulement que cette
matière n'est pas plus familière à M. Devay qu'à
M. Boudin, qui lui fournit cette erreur. Mais il y a un
inconvénient plus grave à dire qu'on a dépensé en
France des sommes énormes pour « compromettre
notre production. » Il est, en effet, de notoriété qu'on
peut aujourd'hui, grâce à cette anglomanie des hommes qui exercent sur les questions chevalines une
influence prépondérante, » se procurer en France des
chevaux de sang aussi bien qu'en Angleterre, ce qui
eût été impossible il y a quarante ans.

M. Ch. Boudin partage les opinions, et à certains
égards, les préjugés de M. Devay. Le docteur Boudin
croit pouvoir conclure de certains faits que les unions
consanguines, surtout lorsqu'elles sont continuées,
produisent souvent l'albinisme. Il cite un écrit de
M. Ch. Aubé où il est dit : « Lorsque les animaux sont
obligés de s'unir entre parents, il en résulte toujours,
pour les produits, des altérations plus ou moins profondes..... Mais, ce qui est digne de fixer notre attention, c'est la tendance bien marquée à la dégénérescence albine qu'on observe, dans ce cas surtout, chez
les animaux à sang chaud. Déjà nos volailles blanches,

poules, dindons et canards, n'arrivent jamais à l'état
adulte dans les mêmes proportions numériques que
nos volailles aux brillantes couleurs. J'ai vu beaucoup
de sujets albins, et tous provenaient d'unions successives entre proches parents. J'ai même produit à volonté
des albinos, et cela à la quatrième ou cinquième génération, chez le lapin domestique..... Lorsque, par
négligence ou économie mal entendue, les béliers
d'un troupeau ont servi à la saillie de brebis issues
d'eux-mêmes ou qu'un jeune mâle a dû couvrir ses
sœurs, il naît souvent de ces alliances des agneaux
d'un brun-noir. Nous voyons ici ce mode servir de
passage du blanc naturel au blanc albin. »

La question de l'albinisme n'est point résolue. Dans
les exemples cités, la domestication recluse est une
influence qui semble ici plus puissante que la consanguinité, qui, seule, n'opère pas ces changements dans
l'état de complète liberté des animaux. Ce qu'il y a
de certain, c'est que, par voie de sélection et de consanguinité, on a créé des races blanches. Si c'est là le
résultat obtenu par M. Aubé, nous nous inclinons;
mais si, à volonté, il a produit, dès la première génération, des lapins blancs avec des lapins noirs, par
le seul fait d'avoir uni ensemble les frères et les sœurs,
il a fait ce que d'autres, à notre connaissance du
moins, n'avaient point encore fait. Dans tous les cas,
nous serions plus qu'étonnés d'apprendre que, dans
les portées, il ne se fût point trouvé de sujets noirs.

En ce qui concerne les moutons, nous n'avons pu jusqu'ici nous rendre compte de la cause qui produit les moutons bruns ou noirs. Ce que nous avons observé, c'est que ces anomalies ne se rencontrent que chez les races ovines communes. Nous n'en n'avons jamais vu ni dans la race mérinos, ni dans les dishley, par exemple. Et, cependant, qui pourrait nier que la consanguinité ne s'exerce fréquemment dans les troupeaux de ces deux races, qui sont peu répandues chez nous à l'état de pureté. L'observation manque donc de justesse. Quant à la dernière phrase de M. Aubé, nous avouons ne la pas comprendre. Il appelle à son aide M. Richard (du Cantal), qui est convaincu « que ce mode de reproduction est vicieux. » Ce dernier « affirme qu'on avait remarqué à Grignon, en 1858, que l'accouplement en dedans, quelque temps continué, d'une race de porcs anglais, a eu pour résultat la dégradation de la race. » Ces déductions de faits isolés ne sont point difficiles à tirer, mais elles sont fort dangereuses et, en tous cas, peu scientifiques. Car à côté de ces faits, qui peuvent être et qui, dans notre opinion, sont certainement le résultat de causes diverses, on peut en citer d'autres à l'infini, qui déposent en faveur de l'innocuité des unions consanguines. La plus belle porcherie de France, comme l'attestent les coupes d'honneur remportées au concours de Poissy par M. de la Valette, à deux reprises différentes, cette porcherie, disons-nous, se maintient dans cet état de prospérité, parce que, ou quoique la consanguinité préside à tous les accouplements. Cette année, cependant, lord Radnor, qui, à cette heure, possède en Newleicesters la porcherie la plus célèbre d'Angleterre, ayant informé M. de la Valette qu'il avait été très-heureux dans son élevage, ce dernier vient de se décider à emprunter un nouveau mâle au châtelain de Colleshill-House. Mais c'est une fantaisie dictée simplement par l'espoir d'améliorer encore, si toutefois cela était possible, une famille d'animaux qui, déjà, peuvent rivaliser avec ceux du noble lord.

M. Boudin cite encore deux propriétaires d'équipages, M. Ernest Bertrand et M. le comte R..., qui constatent, l'un que : « Après un certain nombre de générations consanguines, on remarque que les chiens deviennent plus fins et meilleurs encore que leurs producteurs, mais aussi ils sont moins robustes, ils sont sujets à la maladie des jeunes chiens; cette maladie devient de plus en plus violente, et il est très-difficile de les élever. Ceux qui échappent à la maladie ont la vie plus courte ; les mâles deviennent promptement impuissants, et les femelles cessent, encore jeunes, de donner des portées. » Le second, M. R..., prétend qu'après une période de vingt-cinq ans, cette race anglo-normande avait dégénéré à ce point, que les descendants avaient perdu leur élégance et leur vigueur, et qu'ils finirent par ne plus se reproduire. M. Boudin s'autorise encore d'un mémoire de M. Aubé,

7

dans lequel il est dit que des carpes, élevées dans un vivier avec beaucoup de succès, ont dégénéré lorsqu'on a voulu repeupler ce vivier avec des carpes provenant d'un couple pris dans le premier groupe. M. Aubé est un entomologiste distingué dont l'observation mérite l'attention. Il sait comme nous tous qu'il vaut mieux prendre des semences d'un autre champ que de semer toujours le même blé dans le champ qui l'a produit. Ce fait, pour être très-général et plus général que celui dont il parle, est-il mieux expliqué, et l'analyse chimique des terres a-t-elle dit là-dessus son dernier mot, et prétend-elle savoir toutes les causes qui agissent dans ces circonstances? Les carpes sont des êtres vivants plus complexes que les végétaux, et les conditions d'existence de ceux-ci étant fort obscures, elles le sont davantage encore pour la chimie vivante. Il faut certainement enregistrer toutes ces observations, les classer pour en profiter, si l'on peut, mais se garder d'en tirer des conclusions aussi radicales. Et, d'ailleurs, il ne manque pas de faits à opposer à ceux-là. Quand on veut peupler une garenne, par exemple, grâce à la fécondité des lapins, deux ou trois générations suffisent, et, à coup sûr, on compte sur la consanguinité. Mais, ici, c'est la liberté qui intervient dans la propagation, opposée à la domestication contrainte pour les carpes de M. Aubé. Le docteur Dauncy, en Angleterre, n'a-t-il pas créé un grand nombre de variétés de lapins par ce procédé?

N'est-ce pas aussi celui dont s'est servi M. d'Arbalestrier dans la création des vers à soie de Loriol?

« Ainsi, continue M. Boudin, non-seulement le croisement en dedans est loin de produire à lui seul l'animal factice appelé le cheval anglais; mais, d'autre part, on oublie trop facilement que le cheval fabriqué exclusivement en vue du jeu et de l'agrément, que le cheval de parade n'a pu résister au choc des fatigues et des privations de la campagne de Crimée, alors que le cheval de France, moins beau selon le préjugé, mais plus vigoureux, était épargné. » Il nous sera facile de démontrer qu'il y a presque autant d'erreurs que de mots dans cette citation. Mais commençons par établir qu'en langage zootechnique, l'expression de croisement ne s'entend point dans le sens que lui donnent les physiologistes qui, en général, opposent le croisement à la consanguinité. Il n'y a croisement, selon les zootechniciens, que dans l'union de race à race, et non dans celle de famille à famille. Ceci établi, nous reconnaissons avec M. Boudin que ce n'est point seulement l'*in and in* qui a formé le cheval de pur-sang, que M. Boudin appelle fort à tort le cheval anglais, puisqu'il existe au delà de la Manche plusieurs races de chevaux, qui toutes ont des origines différentes. Mais enfin, nous supposons que c'est du cheval de pur-sang que l'auteur veut parler, puisqu'en effet, tout en admettant que les soins hygiéniques et l'entraînement ont aussi contribué à fixer la race, il

faut convenir que c'est bien par la consanguinité que
la race dite de pur-sang a été fondée.

Nous demanderons à M. Boudin pourquoi cette épithète de factice donnée spécialement au cheval de
pur-sang, et qui dans l'esprit de l'écrivain équivaut à
un mauvais compliment? Qu'entend-il par le mot
factice? Il eût été bon de l'expliquer. A un certain
point de vue, toutes les races domestiques peuvent
être désignées de la sorte, et l'expression ne peut être
prise alors que comme l'opposé du mot sauvage. Dans
ce cas, la qualification d'animal domestique est la
seule qui convienne, et c'est aussi celle qui est adoptée généralement. M. Boudin a-t-il voulu faire entendre que, privé des soins de son maître, le cheval
de pur-sang dégénérerait promptement? S'il en est
ainsi, nous lui répondrons qu'on pourrait en dire autant de toutes les autres races ou espèces domestiques, qui, rendues à l'état de nature, perdraient une
partie de leurs caractères actuels, c'est-à-dire tous
ceux qui leur ont été inculqués par l'homme. L'épithète de factice a donc été appliquée inconsidéré-
ment par M. Boudin au cheval de pur-sang.

En nous adressant à M. Devay, nous avons répondu
à cette fausse allégation d'un but frivole à propos de
la création de la race dite de pur-sang, et nous n'y reviendrons pas. En revanche, nous relèverons cette
expression de cheval de parade, qui d'ailleurs n'a
aucun sens employée à propos de chevaux, car nous

ne connaissons pas de races qui ne soient bonnes qu'à
« parader. » Dans toutes on trouvera exceptionnellement des sujets sans énergie, sans vigueur, sans *fond*,
et incapables d'un autre service que celui de parader
quelques instants; mais, à cette heure, toutes nos
races, sous l'empire du régime, résultat d'une agriculture avancée, présentent à des degrés divers des
qualités solides. Dans tous les cas, l'épithète donnée
par M. Boudin ne pouvait être plus mal appliquée
qu'au cheval de pur-sang, puisque, comme nous
l'avons dit tout à l'heure, c'est lui qui, employé à
des allures vives, a donné les preuves du *fond* le plus
soutenu.

Le cheval de pur-sang était si bien considéré comme
l'antipode du cheval de manége ou de parade, ce qui
revient au même, par les écuyers du siècle précédent, que le duc de Newcastle déprécia beaucoup le
cheval arabe acheté par Jacques Ier. Il avait pressenti
que le cheval de pur-sang, avec ses grandes allures,
amènerait inévitablement la ruine de l'ancienne équitation, qui *renfermait* les chevaux dans des actions
courtes et relevées.

M. Boudin penserait-il que la cavalerie anglaise
n'est exclusivement composée que de chevaux de pur-
sang? Nous lui ferons observer de plus que si beaucoup
de chevaux des brillants escadrons qui chargeaient à
Balaklava sont morts sous les murs de Sébastopol,
c'est qu'ils avaient à lutter, non-seulement contre un

climat étranger, mais encore qu'ils étaient exposés
à toutes les intempéries de la mauvaise saison, privés
de l'abri auquel ils étaient habitués ; que cette mor-
talité effrayante a également atteint les chevaux français qui se trouvaient là, chevaux qui, d'ailleurs, vu
les croisements successifs avec le cheval de pur-sang,
dont ils proviennent, ont du moins du côté paternel la
même origine. Enfin, les chevaux qui ont le mieux ré-
sisté à cette terrible campagne de Crimée, ce sont justement les chevaux barbes, qui composent maintenant
plusieurs de nos régiments de cavalerie légère, et
que M. Boudin désigne à tort comme chevaux français, puisqu'ils sont nés dans l'Algérie, de race
arabe. L'exemple qu'il a choisi si malencontreusement
prouve donc en faveur de notre thèse et contre la
sienne. Mais peut-être M. Boudin dira-t-il aussi que
le cheval arabe est un animal factice, et dans le sens
qu'il a donné au mot, il aurait parfaitement raison.
Car quel est l'animal qui, dès sa plus tendre enfance,
reçoit plus de soins que le cheval d'Orient? L'Arabe
ne considère-t-il pas son coursier comme son plus
fidèle compagnon, et ne l'entoure-t-il pas de toutes
les attentions? Ne lui arrive-t-il pas parfois même de
préparer sa nourriture avec de la farine délayée dans
de l'eau, voire même, disent quelques-uns, avec de
la viande ou du café?

Lorsqu'on a lu les récits où sont consignés les
hauts faits de tant de chevaux fameux dans la race de

pur-sang, quelle valeur peut-on accorder à la première partie de la phrase suivante : « En résumé, dit
M. Boudin, ces prétendus animaux modèles, produit
de l'inceste, aidé d'une vie tout artificielle, se rédui-
sent, dans l'espèce chevaline, à un cheval factice,
impropre au travail et à la guerre; dans l'espèce bovine, à un bœuf cylindrique, bas sur pattes et presque
sans os; dans les espèces ovine et porcine, à des
monstres qui n'ont jamais de leurs ancêtres que le
nom, et fabriqués en vue d'une gastronomie peut-
être aussi factice elle-même que les animaux dont elle
se repaît. » Nous croyons qu'il est inutile de rapporter les exemples bien connus qui attestent ce dont est
capable cet animal « factice », qui fait chaque jour,
non-seulement sur les hippodromes, mais dans les
chasses les plus dures, et, disons-le aussi, quelquefois
même sur nos grandes routes, attelé à quelque diligence, ce qu'aucun cheval sauvage ne pourrait faire
sans une longue préparation préalable. Passons donc
aux reproches adressés aux animaux de boucherie.
Il est vraiment regrettable que M. Boudin ne nous ait
pas décrit le bœuf idéal selon lui, ne nous ait pas
dit quelles étaient les formes qu'il devait avoir pour
répondre à nos besoins. A moins que M. Boudin ne
veuille ranger l'homme dans les herbivores, et nous
condamner à ne manger que des légumes ! Nous serions presque tentés de le croire, puisqu'il applique
son expression favorite à notre penchant à nous

nourrir de viande. Toutefois, comme nous doutons qu'il fasse beaucoup de prosélytes et qu'il persuade à tout homme qui dépense des forces, soit intellectuelles soit physiques, qu'elles seront mieux réparées par la pomme de terre que par un morceau de bœuf ou de mouton, nous dirons que la forme cylindrique chez les animaux de boucherie est celle qui a été reconnue comme la plus favorable et la plus rationnelle par tous les zootechniciens sans exception ; et que les éleveurs ont bien agi en diminuant, chez l'animal destiné à nous nourrir, le système osseux, qui ne doit être fortifié que chez les êtres élevés en vue de la locomotion et de la traction. En un mot, pour ces dernières espèces c'est la balance qui est le véritable criterium de la valeur du produit ; on sait déjà de quel côté penche cette balance.

Un professeur d'art vétérinaire à Lyon, M. Grognier, exposait dans son cours, il y a quelques années, les avantages de la consanguinité ; mais il n'osait pas conseiller son usage au delà des premières générations. « Poussée plus loin, disait-il, elle a de grands inconvénients. » C'est à peu près ce que pense M. Magne, directeur de l'École impériale vétérinaire d'Alfort. Le savant professeur de zootechnie disait, dans une communication faite par lui à l'Académie de médecine, le 12 mai 1863 : « La consanguinité, qui, chez l'homme, fait sentir son influence dès le premier mariage entre parents, ne produit des effets

sensibles sur les animaux qu'après plusieurs générations consanguines. » Et là, il veut parler d'effets
pernicieux. Il cite des altérations des os, des affections tuberculeuses, l'affaiblissement de l'économie
animale, l'albinisme, la stérilité et les altérations de
la nutrition. « Les premières générations de bœufs,
dit-il, de moutons, provenant d'un accouplement
consanguin, se nourrissent très-bien; les fonctions
assimilatrices ne souffrent que lorsqu'une suite d'u-
nions entre parents a altéré l'organisme. » Après
avoir examiné les différentes hypothèses proposées,
M. Magne pense que, dans le doute, les éleveurs
doivent agir comme si la consanguinité était malfai-
sante par elle-même, et ne l'employer que lorsqu'elle
est tout à fait nécessaire. Une des raisons qu'il donne,
et qui nous a le plus frappé, c'est que par la façon
peu favorable dont est pratiquée la médecine vétérinaire, le peu de soins que les éleveurs français donnent en général à leur bétail, il n'y a guère d'exploitations rurales où il n'existe des maladies, des
défectuosités que les accouplements consanguins
peuvent développer. En somme, M. Magne croit qu'il
n'est pas possible, dans l'état actuel de la science,
de dire si la consanguinité agit en altérant la consanguinité ou seulement en facilitant la transmission des
vices de conformation. Dans tous les cas, il se prononce, comme on l'a vu, contre les unions consanguines dans l'espèce humaine comme chez les animaux.

7.

III

Pour réfuter d'une façon plus générale ceux qui affirment la nocuité des accouplements consanguins, nous allons nous appuyer sur la loi de l'hérédité et sur d'autres faits encore. Le cas de l'hérédité se formule ainsi : *les enfants ressemblent aux père et mère;* ou bien encore : *le pareil produit son pareil.* Cet axiome étant admis par tous, nous dirons : toutes les fois que vous accouplerez ensemble des individus bien constitués, vous obtiendrez des produits bien constitués. Si, au contraire, vous accouplez ensemble des individus malsains, vous obtiendrez des produits malsains. Ce qui ne veut pas dire, toutefois, que, dans l'un et l'autre cas, on ne puisse trouver des sujets qui échappent à la loi de l'hérédité, mais ce ne sont alors que des exceptions. Les unions consanguines ne peuvent se soustraire à une nécessité physiologique, à une loi naturelle, car, s'il en était autrement, cette loi de l'hérédité, universellement reconnue, ne serait plus une loi.

Ceci admis, il ne s'agit plus, dans les accouplements, que de faire un choix rigoureux, d'écarter de la reproduction tout être atteint d'un vice, qu'il s'agisse d'union consanguine ou non. M. Gayot a dit : « Qu'est-

ce donc que la consanguinité, sinon la loi d'hérédité
agissant, à puissances cumulées, ainsi que deux
forces parallèles appliquées dans le même sens? »
Cette formule est d'une grande justesse et indique
clairement quel peut être le rôle de la consanguinité
dans la formation ou dans l'amélioration des races. On
en tirera donc cette conclusion, que plus il y aura de
points d'affinité entre les reproducteurs, plus leur
degré de parenté sera rapproché, plus aussi les qualités ou les défauts se perpétueront par l'emploi de la
consanguinité. La logique le veut ainsi. Ceci nous
conduit à dire que, dans les observations présentées
par les partisans de la nocuité des unions consanguines, on n'a pas, en général, tenu assez de compte
de la distinction qu'il fallait faire entre l'hérédité saine
et l'hérédité morbide. C'est ainsi que nous voyons
journellement attribuer à la consanguinité les tristes
effets de l'hérédité morbide. Les faits vont ache-
ver de prouver l'innocuité de la consanguinité *ipso
facto*.

Le fait le plus saillant, érigé maintenant en système
en Angleterre, c'est la création de plusieurs races
par l'application du principe de la consanguinité. Qui
ne sait, en effet, que c'est sous son empire que se
sont formées, entre autres, la race dite de pur-sang
dans l'espèce chevaline et la race de Dishley dans
l'espèce ovine. Et si les races se sont maintenues jusqu'ici avec une fixité remarquable, comment ne pas

admettre que la méthode de Bakewell ne soit en parfaite harmonie avec les lois de la nature ! Comment certains auteurs ont-ils pu dire que les unions consanguines répugnaient instinctivement aux animaux ? Comment admettre que les enfants d'une même portée conservent en vieillissant, et lorsqu'ils ont été séparés par circonstance, le sentiment de leur parenté ? Quel est le fait qu'on pourrait invoquer à l'appui de ce sentiment de la famille chez les animaux ? D'ailleurs, n'y a-t-il pas des espèces monogames ? Les chasseurs ne savent-ils pas, par exemple, que les chevreuils ne s'accouplent qu'entre frère et sœur ? L'espèce du chevreuil est-elle pour cela dégénérée, et depuis quand l'homme voudrait-il réformer les lois de la nature ?

L'exemple le plus frappant que l'on puisse citer est certainement celui que nous offre les moutons à laine soyeuse de Mauchamp, en faveur de la consanguinité employée comme moyen d'assurer l'hérédité. Qui ne sait, en effet, que le troupeau formé par M. Graux provient d'un agneau chétif et mal conformé, mais qui se distinguait de tous les autres par son lainage, lisse et soyeux ? Cet animal, né en 1828, à la ferme de Mauchamp, dans le département de l'Aisne, fut livré à la reproduction, et donna en 1830, deux agneaux présentant les mêmes caractères de conformation de lainage. L'agnelage de 1831 en produisit cinq, quatre mâles et une femelle. Telle est l'origine

du troupeau, qui depuis s'est sensiblement amélioré
au point de vue de la conformation, sous l'empire
d'une sélection intelligente, troupeau qui a porté au
loin le nom de son créateur, M. Graux, et qui a si
puissamment contribué à la fortune de MM. Biétry,
filateurs et fabricants de cachemires.

Voilà donc une famille formée par la consanguinité la plus rapprochée, pratiquée entre sujets de
constitution vicieuse, création récente et que personne
ne conteste, qui loin d'avoir été frappée d'impuissance dans son principe, donne chaque jour de grandes
preuves de sa vitalité et de sa fécondité.

M. Gareau n'a-t-il pas cité tout dernièrement à la
Société centrale d'agriculture le troupeau dishley-
mérinos, qu'il a formé en Brie, il y a vingt-six ans,
et qui ne se reproduit depuis cette époque qu'à l'aide
de la consanguinité? Combien de familles d'animaux
se perpétuent dans d'excellentes conditions de vitalité, bien qu'elles n'aient pas d'autre origine? Et combien de faits de ce genre restent encore ignorés?

Un hippologue anglais, Haukey-Smith, grand partisan de la consanguinité, dit : « Un grand nombre de
nos meilleurs chevaux descendent cependant, dans
les deux lignes, de la même race noble. Nous devons
donc allier, autant que possible, nos meilleures familles entre elles, et choisir même, pour les accouplements, les individus dont les degrés de parenté
sont les plus rapprochés.. . Comme je tiens à appuyer

de preuves chacune de mes assertions, et à démontrer
que je ne parle que d'après des faits, je vais en citer
quelques-uns de nature à légitimer sans doute, auprès
de mes lecteurs, les pensées que je viens d'exprimer.
Je devrais commencer les recherches par les faits relatifs à *Flying-Childers;* mais je remets aux pages
suivantes les preuves à donner de la descendance de
ce cheval extraordinaire, *dans les deux lignes d'une
souche unique.* Je parlerai donc en premier lieu du
célèbre *High-Flyer;* il était fils d'*Hérode;* sa mère,
Rachel, était fille de *Blank* et petite-fille de *Regulus;*
l'un et l'autre issus de *Godolphin-Arabian. Rachel*
fut mère de beaucoup de bons chevaux, entre autres
de *Marc-Anthony,* qui courut vingt-huit fois et rem-
porta vingt fois la victoire. *Old-Fox,* excellent cheval
de course et reproducteur hors ligne, était issu de
Chmsey, et sa mère, *Bay-Peg,* ainsi que sa grand'-
mère, *Bay-Peg,* étaient sœurs et filles l'une et l'autre
de l'arabe *Leeds. Omar,* par *Godolphin* et *Lath,* a
donné naissance à plusieurs chevaux célèbres. *Lath*
était elle-même fille de *Godolphin.* Le père avait donc
sailli sa fille, et de cet accouplement consanguin im-
médiat était né *Omar. Brabaham-Blank* était fils de
Brabaham et d'une sœur de *Blank,* fille de *Godolphin.*
Brabaham étant lui-même fils de *Godolphin,* se trouvait ainsi devoir la vie au frère et à la sœur. *Johanny,*
par *Matchom,* descendait des deux côtés, à un degré
très-rapproché, de *Godolphin-Arabian. Shark,* ce

cheval extraordinaire, par *Marske* et une jument fille de *Snap*, était issu du même père dans les deux lignes. Son père, *Marske*, était fils de *Squirt*, et celui-ci de *Barlett's-Childers*. *Snap* était petit-fils de *Flying-Childers* par *Snip*. *Barlett's-Childers* et *Flying-Childers* étaient deux frères consanguins, fils de l'arabe *Darley*. Un dernier exemple entre tant d'autres : le célèbre *Sweetbriar*, qui ne fut jamais vaincu, père d'une nombreuse lignée de chevaux fameux, était par *Syphon* et une jument, fille de *Shakespeare*. Le père de *Syphon*, — *Squirt ;* — le père de celui-ci, *Barlett's-Childers*, fils de *Darley-Arabian*. *Shakespeare* était fils de *Hobgoblin*, et celui-ci d'*Aleppo* par *Darley*. Bien plus encore, la mère de *Shakespeare* (*Little-Hartley*), étant elle-même fille de *Barlett's-Childers*, non-seulement *Sweetbriar* descendait, dans les deux lignes, de l'arabe *Darley*, mais son grand-père se trouvait être lui-même des deux côtés du même auteur commun. Faut-il donc s'étonner maintenant si je recommande la consanguinité, et si je la regarde, lorsqu'on la pratique avec des individus de bonne souche, comme un des principes les plus actifs et les plus sûrs du maintien de la supériorité des races? »

Les Arabes eux-mêmes ont de tout temps pratiqué les alliances dans les mêmes familles, témoin celle des *Kocklanis*, qui depuis des milliers d'années se perpétue par la consanguinité plus ou moins rappro-

chée. L'opinion d'Haukey-Smith est partagée par
presque tous les physiologistes anglais. Parkinson in-
voque l'heureuse tentative de Bakewell, et recommande aux éleveurs de son pays d'imiter leur illustre
devancier pour l'amélioration de leurs races. Paulett,
célèbre éleveur et écrivain distingué, dit dans son
Essai sur le mouton : « Après une expérience de vingt
ans, et après avoir, pendant cet espace de temps,
donné toute mon attention à l'élevage du mouton, je
me sens plus disposé que jamais à continuer les éle-
vages d'après le système *in and in*, plutôt que de
faire passer les reproducteurs d'un troupeau dans
l'autre. »

Si en Allemagne, Hartmann, qui dans le siècle dernier dirigeait les haras du duc régnant de Wurtemberg, s'est prononcé pour la nocuité des accouplements consanguins, voici ce qu'on lit dans l'excellent
ouvrage intitulé *Cours complet d'Agriculture pratique*, traduit de l'allemand par M. Louis Noirot : « On
ne peut maintenir dans sa forme primitive une race
récemment importée ou produite depuis peu par le
métissage, qu'en choisissant toujours, pour la reproduction, les individus les plus parfaits de cette race.
Tant qu'on ne possède qu'un petit nombre de bêtes
de race, l'accouplement doit avoir lieu, comme le
disent les éleveurs anglais, *breeding in and in*, c'est-
à-dire toujours dans le même sang, en alliant des
animaux de la plus proche parenté Si le nombre des

têtes de bétail augmente, on choisit toujours les plus beaux sujets, sans égard à la parenté; s'ils offrent tous la même perfection de formes, l'accouplement doit avoir lieu dans le degré le plus rapproché : de cette manière, on est plus sûr de perpétuer les qualités distinctives de la race, qu'en accouplant des individus d'une parenté plus éloignée. On a prétendu que les descendants des animaux produits par un accouplement en proche parenté dégénéraient; mais cette opinion n'est qu'une hypothèse bâtie sur des observations vicieuses et incomplètes que l'expérience n'a jamais confirmées, et qui sont en opposition avec un grand nombre de faits positifs.... La théorie de la consanguinité, dont la justesse paraît évidente, est féconde en conséquences pratiques. S'il est vrai que la progéniture offre les qualités des parents, il faut nécessairement, pour perpétuer une race donnée, choisir deux sujets qui réunissent l'un et l'autre au plus haut degré les propriétés qui les distinguent; et comme cette condition se rencontre plus fréquemment chez les proches parents que chez les parents plus éloignés, on accouplera souvent le frère avec la sœur ou la nièce, et même le père avec la fille. Néanmoins, il arrive quelquefois que les individus diffèrent, sous quelques rapports, de ceux dont ils descendent, et c'est un motif pour accoupler ensemble des sujets de parenté éloignée, lorsqu'ils offrent le caractère de la famille d'une manière plus frappante

que les parents plus rapprochés. Cependant, si deux
femelles de la même famille offrent la même perfection, on sera plus sûr d'obtenir du mâle un individu
semblable à lui-même, en l'accouplant avec sa sœur
ou sa mère, qu'en l'accouplant avec sa tante, dont il
est éloigné de quatre ou cinq degrés. »

De même que M. Gayot, qui dit dans *la France
chevaline* : « Le point vrai, fondamental, est tout entier dans ce double fait, l'exclusion des défauts, —
l'alliance des qualités les plus élevées de la race, »
M. Sanson termine ainsi une lettre adressée à la *Gazette hebdomadaire de Médecine et de Chirurgie* :
« Toutes les allégations zootechniques opposées aux
faits précis sur lesquels je me suis appuyé pour démontrer que la génération consanguine, pas plus
qu'aucune autre, ne peut faire apparaître, dans l'individu procréé, que les qualités bonnes ou mauvaises
des ascendants sont de la même force...., il demeu-
rera donc établi, j'espère, que la consanguinité n'agit
pas autrement qu'en favorisant l'hérédité.... » Dans
un article de *la Culture*, le même écrivain dit encore :
« Il y a longtemps que les espèces animales seraient
éteintes, si l'union entre parents eût été une cause
réelle de dégradation. » Dans *le Livre de la Ferme*,
M. Sanson exprime ainsi l'idée émise par nous tout
à l'heure : « Les faits rigoureusement constatés font
voir que les accouplements consanguins, pratiqués
entre individus sains et bien constitués, réunissent

précisément toutes les conditions physiologiques capables de donner lieu plus sûrement que les autres à un produit réunissant au plus haut degré possible les mérites de ses ascendants. » Cette conclusion est aussi celle que nous trouvons dans une brochure de M. J. B. Huzard, sur les *Accouplements entre animaux consanguins*. Le savant zootechnicien n'était point aussi radical à ce sujet dans le livre qu'il publiait en 1843, sous ce titre : *Des Haras domestiques et des Haras de l'État en France*. Mais aujourd'hui, il ne reste plus aucun doute dans son esprit sur la parfaite innocuité. M. Huzard s'est livré à une enquête sérieuse des faits, et l'opinion d'un homme aussi distingué, formulée après bien des années d'études consciencieuses, principalement sur l'hippologie, est un témoignage considérable en faveur de notre thèse.

Nous voudrions espérer que, après l'exposé que nous venons de faire des différentes opinions des savants et des praticiens sur la consanguinité, le lecteur tirera lui-même les conclusions auxquelles nous sommes arrivé, à savoir l'INNOCUITÉ DES UNIONS CONSANGUINES. Ce résultat serait certainement celui que nous ambitionnons le plus, car il prouverait que nous avons su résumer l'état présent de la discussion. Exposer les faits et les doctrines, et faciliter par là la tâche de ceux qui entreprendraient de se former une opinion positive sur une question si intéressante et si importante pour l'amélioration de nos espèces domestiques, tel a été notre but. Puissions-nous l'avoir atteint !

L'ADMINISTRATION DES HARAS

ET

L'INDUSTRIE PRIVÉE

———

L'année dernière à pareille époque nous publiions
un volume qui contenait entre autres travaux l'histoire abrégée de la production chevaline en France.
En finissant et après avoir passé en revue les différentes mesures prises par l'administration des haras
impériaux depuis leur réorganisation (janvier 1861),
nous disions : « Au moment même où ce livre va paraître, le directeur général du haras, dans son rapport
annuel, publié le 5 janvier au *Moniteur*, laisse entre-
voir le jour où il remettra complétement l'avenir de
la production chevaline entre les mains de l'industrie
privée. Ce retour inattendu vers les idées de liberté

prêchée par nous dans ces derniers temps, nous le signalons avec joie, en appelant de tous nos vœux la réalisation de nos idées et de nos espérances[1]. »

Aujourd'hui que nous savons par l'Exposé de la situation de l'Empire du 19 novembre dernier et par les derniers décrets du ministère de la maison de l'Empereur, où tendent désormais les efforts de l'administration, nous voulons faire connaître notre point de départ dans la discussion à laquelle la question chevaline a donné lieu, la suivre dans les différentes phases et dire en finissant les conclusions que nous tirons de la situation actuelle.

I

Le 24 décembre 1859 nous écrivions ce qui suit dans le Journal des Cultivateurs :

.   .   .   .

L'administration des Haras dispose de deux moyens pour favoriser la production chevaline. Elle possède : 1° un nombre de 1,500 étalons répartis dans différents dépôts qui sont placés sous la surveillance d'un directeur, d'un agent comptable, d'un vétérinaire et de surveillants. Pendant la saison de la monte, ces chevaux sont envoyés dans les différents cantons

[1] Études d'économie rurale.

où l'élevage a le plus de développement. Là ils
sont livrés à des palefreniers qui sont chargés d'en
prendre soin, de présider aux saillies et d'en toucher le prix ; elle entretient en outre à Pompadour une
jumenterie où elle élève des reproducteurs de sang
arabe et anglo-arabe. 2° Elle dispose, en outre, de
certains fonds qui doivent être distribués à titre d'encouragements et qui se divisent en prix de courses
et en primes aux étalons particuliers et juments.

« Nous n'entrerons pas aujourd'hui dans le détail
du crédit ouvert à l'administration des haras ; nous
dirons seulement qu'il s'élève environ à trois millions
de francs, qui produisent au trésor 600,000 fr. Elle
dépense donc 2,400,000 fr., sans y comprendre la
valeur locative des immeubles qu'elle occupe. Le pays
est par conséquent en droit d'attendre des résultats
sérieux de l'emploi de cette somme.

« Nous allons examiner aujourd'hui si l'administration a bien compris son mandat et si les moyens employés par elles ont atteint leur but.

« *Étalons nationaux.* — Quand on visite nos dépôts, on se demande si des soins judicieux et des
connaissances réelles en matière de science hippique
ont toujours présidé à l'achat des étalons? Nous y
avons remarqué quelquefois des sujets très-inférieurs,
comparés à certains autres laissés dans les pâturages
de l'Angleterre ou dans les écuries de nos éleveurs.
On a vu également plusieurs chevaux refusés d'abord

par l'administration et achetés peu de temps après, alors qu'ils avaient changé de propriétaires. Nous pourrions aussi citer l'exemple d'un étalon acheté par elle, et que ses agents avaient refusé de primer pendant plusieurs années.

« Voilà des faits qui prouvent que, d'une part, la mission des achats n'a pas toujours été confiée à des hommes assez éclairés, et, d'une autre part, que la justice et l'impartialité n'ont pas toujours été les mobiles des décisions des agents de l'administration.

« Maintenant, voyons quel est le chiffre de la production atteint par les 1,300 étalons nationaux.

« On constate en moyenne un chiffre de 30,000 naissances, c'est-à-dire à peu près 23 poulains par cheval. Tous les éleveurs reconnaîtront avec nous que ce nombre est bien minime et inférieur à celui du produit des étalons de l'industrie privée. Un étalon rouleur, par exemple, qui ne donnerait qu'un nombre si médiocre de poulains ne tarderait pas à être abandonné par les éleveurs.

« L'administration essayera peut-être de nous prouver, pièces en main, que le chiffre des naissances, inscrits au profit des étalons particuliers, est encore inférieur à celui-ci; et voici sur quelle donnée elle appuierait son raisonnement : un étalon présenté à la prime doit prouver 32 saillies dans sa saison, et le chiffre doit être indiqué dans un état spécial qui lui est envoyé. Eh bien ! il arrive très-souvent que les éleveurs portent seulement le chiffre obligé, en ne tenant aucun compte du chiffre réel des saillies. Il existe à notre connaissance plusieurs étalons qui, même après avoir obtenu un grand nombre de saillies, ne figurent pas sur l'état dont j'ai parlé. Il serait donc absurde de conclure que ces étalons n'ont produit qu'un nombre de poulains proportionné à celui des 32 saillies.

« A quelles causes attribuer une si faible production? Nous pensons que les étalons nationaux ne sont pas soumis à une bonne hygiène, et qu'en second lieu ils ne peuvent pas être suffisamment surveillés par les directeurs auxquels ils sont confiés lorsqu'ils ont quitté le dépôt pour se rendre dans les stations. On sait, en outre, que, pour qu'un étalon produise beaucoup de poulains, il doit être soumis à un exercice régulier, c'est une mesure hygiénique indispensable, et que, par suite, il lui soit distribué une nourriture abondante et succulente. Eh bien? on ne procure ni l'une ni l'autre de ces deux choses aux étalons de l'État! Les chevaux de pur-sang seuls peuvent être exceptés de cette mesure; leur tempérament, facilement excitable, exige que pendant la monte ils soient mis en liberté dans une box, où ils doivent être laissés dans le plus grand calme. D'ailleurs ces chevaux, qui ont été soumis à l'entraînement, sont généralement incapables d'être travaillés autrement qu'au pas. Il y aurait donc là des mesures à prendre pour éviter ces abus.

8

« 1° L'établissement d'une commission composée d'agents supérieurs de l'administration et d'éleveurs, présidée par un homme capable et en dehors d'un rôle actif, soit dans l'administration, soit dans l'industrie chevaline. Cette commission serait chargée de l'achat des étalons nationaux tant en France qu'en Angleterre. — 2° L'augmentation de la ration d'avoine et des exercices journaliers, qui devront être surveillés par les directeurs et leurs agents spéciaux, afin d'établir par ce seul fait, dans chaque dépôt, une école d'équitation et de manège qui ne coûterait rien à l'État.

« *Jumenteries.* — L'administration des haras, en créant les établissements du Pin et de Pompadour, avait eu pour but de donner, dans les deux régions du nord et du midi, l'exemple d'un bon élevage. Mais elle n'a obtenu pour résultat que de produire, à un chiffre qui paraîtrait incroyable si on ne pouvait vérifier les chiffres, quelques reproducteurs, dont certains peuvent être bons, mais qui, dans tous les cas, ne peuvent être meilleurs que ceux de l'industrie privée, sans parler du nombre de ceux qui ne sont pas réussis et qui doivent être éliminés de la reproduction.

« Tout compte fait, on a calculé que chacun des étalons sortis du haras de Pompadour revenait à l'État à la somme énorme de 15,000 fr.! Ainsi donc l'exemple est nul, pour ne pas dire mauvais, puisque les particuliers ne peuvent pas élever à de semblables conditions.

« La jumenterie du Pin a déjà été supprimée, ce qui prouve que l'État y avait reconnu des abus qui n'étaient compensés par aucun résultat pratique. Reste donc celle de Pompadour, qui, nous l'espérons, aura le même sort, puisqu'elle nécessite des sacrifices d'argent qui peuvent être faits plus utilement ailleurs. Du reste, le prétexte d'y faire naître des étalons arabes ne saurait être pris en sérieuse considération, puisque l'État peut envoyer en Orient un agent chargé d'y acheter des reproducteurs, comme cela s'est déjà fait. Il y a quelques années, un inspecteur des haras a acheté en Égypte un certain nombre d'étalons et de juments, qui ne revenaient pas à plus de 5,000 fr. rendus en France. Comme on le voit, en supprimant la jumenterie de Pompadour, l'État réaliserait une économie importante.

« *Courses.* — Une somme de 500,000 francs est employée chaque année pour être donnée en prix de courses. Voilà certes un très-bon emploi des deniers publics; car, sans ces épreuves sérieuses, comment juger du mérite d'un animal destiné à améliorer la race? Nous n'entreprendrons pas aujourd'hui l'historique des courses de chevaux dans le monde, cela nous entraînerait trop loin; nous dirons seulement que si, dans le principe, elles ont rencontré chez nous des détracteurs, bien peu aujourd'hui en contestent l'utilité. Ce moyen d'action ne laisse rien à désirer dans la façon dont il est pratiqué, et nous devons en savoir

gré à la Société d'encouragement, dont l'Empereur a
si bien reconnu l'utile influence, qu'il lui a fait con-
céder la gestion des courses principales, Paris, Chantilly et Versailles.

« *Primes.* — Nous arrivons maintenant à la question vitale, à celle des primes, que l'administration
des haras est chargée de distribuer. C'est là certainement la plus belle mission qui lui ait été confiée!
Avec le crédit de près de 500,000 francs qui lui
est ouvert pour encourager l'industrie privée, elle
peut compléter sa tâche en favorisant l'extension de
la production chevaline par l'entretien d'un certain
nombre d'étalons particuliers, qui doivent venir en
aide aux siens. Voyons si l'administration a bien
compris son rôle dans cette circonstance.

« Nous sommes, à regret, forcés d'avancer que, loin
d'aider à un développement qu'on était en droit d'attendre, elle a au contraire cherché dans ces derniers
temps à faire concurrence à l'industrie privée, comme
nous pourrions en donner de nombreuses preuves.
Puisqu'il est admis que les 1,300 étalons nationaux ne suffisent pas à la reproduction, il serait sage
à elle de se retirer partout où l'industrie privée établirait des stations convenables; et cependant c'est ce
qu'elle ne fait pas. Elle vient au contraire lui faire
une concurrence redoutable en offrant les saillies de
ses chevaux à des prix moins élevés, et auxquels les
particuliers ne pourraient faire leurs frais, en raison

du prix d'achat, de celui de l'entretien et de la faible prime qu'une partie d'entre eux seulement touche pour ses étalons. Il faut avouer que l'administration fait à l'industrie privée une concurrence bien facile, puisque chacun de ses chevaux lui coûte au moins 1,700 francs par an, et qu'elle n'accorde pas en moyenne plus de 400 francs de prime aux étalons des particuliers, c'est-à-dire presque cinq fois moins qu'elle ne donne à ses propres chevaux ! Nous pensons donc qu'il y aurait lieu :

« 1º D'augmenter la somme allouée pour les primes, dont une partie serait couverte par l'économie réalisée par la suppression de la jumenterie de Pompadour ;

« 2º D'inviter l'administration des haras à se retirer partout où l'industrie privée s'établirait sérieusement ; en un mot encourager par tous les moyens possibles la création de nouvelles stations particulières, et en éloigner toute concurrence de la part de l'État.

« Nous savons qu'il a été demandé à la commission du budget du corps législatif, dans la session de 1859, une somme de 2 millions pour augmenter l'effectif des Haras. Nous pensons que si, au lieu d'accorder cette somme considérable, on voulait donner seulement 500,000 francs de plus, spécialement affectés aux encouragements de l'industrie privée, de ce moment daterait la régénération de nos races de chevaux. Nous ne doutons pas qu'au bout de six ans de la pra-

8.

tique de ce système notre cavalerie ne fût en état de
se remonter pendant la guerre, comme pendant la
paix, et de subir la comparaison avec celles de toute
l'Europe.

« En appelant l'attention du gouvernement sur les
réformes que nous venons d'indiquer, nous ne nous
éloignons pas de son programme, car une commission
avait été instituée en 1852 pour étudier cette question, et, quoique ses résolutions, qui devaient servir
de guide à l'administration des Haras, n'aient été suivies que pendant bien peu de temps avec zèle et franchise, les résultats ont été suffisamment appréciables
et satisfaisants pour qu'il soit désirable de voir
l'administration rentrer dans une voie dont elle
semble vouloir s'écarter chaque jour davantage.
Et cependant on peut dire que les achats pour la cavalerie, pendant la guerre d'Italie, se sont opérés
dans des conditions meilleures que par le passé; et
que les étalons particuliers approuvés, dont le nombre avant 1852 était insignifiant, s'est élevé progressivement depuis jusqu'à 900! Nous sommes forcé
d'ajouter que l'administration des Haras, trouvant
que l'industrie privée prenait trop d'importance, a
restreint à 600 le nombre des étalons primés.

« Nous savons que l'abandon des principes émis
par la commission de 1852 et que la mauvaise gestion
des Haras, qui ont amené des plaintes sérieuses de la
part des éleveurs, plaintes qui sont parvenues jusqu'à

l'Empereur, ont motivé la création d'une commission qui doit fonctionner d'ici peu de temps pour étudier les mesures propres à développer notre industrie chevaline. Nous espérons que cette commission, composée en grande partie des mêmes hommes, adoptera les principes de celle de 1852, et qu'elle prendra des mesures efficaces et énergiques pour qu'à l'avenir l'administration ne puisse plus s'y soustraire. Du reste, nous pensons être en mesure de publier *in extenso*, dans notre prochain numéro, l'éminent rapport rédigé en 1852, qui est de nature à éclairer nos lecteurs et auquel nous nous rallions entièrement.

« Un journal anglais disait, il y a quelques jours, que la commission songeait à proposer au gouvernement la suppression de l'administration des Haras. Nous sommes en mesure d'affirmer que ce bruit est malheureusement dénué de tout fondement. Toutefois, il ne serait pas téméraire de prédire que, dans un temps plus ou moins éloigné, l'administration des Haras sera conduite à abandonner elle-même son rôle actif pour n'être plus que le juge et le protecteur de l'industrie privée, après l'avoir développée. »

Tel fut notre timide début dans l'attaque dont nous avons donné le signal, attaque dont le résultat a été, comme chacun le sait aujourd'hui, le triomphe de nos opinions. Sans revenir sur tout ce qui a été dit de part et d'autre à cette occasion, nous voulons cependant citer les réponses que nous faisions à ce sujet dans la même feuille, le 17 mars 1860, à quelques journaux :

« A son apparition, *la France hippique*, journal de l'administration des Haras, annonçait à ses lecteurs qu'elle admettrait dans ses colonnes toutes les opinions. Nous remarquons cependant que cette feuille ne cite que les articles des rares journaux de sa nuance, sans relater jamais les opinions contraires qui se manifestent journellement. Ainsi, dans le numéro du 4 février dernier, nous lisons quelques lignes du *Sunday-Times*, précédées de ces mots : « Nous reproduisons « ce document qui n'a pas besoin de commentaire. »

« Puisqu'on laisse au lecteur le soin de commenter lui-même ces articles, nous dirons que nous sommes frappés de l'analogie qui existe entre les articles du journal anglais, cité par *la France hippique*, et ceux que publie le *Journal d'agriculture pratique* sur la question chevaline, et auxquels nous avons déjà répondu. Plus d'une fois nous avons été amenés à penser que les articles du *Sunday-Times* n'auraient pas eu besoin de la traduction pour arriver jusqu'à nous, si on les eût reproduits dans leur texte primitif. — Qu'en pensent nos lecteurs ? Nous les prions aussi de remarquer cette phrase : « Le club, en se séparant « des haras, ne s'occupe que de la partie futile (les « courses au galop !) » Nous espérons que l'auteur de l'article, qui parle en homme autorisé, nous dira quel est le genre de course dont les Haras veulent s'occuper.

« Dans son numéro du 25 février, *la France hippique* publie un article sur le cheval percheron, qui commence par faire l'éloge « de cette race si pré- « cieuse » et qui finit par la ritournelle en usage dans cette feuille : A savoir que les Haras devraient être chargés de l'amélioration de la race percheronne. Nous avons publié, dans notre numéro du 21 janvier, un article sur le cheval percheron, et nous ne reviendrons pas sur cette question ; nous dirons seulement que si l'industrie privée a su faire du percheron le premier cheval de trait du monde, elle saura bien le conserver pur, sans le concours de l'administration des Haras, qui ne manquerait pas de le transformer au moyen de croisements plus ou moins malheureux, pour réaliser une de ses idées fixes : *créer des types*. Nous aurions le cheval anglo-percheron, comme nous avons le cheval anglo-arabe ! Ce résultat étant connu, nous ne pensons pas que l'État adopte la mesure proposée par *la France hippique*, qui consisterait à enlever aux particuliers le droit de posséder des étalons, sous le prétexte qu'ils spéculent sur le prix des saillies. Voyez-vous « ce « tripotage, » cette honteuse spéculation qui consiste à exiger en moyenne cinq francs pour prix d'une saillie que l'étalon va faire dans l'écurie du fermier!

« Un argument nouveau contre l'industrie privée, en faveur des Haras, que nous signalons aux lecteurs de *la France hippique*, c'est la fraude introduite dans la fabrication des eaux-de-vie de Cognac! (*sic*).

« Nous ne savons pas dans quels lieux on parle beaucoup « de l'extension que doit recevoir l'admi- « nistration des Haras, » car ces bruits ne sont pas parvenus jusqu'à nous. Mais ce que nous souhaitons ardemment, c'est que des mesures énergiques soient prises afin d'interdire à cette administration toute concurrence à l'industrie privée dans les contrées où celle-ci se sera développée. »

Dans notre revue de la presse agricole, du 24 mars 1860, du même journal, nous disions :

« Le rapport sur le budget des haras présenté aux chambres s'exprime ainsi : « Il n'est porté au budget « aucune demande d'augmentation pour le service « des Haras, ni pour celui des encouragements à « l'industrie chevaline. Mais il convient de faire re- « marquer que, conformément à la déclaration faite « au nom du gouvernement dans la dernière session « du Corps législatif, une commission spéciale a été « récemment instituée pour l'étude des mesures pro- « pres à favoriser le développement de cette branche « de la richesse publique. Dans le cas où les déclara- « tions de cette commission feraient reconnaître la « nécessité des crédits additionnels à ceux qui 'sont

« inscrits au budget, ces crédits feraient l'objet d'une
« demande spéciale. »

« *La France hippique* en conclut que « la commis-
« sion va s'élever tout d'une voix contre l'adoption
« du budget actuel des Haras, » et que cette administration va recevoir une nouvelle extension. Cette
mesure serait d'une nécessité urgente, dit cette feuille,
« pour arrêter l'abâtardissement total de la race che-
« valine en France. »

« Nous ne sommes pas aussi pessimistes que *la
France hippique*, et, sauf la race limousine et celle
de Tarbes que les Haras ont fait disparaître par des
croisements mal entendus, nous constatons une grande
amélioration dans l'espèce en général et principalement dans la race de pur-sang. — Si certaines
races se sont abâtardies, à qui faut-il s'en prendre,
si ce n'est à ceux qui.ont dirigé cette branche de la
production nationale? — Les travaux de la commission prouveront que les races qui ont le plus prospéré
depuis quelques années sont justement celles dont
l'État n'a pas eu l'unique direction. Les éleveurs sont
bien persuadés de cette vérité, et nous nions énergiquement que « toute la France demande l'augmen-
« tation du budget des Haras. » Ce qu'ils réclament
de tous côtés, — et les directeurs de dépôts sont
assaillis de lettres qui le prouvent, — ce sont des
encouragements, des primes pour leurs étalons et
leurs juments.

« Nous ne sachons pas que l'Angleterre songe à créer des haras nationaux, car nous n'avons vu ce désir exprimé nulle part, sauf dans le journal qui nous occupe, et dont nous ne pensons pas que les opinions aient un grand poids sur les décisions des Anglais. Quant aux scheiks du désert, ils seraient aussi fort surpris de l'idée qu'on leur prête, s'ils en avaient connaissance.

« Le *statu quo* serait une chute, une dégradation,
« une mort anticipée, et la chose est bien comprise
« ainsi par les adversaires des Haras ; ils n'osent pas
« demander leur suppression, parce qu'un tolle gé-
« néral s'élèverait contre eux des quatre coins de la
« vieille terre de France ; mais en demandant la con-
« tinuation *de ce qui est*, ils savent qu'ils les tuent
« plus sûrement peut-être, en les rendant impuissants
« et stériles. »

« Tous les adversaires des Haras ne sont pas aussi timides que *la France hippique* veut bien le penser, et ils sont nombreux ceux qui, s'ils étaient consultés, voteraient purement et simplement pour la suppression des haras nationaux.

« Nous lisons plus loin une lettre signée Nicolas, lettre qui veut faire la critique de celle adressée à M. le ministre de l'agriculture par MM. les commissaires de la Société d'encouragement. Ce programme nouveau nous avait paru, à nous qui ne jugeons pas les choses et les faits de parti pris, très-favorable à tous les éleveurs; mais M. Nicolas n'en juge pas ainsi, car il dit :

« L'élevage de pur - sang appartient à toute la
« France; le pli est pris, depuis longtemps déjà,
« de le fixer à Paris, par suite du monopole des
« grosses bourses, de la facilité de l'entraînement
« sur des terrains appropriés, par la réunion à
« Paris des étalons de tête, et une foule d'autres
« considérations trop longues à développer ici. Le
« résultat des modifications apportées au nouveau
« programme sera de donner quelques prix de plus
« aux chevaux médiocres des grandes écuries. Voilà
« tout. »

« Nous ne savons pas quel est le travail qui a amené
M. Nicolas à cette conclusion; mais la statistique
nous prouve, au contraire, que sur 464 produits de
pur-sang nés en 1859, et qui figurent sur l'état officiel
publié en janvier dernier, 248 ont été produits dans
la division du midi, — 36 dans l'arrondissement de
l'ouest, — 180 dans la division du nord. Il n'y a à
proximité de Paris que quatre haras, savoir : Viro-
flay, Vaucresson, Chevilly et Villebon, dans lesquels
il ne naît pas en moyenne 50 poulains par an, c'est-à-
dire moins de un dixième de la production totale du
pays.

« L'auteur de la lettre, qui veut faire de l'esprit, arrange à sa façon la phrase de la lettre au
ministre pour essayer d'en dénaturer le sens.

9

Nous reproduisons en entier le passage qui excite la verve sardonique de M. Nicolas, et nos lecteurs verront de suite ce qui a pu donner lieu à la mauvaise humeur du correspondant du *Journal des Haras*.

« Nous avons encore un progrès à signaler dans « la production de la race pure. Le relevé des nais- « sances pour 1859 constate une nouvelle augmen- « tation sur toutes les années précédentes; 484 « produits ont été déjà déclarés, et le chiffre défi- « nitif sera supérieur à 500. C'est la continuation « du mouvement imprimé à la production depuis « 1853, et dont on peut mesurer l'importance par « ce fait que pendant les sept années qui nous « séparent de cette époque, la moyenne des nais- « sances a été de 390 et le nombre des juments « anglaises importées de 204; tandis que pendant « la période de sept ans immédiatement précédente, « la moyenne des naissances avait été de 200, et le « nombre des poulinières anglaises importées de 210 « seulement.

« Ces chiffres permettent d'apprécier les excel- « lents effets du décret impérial de 1852, qui a « prononcé la suppression de l'établissement où « l'Etat élevait lui-même quelques chevaux de race « pure. A la suite de cette suppression, on voit la « production privée prendre immédiatement un « développement considérable, et dont n'aurait pu

« tenir lieu aucune augmentation, si importante
« et si coûteuse qu'on la suppose, des haras de
« l'État.

« Libre de toute crainte de concurrence de la part
« de l'administration, l'industrie particulière se met
« rapidement au niveau des besoins du pays; elle
« double sa production, non-seulement par l'emploi,
« comme poulinières, de juments indigènes, mais par
« une importation plus nombreuse que jamais de ju-
« ments anglaises. En sept ans elle en achète plus de
« 200, la plupart d'un mérite connu, quelques-unes
« tout à fait hors ligne, et valant ensemble plus
« d'un million; en même temps nous voyons des
« étalons particuliers de mérite obtenir la faveur du
« public.

« Ces efforts donnent leurs conséquences natu-
« relles, et après des tentatives longtemps infruc-
« tueuses, les succès de chevaux français à Goodwood,
« à Newmarket et à Epsom, viennent constater qu'en
« produisant plus nous sommes arrivés à produire
« bien. »

« M. Nicolas ajoute plus loin en essayant de faire
un mot : « Voici une vérité que nous comprenons
« moins et pour laquelle nous jetons notre langue aux
« animaux carnivores. » Et il cite une phrase de la
lettre qu'il attaque, qui dit : « Chez les chevaux de
course, plus encore que chez tous les autres, la bonne
conformation est la première condition du mérite, et

pour les avoir beaux, il faut d'abord travailler à les faire bons. »

« Quant à nous, nous ne voyons là rien d'obscur, et nous développerons à notre façon cette phrase en disant : que l'animal qui réunira les formes les plus parfaites, les plus harmonieuses, chez lequel les proportions seront le mieux équilibrées, qui offrira à l'œil les lignes les plus longues, les plus pures, sera vraisemblablement un bon cheval de course, et, à l'aide de cette épreuve, pourra devenir un bon étalon.

« Il faut que *la France hippique* en prenne son parti ; les éleveurs ne prendront pas le change et ne se laisseront pas persuader par ses arguments. Ils sont et demeureront avec ceux qui plaident leurs intérêts contre ceux qui n'ont d'autre but que d'augmenter leur propre importance. »

REVUE DE LA PRESSE AGRICOLE
(*Journal des cultivateurs*), DU 31 MARS 1860 :

« Nous ne sommes pas de ceux dont parlait M. Gayot, au début de l'article qu'il publiait, le 5 février dernier, dans le *Journal d'Agriculture pratique*. Nous ne lui avons pas demandé ce qu'il voulait, car peu de gens l'ignorent; nous n'étions pas curieux de ses opinions que depuis longtemps déjà il ne nous a pas laissé ignorer; toutefois nous continuerons à le suivre sur le terrain où il s'est engagé.

« Nous commencerons par enregistrer, et cela avec plaisir, cette déclaration : « Ce que nous voulons, « c'est précisément le contraire de ce que vous voulez « et de ce que vous faites. » Nous allons donc examiner ce que voudraient M. Gayot et les siens, et dire ce que nous, industrie privée, nous ne cesserons de réclamer jusqu'au jour qui, nous l'espérons, n'est pas éloigné, où le gouvernement donnera satisfaction à nos intérêts, qui sont inséparables des siens propres.

« Nous demandons, dit notre confrère, qu'on mette l'agriculture à même d'y travailler efficacement. Vous n'en prenez aucuns soins, et vous détournez à votre profit la meilleure part des ressources que l'État entend consacrer à un intérêt si pressant. »

« Il est vraiment curieux de lire de semblables reproches adressés à ceux qui défendent les intérêts publics contre les prôneurs du monopole. Celui-ci est évidemment à l'adresse de la Société d'encouragement et nous y avons déjà répondu dans cette feuille par cet argument concluant : c'est que la somme totale des prix de courses s'élève en ce moment à 500,000, et que la dépense occasionnée par les Haras annuellement est d'environ 1 million et demi.

« Nous ajouterons que nous demandons à toute occasion que des encouragements pécuniaires soient distribués à l'agriculture, pour lui venir en aide dans la production chevaline. M. Gayot pense que les deniers publics doivent être employés à l'extension de l'administration des Haras, et nous avons déjà prouvé, maintes fois, que ces fonds n'y produisaient aucun bon résultat, au double point de vue de l'amélioration de la race et de la question financière.

« L'auteur de l'article renouvelle encore ses attaques contre le système actuel des courses; nous les avons déjà repoussées dans un précédent article, et nous n'y reviendrons pas aujourd'hui. L'institution actuelle de ces épreuves est basée sur l'expérience, et établie par les hommes les plus compétents en ces matières, dont ils ont fait l'étude de toute leur vie; elle est d'ailleurs modelée sur celle de nos voisins d'outre-Manche, sans en être la copie servile, et en évitant les abus qui ont été reconnus.

« Nous ne pouvons oublier aucune des variétés de l'espèce, » continue M. Gayot.

« Mais à qui adresse-t-il le reproche d'oublier les variétés de l'espèce? Si c'est à la Société d'encouragement, nous lui répondrons que cette association a pour but le développement de la race de pur-sang, qu'elle considère, à juste raison, comme devant améliorer presque exclusivement l'espèce, sauf toutefois les races limousine et pyrénéenne, auxquelles l'étalon arabe doit être livré. Quant aux défenseurs de l'industrie privée, ils réclament aussi des encouragements pour les races de trait, qui jusqu'à présent ont pu, en partie, être préservées de l'influence délétère des Haras, qui encouragent le croisement funeste de la jument percheronne ou boulonaise avec le cheval de demi-sang.

« M. Gayot nous dit plus loin qu'il fait plus de cas « de la qualité que de la quantité. » Cette opinion est assez banale pour qu'elle ne soit pas le monopole exclusif de tel ou tel, et il est bien évident que tout éleveur s'efforcera de produire aussi beau que possible; ce qui le prouve, ce sont les grandes dépenses faites en Angleterre par les éleveurs français pour y acquérir des étalons et des poulinières.

« De tous les poulains que vous faites, vous faites des étalons quand même, » nous dit-on.

« Personne n'a la prétention d'affirmer que tous les produits de pur-sang sont également bien réussis; certains laissent beaucoup à désirer. Tout le monde le reconnaît et chacun travaille à mieux faire, par cette simple raison que l'industrie privée y trouve son avantage. Quant à nous, nous préférons un étalon de

pur-sang, d'une bonne origine, n'eût-il pas toutes
les perfections de formes désirables, et ne se fût-il pas
montré digne de ses pères sur les hippodromes, à
l'étalon normand, élevé à ne rien faire, empâté au
moment de la vente, à un métis dont on ignore le
plus souvent l'origine.

« Pour citer des chiffres qui sont irrécusables, nous
dirons que de 1846 à 1852, M. Gayot étant directeur,
il naissait par an, en moyenne, 200 poulains de pur-
sang, et l'administration en achetait 17 par an, c'est-
à-dire 1 étalon sur 12 naissances. De 1853 à 1859,
la moyenne des naissances a été de 390, et l'administration n'a acheté en moyenne que 25 étalons, soit 1
sur 16 naissances. Donc tous les poulains de race pure
ne deviennent pas étalons.

« Vous ne voulez pas que l'État produise des
« reproducteurs capables. » — Cela est vrai, car
l'État ne doit pas faire lui-même ce que les particuliers peuvent faire mieux que lui et à meilleur
compte.

« Vous qui savez que les étalons élevés à Pompadour
reviennent à 15,000 fr. à 5 ans, comment pouvez-
vous nous dire que l'État peut les obtenir « à moitié
prix? » Nous serons heureux de savoir quels procédés
l'État emploierait pour fabriquer à meilleur marché
que l'industrie privée ; et si M. Gayot a connu ce
secret, il est regrettable qu'il n'en ait pas fait usage
lorsqu'il en avait le pouvoir.

« Vous voulez, dites-vous,« des lieux de repos pour la race anglaise; » vous voulez que l'État réédifie un bel établissement de production d'élèves, duquel sortiront encore des générations capables, et de précieuses poulinières, que l'industrie privée saura bien utiliser *en dehors du turf.* »

« En un mot, vous voulez la suppression des courses. Cette proposition a déjà été faite, dans un autre temps, par M. Richard (du Cantal). Le pays a répondu à cette époque par la bouche de ses représentants; des commissions avaient été nommées pour étudier cette question et vous savez ce qui en est résulté. Nous ne doutons pas que la vôtre n'obtienne le même sort; car « les vœux du pays tout entier » que vous invoquez, n'ont pas depuis changé de nature; nous sommes à même chaque jour de nous en convaincre. Ses vœux ne seront donc pas « exaucés contre nous et malgré nous, » car les siens ne cesseront jamais d'être les nôtres!

« Le premier étalon venu nous convient, » dites-vous!

« C'est à vous qu'on pourrait adresser ce reproche à juste raison, puisque vous nous forcez à accepter pour nos juments les étalons que vous fabriquez à Pompadour, et que vous faisiez au Pin.

« Ce qui prouve que le premier venu ne nous convient pas, c'est que nous voulons des courses qui

nous signalent les bons comme les mauvais reproducteurs. Mais encore un reproche :

« L'étalon privé ne se montre pas très-abon-
dant. »

« A cela il y a une bonne raison, c'est que, loin
de l'encourager, vous l'éloignez par tous les moyens
possibles. Nous affirmons au contraire, de la façon la
plus énergique, que des demandes nombreuses arrivent aux agents des Haras, pour réclamer la visite
des étalons et des primes, et que le silence est la
seule réponse qu'obtiennent les éleveurs. M. Gayot
sait d'ailleurs comment on écarte ces sortes de demandes.

« Vous nous parlez « de plaintes, de réclamations ; »
vous voyez que nous ne les nions pas ; seulement
elles n'ont pas le caractère que vous leur prêtez. Par
exemple, nous n'avons entendu nulle part exprimer
le vœu qu'on établisse des jumenteries nationales ; et
l'épithète de « brillantes » que vous prodiguez à celle
du Pin de défunte mémoire, et à celle de Pompadour,
pourrait également être appliquée à beaucoup de jumenteries de l'industrie privée. La seule différence qui
existe entre elles, c'est que celles de l'État coûtent
plus cher, et que ceux qui la dirigent ont un intérêt
moins pressant à bien produire.

« Enfin M. Gayot reconnaît comme compétente à
trancher le différend qui nous divise, la Commission
instituée près du ministère de l'Agriculture ; nous en-

registrons cette concession. Toutefois on ajoute
« qu'il y a loin de cette Commission à l'ancien Conseil supérieur des Haras. » Quant à nous, nous jugeons les Commissions, non seulement sur leur composition, mais encore sur leurs actes ; nous savons très-
bien ce que faisait l'ancien Conseil des Haras, et nous
ignorons ce que décidera la Commission nouvelle,
qui ne s'est pas encore réunie. Si, par impossible,
cette dernière devait partager les idées de M. Gayot,
elle gagnerait probablement beaucoup dans son es-
time ; mais nous espérons bien qu'elle lui donnera
l'occasion de la combattre.

« Oui, nous sommes pour « le mode actuel » et
contre vous, qui êtes pour « le mode d'autrefois. »
Nous sommes pour l'avenir, à la prospérité duquel
nous travaillons pour réparer les fautes d'un passé
fâcheux.

« Non, nous ne sommes pas « un parti ; » nous
sommes tout le monde, car nous nous appelons industrie privée ; vous, au contraire, vous n'êtes qu'une
coterie, qui ne prêchez que pour vos intérêts !

« L'article finit par une petite perfidie que nous ne
voulons pas laisser passer sans y répondre. Elle a pour
but de discréditer la Société d'encouragement dans
l'esprit des agriculteurs, en leur insinuant que c'est
à elle qu'on doit l'exclusion des chevaux dans le programme de la grande exposition prochaine. Cette
Société ne peut pas avoir eu cette pensée, puisqu'elle

combat chaque jour en faveur de l'industrie privée.
Ce qu'il y a de positif, c'est qu'elle n'a pas été consultée dans cette circonstance, mais que plusieurs de
ses membres ont réclamé soit dans les conseils généraux, soit ailleurs, une place pour l'espèce chevaline
au concours de Paris.

« *La France hippique* nous annonce aujourd'hui son
désappointement à propos de la brochure que vient de
faire paraître M. le baron de Pierres. Elle s'attendait
à y trouver « des idées neuves, originales. » Nous
comprenons fort bien pourquoi les conclusions de ce
travail remarquable ne conviennent pas à cette feuille,
et c'est justement parce que les idées de la brochure
ne sont pas neuves, qu'elles lui causent un cauchemar
auquel elle ne peut échapper; c'est précisément parce
qu'elles sont l'expression de l'opinion publique depuis
longtemps déjà, que *La France hippique* en eût désiré
d'autres plus originales.

« Nous ne répondrons pas aux arguments de cet
article, qui ne nous ont pas paru sérieux; nous nous
proposons d'ailleurs de publier prochainement un
compte rendu de la brochure de M. de Pierres. Jusqu'ici
elle a obtenu l'approbation de tous les hommes compétents que nous avons rencontrés; aussi faisons-
nous des vœux bien sincères pour que les principes
qu'elle émet triomphent au sein de la Commission
qui va se réunir.

« A défaut de bonnes raisons, *La France hippique*

ınsinue adroitement que le but de la brochure cache difficilement des ambitions personnelles; nous eussions pensé que la position qu'occupe l'auteur le mettait à l'abri de semblables reproches. Nous n'avions pas compté sur le bon goût et l'impartialité de *La France hippique,* dans cette circonstance; aussi ne nous sommes-nous pas étonné de ce genre d'attaque de sa part. »

« Ce journal nous fait l'honneur de faire allusion à un article que nous avons publié il y a quelque temps sur la même question. Toutefois, nous n'y sommes pas nommé personnellement, car il ne figure dans la lettre dont nous parlons aucun nom propre; l'auteur lui-même, sans doute pour de bonnes raisons, a préféré garder l'anonyme. On accuse notre article de manquer « d'élégance dans la forme », qui en était « crue. » Nous ne repousserons aucun de ces deux reproches, premièrement parce que nous n'avons aucune prétention à l'élégance du style, et surtout au genre d'esprit dont fait souvent preuve *La France hippique,* et en second lieu parce que nous savons fort bien que si nous n'avons pas les qualités qui distinguent les enfants de « la Bretagne, » nous en avons du moins la franchise, qui passera peut-être pour un défaut aux yeux de certaines gens, franchise dont nous ne nous départirons pas d'ailleurs. »

———

REVUE DE LA PRESSE AGRICOLE
(Journal des cultivateurs), DU 5 MAI 1860 :

« Chaque heure qui s'écoule nous rapproche du jour où la question de la production chevaline va enfin être tranchée ; aussi ceux qui ont conscience de leur faiblesse se voient-ils obligés de serrer les rangs.

« *La France hippique*, organe de l'administration des Haras, prend peur en voyant la victoire lui échapper ; et, dans la crainte bien fondée, d'ailleurs, d'une défaite complète, elle fait avancer la garde et l'arrière-garde. Le numéro d'aujourd'hui sonne l'alarme, et appelle aux armes les très-rares partisans d'un passé fâcheux. Elle a battu le pays, et ses agents recruteurs ont récolté dans toute la France *trente* signatures apposées au bas de deux protestations rédigées sous son inspiration ; car les signataires se déclarent eux-mêmes « gens illettrés et ignorants. » Nous le reconnaissons, si le fond des protestations est pauvre de bonnes raisons, la forme en est telle que chacun peut en désigner les auteurs. Cette manœuvre était facile à exécuter ; mais il n'est pas adroit d'en publier les résultats, car elle dévoile le peu de sympathie qu'inspire le malade. Bientôt personne ne l'ignorera plus, et pour notre part, nous prêtons bien volontiers notre publicité à

La France hippique dans cette circonstance. Mais que ce journal se tranquillise, les défenseurs de l'industrie privée n'entreront pas en lutte et ne viendront pas se mesurer avec les *trente* partisans du *statu quo*, ces trente braves, dont le courage serait digne d'un meilleur sort que celui qui les attend. Énumérer les premiers, ce serait d'avance décider du sort de la bataille, quand nous n'attendons la victoire que de la force même des choses.

« Mais examinons un instant ces deux protestations dont le but est de venir en aide à l'administration des Haras, dans l'enquête qui va s'ouvrir sur ses œuvres, et dont la conclusion peut se résumer ainsi : « *Prenez mon ours !* »

« Ces lettres adressées à *La France hippique* émanent, dit-on, de certains étalonniers qui demandent l'achat de leurs étalons par l'État. Ces messieurs sont donc des marchands de chevaux, car si nous comprenons le français, étalonnier veut dire un homme qui entretient des étalons, et non celui qui en fait commerce. Nous nous expliquerions d'ailleurs difficilement qu'un propriétaire d'étalons fît opposition à un plan qui a pour but l'affranchissement de son industrie, et la mise en valeur de son capital.

« Une chose qui nous étonne encore dans la première de ces deux lettres, c'est d'entendre les petits fermiers du Finistère parler de « l'influence du *Jockey-* « *Club*, si impopulaire chez eux. » Car, soit dit sans offenser les membres de cette honorable société, nous mettons en fait, à en juger par ce qui se passe chez leurs voisins, que son nom n'est pas prononcé une fois par an sur la place de Saint-Pol-de-Léon.

« Ces mêmes fermiers blâment la part trop grande prise par les courses sur le budget des Haras, et re- doutent aussi l'influence des éleveurs de pur-sang, qui entraînent l'État « à remplir ses dépôts de leurs « chevaux, vrais rebuts d'hippodromes, justement « répudiés par les hommes sérieux et pratiques. »

« En vérité la leçon leur a été bien mal faite, puis- qu'ils ignorent d'une part que le gouvernement n'at- tribue aux courses que 300,000 fr., et qu'il alloue une somme de plus de trois millions aux Haras ; et d'une autre part, que dans la période qui a précédé 1853, l'État achetait *un* poulain sur *dix* naissances de produits de pur-sang, et qu'à cette heure il n'en prend plus que *un* sur *seize*; que de plus le prix moyen des étalons est de cent francs inférieur à celui d'il y a dix ans.

« Jusqu'ici il y avait des gens naïfs qui croyaient que les fils de certaines juments de pur-sang, ache- tées en Angleterre, pleines d'étalons d'élite, jusqu'à 25,000 fr., pouvaient devenir de bons reproduc- teurs ; aujourd'hui, *La France hippique* veut leur prouver qu'ils se trompaient, et que sur les landes de Bretagne on trouve de meilleurs étalons que les vain- queurs de tant de luttes brillantes.

« Écoutez plutôt, et voyez si nous nous trompions tout à l'heure en expliquant la morale de ces deux protestations :

« Nous regarderions comme d'une application la « plus féconde en heureux résultats la mesure qui « aurait pour but de remplacer la plupart de ces « animaux (les étalons de pur-sang), plutôt propres « à détériorer qu'à améliorer nos races de chevaux, « par des reproducteurs vraiment améliorateurs, *tel* « *que nous* et tant d'autres en France savons les pro- « duire et les élever. »

« Ces doctrines patronées par les défenseurs des Haras étonneront bien des gens; mais nous qui depuis longtemps n'avons sur leurs vues aucune illusion, nous sommes bien aises de les faire apprécier et juger. Cela n'est plus douteux, ils désirent l'abolition des courses au galop ; nous voudrions seulement qu'ils eussent la franchise d'en faire la déclaration catégorique. En second lieu, ils en veulent à la *Société d'encouragement*, qui marche dans une voie de progrès constants, et dont les efforts de toutes sortes ont donné les résultats les plus satisfaisants. Les Haras au contraire avaient une mission à remplir, dans laquelle ils ont échoué; de là des colères mal déguisées qui enfantent une opposition de parti pris, dont la bonne foi est bannie.

« Les étalonniers de Saint-Pol-de-Léon finissent en mettant leur espoir dans leur honorable député, qui fait partie de la commission des haras. Nous plaignons sincèrement leur représentant, s'il est vrai qu'il ait accepté la mission de défendre les détracteurs du monopole, et les partisans du *statu quo !*

« La seconde lettre, signée seulement de *dix* éleveurs de l'Orne, est une protestation contre les idées contenues dans la brochure de M. de Pierres : *l'administration des Haras et l'Industrie privée.* Cette lettre demande le maintien des haras de l'État, et s'abstient de tout considérant à l'appui des vœux des signataires. On a pensé que les considérants de la première pouvaient servir pour les deux. Le fait est que les deux programmes portent le cachet de la même fabrique, et que le même passeport peut leur être délivré. Il pourra leur servir à circuler librement, mais il n'imposera à personne la marchandise dont il est le pavillon.

« — M. de La Roque, dans un discours prononcé devant la Société d'agriculture du Gers, et reproduit par plusieurs journaux agricoles, demande un encouragement à la production chevaline.

« Il pense que les races de gros trait ont fait leur temps, et qu'elles doivent se transformer en races plus légères, et par suite des changements opérés, dans le mode des transports, par l'amélioration des routes et l'établissement des chemins de fer.

« Nous ne pouvons partager cette opinion, et nous regarderions comme funestes les efforts qu'on ferait pour introduire le sang anglais dans nos races de gros trait, dont l'utilité n'a pas disparu, comme le prouvent les statistiques. Les lignes de fer ne sillonnent pas à ce point le territoire pour que nos percherons, nos boulonnais, etc., ne trouvent encore leur emploi. Le camionnage des marchandises, l'agriculture, certains services publics les réclament impérieusement. Nous avons déjà signalé cette tendance aux croisements quand même et toujours chez l'administration des Haras; mais nous espérons que les seuls intérêts des éleveurs de chevaux de gros trait les mettront en garde contre une théorie qui ruinerait une de nos industries les plus prospères, et que de nouveaux encouragements seront spécialement affectés à ces races qui font l'envie de l'Europe entière.

« M. de La Roque émet le vœu que l'État introduise le cheval de demi-sang dans le Midi, et il en réclame pour le dépôt de Tarbes. Nous ne savons pas ce qu'en pensent les éleveurs de cette contrée; mais il ne nous paraît pas rationnel de forcer pour ainsi dire la nature à produire, dans des terrains le plus souvent granitiques, des chevaux que la grande culture d'un pays riche peut seule fournir avec bénéfice. L'importation du sang arabe a produit dans le passé d'excellents résultats dans le Midi, et il est à désirer qu'on la continue, et que l'État la favorise. »

(*Journal des cultivateurs*), DU 26 MAI 1860.

« La *Revue d'économie rurale* se félicite de voir
l'espèce chevaline admise au concours de juin, et
voici, selon lui, les races qui devraient être admises
à concourir, parce qu'elles sont les plus utiles et les
plus demandées : 1° Celles qui servent aux travaux
agricoles; 2° celles qui sont propres au roulage,
au halage et aux diligences; 3° les chevaux de luxe.
Quant aux chevaux de pur-sang, ils ne devraient pas,
dit M. Valserres, figurer dans les concours régionaux,
et il en donne les raisons suivantes. « En effet, dit-il,
à qui le pur-sang peut-il être utile? Est-ce au cultivateur? Non. Est-ce à l'entrepreneur de roulage et de
diligence? Non. Est-ce au riche bourgeois qui va se
promener en calèche? Non. Est-ce au grand seigneur
qui nous éblouit par le luxe de ses valets et de ses
équipages? Non. A quoi sert donc le pur-sang? A
courir sur l'hippodrome et à parader exceptionnellement au bois de Boulogne lorsque le temps n'est pas
trop mauvais. Le pur-sang, en effet, est un animal de
serre chaude; sa box doit toujours avoir une certaine
température. Lorsqu'il est exposé à l'air, il faut le
couvrir d'un paletot. Il ne voyage jamais qu'en chemin de fer ou à petites journées. Lorsqu'il a fait une

course de quelques minutes, il faut lui administrer un cordial et l'envelopper dans des couvertures de laine. Voilà pour l'utilité du pur-sang. »

Eh bien, nous, nous répondrons *oui* à toutes les questions que M. Valserres pose et qu'il résout négativement sans plus ample information, et nous dirons : 1° Le cheval de pur-sang est indispensable au cultivateur qui élève, puisque ce sont les étalons de pur-sang ou ses dérivés qui créent les chevaux de cavalerie. Il est vrai de dire que M. Valserres bannit probablement ce dernier du concours, puisqu'il omet d'en faire mention parmi les races utiles. 2° Il n'est pas impropre au service des diligences, car nous connaissons maint cheval de pur-sang, qu'un accident avait fait réformer, et qui pendant des années a fait un excellent service comme postier. Nous pourrions enfin citer des voitures de correspondance de chemin de fer, dont le service est fait par des chevaux de pur-sang, ou par des produits très-près du sang. Demandez aux voyageurs habituels de la voiture de Verberie (Nord), si les chevaux de pur-sang de M. Moselmann les ont jamais laissés en route? Demandez à leur conducteur s'il est obligé de leur mettre un « paletot » et de leur administrer un « cordial » après chaque course à la station? Il se chargera de répondre aux inepties de la *Revue d'économie rurale*. 3° Enfin le cheval de pur-sang ne peut être repoussé par le luxe, car les plus beaux hacks des Champs-Élysées ou de

Hyde-Park sont des chevaux de pur-sang. Et les magnifiques coursiers et les *steppeurs* extraordinaires que
vous admirez, comment les fabriquerez-vous, si ce
n'est avec l'étalon de pur-sang? Mais M. Valserres ne
s'en préoccupe pas et le repousse comme pouvant devenir « un instrument de désorganisation sociale!!! »

Nous ne suivons pas plus loin M. Valserres; nos
lecteurs en devineront facilement le motif, en lisant
les quelques citations que nous venons de faire.

« *La France hippique* se tait depuis quelques jours,
et la question chevaline cède le pas aux anecdotes et
aux chasses à courre. Ce silence ne nous étonne pas;
les écrivains de cette feuille ne veulent pas qu'on dise
d'eux ce qu'on disait autrefois de certaines gens auxquels on reprochait d'être plus royalistes que le roi!
En effet la tâche que s'était imposée *La France hippique*, de défendre quand même tous les actes de
l'administration, est devenue tout à fait impossible par
le seul fait du vote de M. Rouher. Quand un ministre
est le premier à reconnaître qu'il est nécessaire
d'introduire des réformes dans une administration
qu'il dirige, et qu'il appuie ses raisons par un discours aussi remarquable que celui qu'il a prononcé
il y a peu de jours, il n'est plus permis de se dire
infaillible. M. le chef de la division des haras, en vo-
tant contre les idées de son ministre, a prouvé, il est
vrai, une noble indépendance, très-rare dans tous les
temps; mais ce fait a également démontré que l'ho-

norable M. de Baylen n'était pas disposé à reconnaître l'utilité et l'urgence des améliorations qu'on réclame de tous côtés. Les officiers des Haras qui ont vu dans notre polémique des attaques contre le personnel de cette administration se sont profondément mépris. Nous avons attaqué les institutions, mais jamais les hommes. Nous savons même de source certaine que plusieurs agents supérieurs des Haras sont tout disposés à avouer l'imperfection du système suivi jusqu'ici. Ceux-là donc qui connaissent les abus seront plus aptes que quiconque à favoriser leur suppression et à les remplacer par de nouveaux éléments plus en harmonie avec nos besoins.

Dans son dernier numéro *La France hippique* dément le bruit qu'on avait répandu, touchant l'acquisition d'un étalon payé en Angleterre par les Haras 150,000 fr. Cette feuille ajoute que le prix énorme de ce prétendu achat prouvait seul l'absurdité de cette nouvelle. Nous nous étonnons que l'organe des Haras trouve absurde et exorbitant un tel chiffre, puisque ce sont les mêmes hommes qui ont acheté *Flying-Dutchman* pour la somme de 100,000 fr. Cette fantaisie une fois admise, il n'y a pas de motifs, ce nous semble, pour en blâmer une autre du même genre. La seule raison de l'invraisemblance de cette nouvelle était celle-ci : qu'il n'était pas probable qu'on songeât à acheter un étalon de quelque valeur au moment même où la conservation des Haras était en question !

« Dans le même numéro *La France hippique* annonce le résultat du vote qui a terminé la première réunion de la commission des Haras; une chose nous a frappé, c'est la qualification de membre du Jockey-Club, donnée à tous ceux qui ont voté contre *l'intervention directe*; car dans l'autre camp se trouvaient aussi des membres du Jockey-Club, MM. de Caulincourt et de Croix par exemple. Le but de cette ruse de guerre était de signaler qu'en général les membres du Jockey-Club étaient pour la suppression de *l'action directe*, elle ne pouvait avoir qu'un effet contraire à l'espérance qu'en avait conçue *La France hippique*. La Société d'encouragement, qui a déjà tant fait pour l'amélioration de l'espèce chevaline, doit tenir essentiellement à ce qu'on sache partout qu'elle réclame des réformes et qu'elle milite en faveur des intérêts des éleveurs, des libertés commerciales et des idées progressives. »

———

REVUE DES JOURNAUX A PROPOS DE LA QUESTION CHEVALINE.

(*Journal des cultivateurs*, 11 août 1860.)

« La question des Haras touche, nous l'espérons, à une solution prochaine, et nous n'aurons bientôt plus à y revenir. Il n'est pas un journal politique ou agricole qui n'en ait entretenu ses lecteurs. La polémique a été vive, ce qui prouve que les principes qui en ont fait l'objet touchent aux intérêts les plus pressants et les plus divers : ceux de l'agriculture, du commerce, et ceux de notre armée. Toutefois, jamais majorité parmi les organes de la presse n'a été plus imposante, et la victoire paraît assurée à ceux qui combattent en faveur de l'industrie privée, contre le monopole, en faveur des économies du budget, contre un accroissement énorme de dépenses dont personne ne bénéficierait dans les mêmes proportions. La presse politique est presque unanime pour demander des réformes dans l'état de choses actuel et une prompte solution. *L'Union, la Presse, le Constitutionnel, l'Opinion nationale* marchent d'un commun accord.

« Deux journaux seulement, *la Patrie* et *le Siècle,* sont dans le camp des satisfaits. Le premier demande qu'on en revienne « au cheval du paradis terrestre, » ce qui prouverait cependant qu'il n'a pas tout ce qu'il désire. Cette opinion antédiluvienne n'est pas dangereuse, car elle ne peut trouver ni apôtres ni ennemis, la tradition ne nous ayant pas transmis, ce nous semble, le modèle du cheval de notre premier père.

« Quant au *Siècle,* il ne défend pas même l'ad-« ministration actuelle, mais bien l'institution. » Triste soutien d'une cause déjà bien affaiblie, qui tout en tenant son drapeau tire sur ses soldats ! Faut-il s'en réjouir ? Non, car il est triste de voir que l'étude des questions les plus graves est remise

10

aux gens les moins compétents. Comment un organe
aussi important que *le Siècle* admet-il sans contrôle,
nous ne dirons pas des théories, mais des fantaisies
telles que celles que nous allons citer, par exemple,
et qui ne peuvent provoquer que l'hilarité chez tous
indistinctement. « Or, voici en quoi consiste le sys-
« tème exclusif des anglomanes, dit M. Gatayes.
« Voyez cet étalon : bien avant d'avoir acquis sa *con-*
« *formation entière*, il était ruiné depuis longtemps
« déjà. Voyez ces aplombs faussés, ces articulations
« déviées, *ces tendons faillis*. Mais à trois ans, à deux
« ans même, il a été vainqueur sur le turf, grâce à
« la *longueur démesurée* de ses membres grêles,
« grâce à l'extra-légèreté d'un corps si bien aminci
« que son *étroite poitrine n'avait pas la moindre*
« *profondeur*. Ce n'est pas en courant *plus vite* par
« suite d'une plus grande perfection dans le méca-
« nisme animal qu'il a battu ses rivaux, c'est *en*
« *cherchant à se soustraire à la souffrance de ses*
« *jarrets*, c'est en *se sauvant devant cette souffrance*
« qu'il est arrivé le premier au but, *son rein trop*
« *long* ployant sous un poids de trente-cinq kilogr.,
« selle et jockey compris. Voyez cette côte courte, ce
« flanc retroussé, *ces genoux creux et tremblants;*
« voyez cet animal *criblé d'éparvins, de jardons* et
« *de formes;* eh bien; il a gagné les prix de course ;
« il est de pur-sang ; donc c'est un excellent repro-
« ducteur. »

« Nous nous contenterons de souligner ces étran-
getés de l'écrivain du *Siècle*, n'ayant pas la prétention de faire son éducation hippique, car il faudrait
commencer par l'A B C D, et cela nous entraînerait
trop loin. Ce paragraphe cité, on n'a plus le droit
de s'étonner des prétendues doctrines qui suivent.
Mais ce qui paraît étonnant, c'est que les deux journaux agricoles qui prennent parti pour les Haras, se
laissent, eux aussi, aller à des professions de foi qu'on
s'étonne d'entendre de la bouche de gens qui ont
vécu et vivent encore au milieu des chevaux.

« Que répondre à *La France hippique*, dont chaque
article a été de notre part, depuis bientôt un an,
l'objet d'une réfutation. La lettre signée Nyhes dans
le numéro du 21 juillet de l'organe des Haras, et dont
le style et les idées rappellent la brochure de M. Houël,
finit par ces mots : « Qui veut-on tromper ici ? » Nous
répondrons à la question en disant : non-seulement
nous ne voulons tromper personne, mais encore nous
voulons que la lumière luise aux yeux de tous.
C'est pour cela que nous demandons une enquête
sur vos actes, enquête bien avancée déjà par l'examen des résultats que vous avez superbement exposés aux yeux de l'Europe dans les annexes du palais
de l'Industrie, lorsque tous ceux qui connaissaient
votre faiblesse vous engageaient à rester chez vous !
Or, en demandant l'admission de l'espèce chevaline
à l'exposition vous avez signé votre condamnation.

« Combien de sujets vraiment reproducteurs nous avez-vous montrés dans les races à l'amélioration desquelles vous avez travaillé? Nous avez-vous présenté un seul étalon ou une seule poulinière remarquable dans celles de Tarbes ou du Limousin, autrefois si célèbres, ou dans celle que vous avez eu la prétention de fonder dans un but et par des moyens aussi inexplicables que bizarres; dans celle, dis-je, que vous baptisez du nom de famille anglo-arabe? Le jury, le public vous répondent : Non! Dans le Poitou, dans la Vendée, dans la Brétagne, dans l'Anjou et dans le Maine, qu'avez-vous fait? Rien. Dans le Nord? Rien. En Normandie, dans ces herbages qui n'ont pas leurs pareils, à l'exception de quelques individus issus de ces étalons de pur-sang que vous répudiez, qu'avez-vous produit? Six poulinières de mérite et autant d'étalons plus propres à bien monter des officiers de grosse cavalerie qu'à faire des reproducteurs.

« L'industrie privée, au contraire, étalait aux yeux émerveillés d'une foule d'admirateurs de la beauté de ses produits un nombre considérable d'étalons et de juments de nos races de gros trait sans égales dans le monde! Quel était l'étalon clydesdal ou sufolk, au concours de Canterbury, capable de lutter avec le cheval blanc de M. Beauvais d'Avrolles, né chez M. Chouanard à Nogent-le-Rotrou? Un éleveur distingué de la Grande-Bretagne, auquel nous montrions ce cheval, resta dans l'admiration devant ce type parfait de l'incomparable percheron. Eh bien, qui l'a fait naître et élevé cet animal si utile que vous cherchez aussi à détruire? Vous le voyez au catalogue, c'est un fermier du Perche! *Père et mère inconnus.* Les Haras n'ont pas passé par là ; il ne peut présenter ni carte, ni certificat, signé par vous ; son père n'a point exigé une pension de l'État de 3,000 fr. : non, père, mère et fils sont des laboureurs sans parchemins ; mais ils se vendent à prix d'or !

« Et c'est cette industrie privée qui vous fournit le seul type améliorateur du cheval de commerce ou de guerre, l'étalon de pur-sang que vous combattez. Aussi, c'est à peine si elle a répondu à votre appel, car ses reproducteurs gagnent chez eux en un jour la valeur du prix que vous leur offrez à cent lieues de leur toit! Elle vous montre cette industrie privée : *Monarque* gagnant le Newmarket en 58, le Goodwoodcup en 57, *Mademoiselle de Chantilly*, gagnant le City and Suberban, *Martel en Tête*, vainqueur également de la même course l'année d'avant. *Gustave* et *Dangu* arrivant 1er, 2e et 3e dans le Goodwoodcup. Et vous demandez, qui trompe-t-on ici? — Vous le voyez bien, — personne, car la lumière s'est faite !

Qui clôt la marche de ces quatre organes des partisans des Haras? c'est M. Gayot dans le *Journal d'agriculture pratique.* Et cependant celui qui n'a cessé de réclamer en faveur de la fondation d'exhibitions chevalines, le voilà aussi qui débute par ces mots : « Combien parmi

10.

« les mâles, voir même parmi les femelles, se sont
« montrés capables d'être placés en bon rang, combien
« sont dignes d'être employés à une œuvre de con-
« servation ou d'amélioration ? » Puis il passe en revue
toutes les races successivement, et pas une ne trouve
grâce devant lui. Comment l'ancien directeur général des Haras fait abstraction si complète d'amour-
propre, qu'aucune de ses créations, y compris celle
qui est véritablement sienne, n'est épargnée ! Il se
charge lui-même de nous démontrer l'impossibilité
de son existence partout ailleurs que dans les écuries
de l'État ! Si vous ne nous croyez pas, lisez plutôt le
numéro du 20 juillet dernier.

« Comment vous, M. Gayot qui connaissez nos
chevaux de courses, vous venez nous dire que
ceux qui étaient à l'exposition de Paris sont les illustrations du turf, quand, à l'exception de *Monarque*,
pas un gagnant de grande course n'y figurait ; car je
ne pense pas que ce soit de cette gloire de nos hippodromes que vous faites un portrait si peu flatteur,
ajoutant qu'il faut repousser ces reproducteurs dangereux à l'égal du poison ?

« Vous voyez donc bien que la cause que vous ser-
vez est mauvaise, puisque vous en arrivez à une
opposition de parti pris, d'où la bonne foi est bannie.
Car nous ne voulons pas croire que vos opinions soient
sincères puisque la science les répudie. Vous savez
aussi bien que nous que l'étalon de pur-sang est

indispensable à l'amélioration de nos races, et que le seul moyen de l'éprouver, de le choisir, est de le soumettre à des épreuves sérieuses. Et nous ne sachions pas qu'il en existe d'autres pour un cheval de selle que les courses ? — Vous reconnaissez, comme nous, la supériorité des races chevalines anglaises, et vous savez aussi, comme nous, que les luttes sont chez nos voisins le criterium d'où sort le type améliorateur de ces chevaux de commerce que l'Europe entière leur achète.

« Comment! c'est dans le journal qui s'intitule d'*Agriculture pratique* que vous venez prêcher le croisement de la jument percheronne ou boulonnaise avec le cheval de pur-sang, que vous venez faire chorus avec ceux qui demandent la destruction de nos races de trait si précieuses? Mais vous savez bien que si vous diminuez le poids de ce travailleur indispensable de la ferme, du camionnage, de l'omnibus qui vous amène au chemin de fer, et qui pour 15 centimes conduit l'employé ou l'ouvrier d'un bout à l'autre de Paris, vous lui enlevez tout son mérite. Cette race si ancienne trouve dans la vigueur, dans la pureté de son sang, tous les éléments nécessaires pour résister aux durs labeurs qui sont son partage. Les chevaux qui parcouraient autrefois attelés sur une lourde diligence 16 kilomètres en une heure n'avaient pas, pensons-nous, de sang anglais dans les veines, et cependant ils résistaient à ce pénible métier : ils avaient

en outre l'avantage, en cas de réforme, de pouvoir
être employés aux travaux des champs.

« Non, nulle part dans le monde vous ne trouverez
de chevaux comparables aux percherons, qui, selon
vos besoins, vos caprices même, soulèvent les poids les
plus énormes sans jamais faiblir, ou traînent vos voitures, vos caissons avec une rapidité qui quelquefois a
décidé du sort d'une bataille. Et vous voudriez les
soumettre à vos manies de croisements! Mais non,
vous prêchez dans le désert, et le cultivateur qui sait
que le percheron seul peut traîner ses moissonneuses
et ses chariots, ne vous suivra pas dans la voie pernicieuse où vous voudriez l'entraîner.

« Mais trêve avec toutes les théories que le praticien répudie, et sachons opérer selon les temps et les
lieux! Et pour finir, disons hautement notre opinion
bien sincère, qui est celle-ci : — Les Haras ont rendu
des services à certaines époques et nous en tenons
compte; mais leur temps est fini; cette institution
est vieille et renferme, dans son organisation, dans
l'esprit de ses règlements, des principes usés qui ne
sont plus en rapport avec les conditions nouvelles où
nous placent les libertés commerciales que nous inau-
gurons. Certains publicistes ont voulu, dans ces derniers temps, faire des concessions et se sont bornés
à demander des réformes. Les membres de la commission nommée par l'Empereur pour étudier cette
question, qui travaillent comme nous à l'émancipa-

tion de l'industrie privée, ont admis, dans leur rapport à Sa Majesté, l'abolition en principe, et, dans un temps donné, de l'administration des Haras. Eh bien, nous, nous demandons purement et simplement la suppression immédiate de cette coûteuse et insuffisante institution, remplacée par un vaste système de primes.

« Nous avons souvent, dans le *Journal des cultivateurs*, fait ressortir les avantages des idées que nous émettons, n'étant en cela que l'arrière-garde d'esprits distingués et pratiques qui en ont prouvé de toutes façons l'efficacité. Nous ne reviendrons donc pas sur des vérités affirmées par tant d'autorités incontestées, et nous voulions seulement dire, encore une fois, le fond de notre pensée et manifester hautement nos sympathies pour l'industrie privée qui lutte depuis si longtemps et qui a enfin besoin qu'on lui vienne en aide plus efficacement, en respectant et ses tendances et sa liberté. »

C'est ici que viendrait se placer l'examen de plusieurs brochures, notamment celles de M. le baron de Pierres, premier écuyer de l'impératrice, celle de M. Houël et celle de M. le vicomte d'Aure, tous les deux inspecteurs généraux des Haras. Mais nous ne reviendrons pas sur ces différentes publications, que nous avons appréciées tout d'abord dans *la Presse*, puis dans nos *Études d'économie rurale*, ouvrage auquel nous renvoyons nos lecteurs. Nous en dirons autant des rapports de la commission nommée par l'Empereur et présidée par le prince Napoléon, du vote de cette commission et du décret de réorganisation des Haras, enlevés au ministre de l'agriculture qui avait voté leur suppression et remis depuis aux mains du ministre d'État. Laissant aussi de côté le premier rapport de M. le comte Walewski à l'Empereur, dont nous avons également parlé dans le livre cité plus haut, nous en arrivons de suite au premier rapport adressé au directeur général des Haras, aide de camp, premier écuyer de l'Empereur, par l'un de ses inspecteurs, M. le vicomte d'Aure. Voici les réflexions que nous avait suggérées ce document que nous insérions le 6 janvier 1862 dans *la Presse* :

RAPPORT DE M. D'AURE AU DIRECTEUR GÉNÉRAL DES HARAS.

« Il y a un an, à pareille époque, paraissait au *Moniteur* le décret qui réorganisait l'administration des Haras.

« Le gouvernement, après avoir entendu dans la question des Haras deux opinions contraires, celle des défenseurs de l'action directe de l'État, ou du monopole, et celle des partisans de l'intervention indirecte, a adopté un terme moyen, mais en confiant la pratique et la direction de ce *mezzo-termine* à des agents qui n'avaient point été simples spectateurs du débat, mais qui, au contraire, avaient combattu le plus énergiquement pour le monopole.

« En présence des idées libérales appliquées à l'industrie et à l'agriculture française depuis l'empire, nous avons été, comme beaucoup d'autres, surpris de la combinaison adoptée. Le décret était précédé d'un long rapport de M. le ministre d'État à l'Empereur, et suivi d'une circulaire du nouveau directeur général des Haras, adressée, sous forme d'instruction, à MM. les inspecteurs. Il résultait de ces deux documents que personne, jusqu'ici, n'avait bien compris la question ; qu'on allait prendre des mesures ingénieuses, satisfaire tous les intérêts ; en un mot, pratiquer une sorte d'éclectisme équestre. Ce nouveau système devait bien occasionner un accroissement de budget, et provisoirement un crédit supplémentaire de 900,000 fr. pour l'année courante ; mais aussi les effets devaient en être immédiatement applicables, et dans cinq ans, ni plus ni moins, notre industrie chevaline devait être florissante et rivaliser avec celle de l'Angleterre.

« Devant un programme aussi attrayant, et surtout en présence d'une décision prise, nous nous sommes imposé la plus grande réserve, notre intention étant d'attendre patiemment les résultats promis, quelles

que fussent d'ailleurs nos convictions à ce sujet.
Nous pensions que la nouvelle administration des
Haras, fidèle à son programme, éviterait toute secousse, ménagerait tous les intérêts, toutes les opinions, et surtout se garderait de raviver les luttes
à la suite desquelles elle avait fait son apparition.
Mais il n'en a pas été ainsi, et déjà cette administration a voulu imposer ses idées à toutes les sociétés
de courses, sur les poids, les distances, la nature des
prix, et cela contrairement aux opinions sanctionnées
par l'expérience, en dépit des succès remarquables
obtenus sur les hippodromes d'Angleterre depuis plusieurs années par quelques-uns de nos éleveurs français avec des chevaux français.

« La plupart des sociétés ont réclamé, comprenant
justement que des changements aussi subits, aussi
peu réfléchis, auraient pour résultat de diminuer le
nombre de chevaux dans chaque prix, et par suite
entraîneraient la ruine de leurs courses, en éloignant
le public payant, celui qui avant tout veut un spectacle, et le trouve insuffisant si les concurrents ne sont
pas assez nombreux. La nouvelle administration a pu
voir, du reste, par les réclamations qui lui arrivaient
de toutes parts qu'elle s'était pour le moins trop hâtée
d'apporter, dans l'organisation des courses, des réformes aussi graves ; elle a bien fait quelques concessions ; mais, au fond, elle n'en a pas moins per-
sisté dans ses idées, et comme les programmes de

courses doivent être approuvés par le directeur
général des Haras (nous ne savons pas trop pourquoi),
on a donné à entendre aux sociétés à peu près ceci :

« L'administration veut bien, pour cette année,
« approuver vos programmes sans trop les modifier ;
« mais à l'avenir elle vous privera des subventions de
« l'État, si vous ne trouvez pas bonnes les conditions
« qu'elle vous conseillera. »

« Malgré les tendances fâcheuses qui ressortent du
fait que nous venons de signaler, nous ne voulons
pas nous étendre davantage sur ce sujet quant à présent, laissant à des journaux spéciaux le soin de le
traiter avec tous les développements qu'il comporte.
Mais, nous ne saurions passer sous silence le rapport
publié le 25 novembre dernier dans le *Moniteur de
l'Éleveur*, organe officiel de l'administration des Haras.
Ce rapport, adressé au directeur général, émane de
l'un des nouveaux inspecteurs des Haras, M. d'Aure,
et la publicité qui lui a été donnée montre dans
quelle voie semble vouloir entrer l'administration des
Haras.

« Le rapport a pour but de faire accorder des secours à une société qui se forme dans le département
d'Eure-et-Loir pour la conservation et l'amélioration
des chevaux percherons. — La mesure peut être excellente, mais, pour la justifier, le rapport devait
s'abstenir de faits inexats, d'appréciations contraires
aux intérêts de nos éleveurs, et ne point s'écarter des

11

idées de conciliation que promettait le programme de la nouvelle administration.

« L'auteur du rapport assure que la race percheronne n'est pas très-ancienne. Il est dans l'erreur, car, selon toute probabilité, elle remonte au temps des croisades. Le percheron actuel a conservé la tête du type qui a contribué à le former, tout en prenant les formes massives qui lui ont été imposées par le climat, le sol et la nourriture. Le percheron était certainement le cheval de guerre de nos pères, et les anciennes peintures du dix-septième siècle nous confirment encore dans notre opinion. A une certaine époque, les auteurs parlent bien des *genêts d'Espagne*, devenus fort à la mode au temps des invasions espagnoles : sous Henri IV et Louis XIII, la race se ressentit un peu de cette influence, et il est probable que ces chevaux, employés comme étalons, continuèrent dans le Perche l'œuvre commencée par les chevaux arabes.

« La vogue du cheval percheron, dit M. d'Aure, a « été telle qu'il a été recherché par les étrangers, « qui en font une grande exportation. Cette vogue a « produit chez les éleveurs du Perche ce qui arrive « malheureusement trop souvent *lorsque la concur-* « *rence est portée sur le marché :* ils n'ont pas su « résister aux offres séduisantes, et se sont, au fur et « à mesure, dessaisis de leurs meilleures juments et « de leurs étalons de tête... Et l'on est entré dans la « voie de la contrefaçon. »

« Comment concilier de tels principes avec ceux que M. d'Aure lui-même émettait dans une de ses brochures sur la question chevaline? « Sans la concurrence, » disait-il, « une industrie reste stationnaire ou s'éteint! » A cette époque, M. d'Aure avait parfaitement raison. Oui, ce sont l'exportation et la concurrence qui excitent le plus la production, et ce sont elles qui font la fortune du Perche depuis des siècles.

« La modification dans les formes, que M. l'inspecteur général appelle « l'affaiblissement du mérite de « cette race, » tient-il à autre chose qu'à l'essence même du commerce, qui, selon les exigences de chaque époque, modifie aussi ses demandes?

« Le plus simple bon sens peut-il admettre que des éleveurs tarissent à plaisir la source de leur fortune, en choisissant exprès de mauvais reproducteurs? D'ailleurs, les demandes et les prix augmentent chaque année; la production chevaline dans le Perche est plus considérable qu'elle n'a jamais été. En serait-il ainsi si les éleveurs de ce pays marchaient en sens inverse des besoins de la consommation? Du reste, le dernier alinéa du rapport contient la réfutation complète du passage cité plus haut. En effet, il considère comme une chose heureuse, et il a raison, que le commerce de luxe et l'armée viennent apporter une nouvelle concurrence sur le marché et augmenter encore de cette façon la valeur commerciale des chevaux du Perche.

« Le dernier concours d'Illiers a prouvé à M. d'Aure
que tout était « à refaire à l'endroit du cheval per-
« cheron ! » « Tout refaire » dans une race qui vit par
elle-même depuis des siècles, et que l'étranger nous
envie et nous achète à beaux deniers comptant, n'est-
ce pas une prétention contre laquelle doivent s'élever
tous les hommes pratiques ?

« Vous semblez regretter que « l'administration
« des Haras ne puisse agir directement sur les espèces
« secondaires, en raison de ces ressources budgé-
« taires ; » et vous ajoutez que l'industrie privée, loin
de se procurer des étalons de premier ordre à cause
de leur prix élevé, est incapable même de conserver
les étalons de trait dans le Perche, « quoi qu'en aient
« dit les grands partisans de l'affranchissement géné-
« ral de l'industrie en matière chevaline. »

« Est-ce un ballon d'essai pour donner plus d'importance à l'administration des Haras et augmenter
son budget? Ou bien l'auteur du rapport est-il en désaccord avec son administration, qui a déclaré en
mainte occasion qu'il n'y avait pas lieu de s'occuper
des chevaux de trait par une intervention directe?
Disons de plus, en passant, que si l'on met de côté
50 étalons impériaux, on trouve que le prix d'acquisition de tous les autres n'a pas dépassé par tête, en
moyenne, une somme inférieure à 4 000 francs.
Est-ce un prix tellement élevé que les étalonniers particuliers ne puissent les acquérir quand nous voyons,

journellement, payer des chevaux de service 5 et
6,000 francs ; de simples fermiers payer des baudets
6 et 8,000 francs, des étalons de trait 4,000 francs
et au delà. Selon nous, les grands partisans de l'affranchissement général de l'industrie en matière
chevaline n'ont donc pas tort de soutenir que la valeur de la plupart des étalons est accessible à l'industrie
privée. Aussi, malgré les attaques rétrospectives de
M. d'Aure, ils seront parfaitement fondés, jusqu'à
nouvel ordre, à considérer les encouragements indirects comme suffisants pour stimuler notre industrie
chevaline d'une manière rapide, efficace et économique pour le Trésor.

« L'action directe, au contraire, beaucoup plus
coûteuse, ne permet à l'État de faire entretenir qu'un
nombre restreint d'étalons plus ou moins parfaits.
Les 19/20ᵉ de ces étalons sont produits tout simplement chez nos éleveurs. Conservés par eux ou par des
étalonniers particuliers, ils rendraient certainement de
meilleurs services entre leurs mains intéressées, éco-
nomes et intelligentes, que dans les écuries de l'administration ? Il ne s'agit pour atteindre ce résultat
que de les encourager sérieusement et sans arrière-
pensée. Car, comme le disait dernièrement un écrivain distingué, M. About : « En substituant l'activité
« des intérêts personnels à la froideur d'une admi-
« nistration désintéressée, on décuple le mouvement
« de toutes choses. »

« Nous lisons plus loin dans le rapport de l'inspecteur général : « Vous trouverez en cette circonstance, « monsieur le directeur général, l'occasion de prou- « ver une fois de plus l'utilité d'une administration « qui a rencontré tant de détracteurs injustes. » M. d'Aure lui-même n'a-t-il pas été l'un des premiers détracteurs de l'administration des Haras, lorsqu'il écrivait en 1842 : « Je pense donc, malgré cette pré- « tendue amélioration si hautement vantée, que la « Normandie n'a jamais été si pauvre ni si malade. « Les réquisitions, les guerres de l'empire, *les désas-* « *tres qui en furent la suite* ne lui ont pas fait tant de « mal que les actes d'une administration qui se dit « conservatrice ! »

« Ainsi, d'après M. d'Aure, tout allait mal en 1842, et tout est à refaire en 1861. Pourquoi donc alors persister dans un système dont vous condamnez vous-même les résultats ?

« Selon M. d'Aure, les détracteurs des Haras ont affirmé à tort que si les races de trait ont prospéré, c'était parce que l'administration ne s'en était jamais occupée. « Ils ignoraient sans doute, ajoute-t-il, que la « race percheronne, incontestablement la première « de nos races de trait, n'a dû sa perfection qu'au « contact des haras, à l'aide des étalons du Pin. » Oui, la race percheronne, nous l'avons dit assez de fois pour ne nous ne soyons pas accusé de l'ignorer, est la première de nos races de trait, et c'est pour cela qu'il ne faut pas y toucher. Quant à sa perfection, vous la reconnaissez; elle la doit à son antique origine, au sol qui la nourrit, à l'exportation et à la concurrence qui en font le prix, et nullement aux Haras. Ces derniers ont bien essayé de la métamorphoser avec des étalons normands : un seul entre tous, nommé *Sandy*, a laissé des produits très-recherchés, et celui-là, si nos souvenirs sont fidèles, était un cheval venu d'Écosse. Quant aux autres, consultez les registres de l'administration, et vous verrez quelle faveur ils ont trouvée parmi les éleveurs du Perche. Il n'est donc pas besoin de faire appel à la mémoire des « gens d'un « certain âge qui ont vu les gondoles de Versailles « et les malles-postes, » toutes choses qui n'existent plus, pour savoir qui se trompe, de M. d'Aure ou « des détracteurs injustes des Haras! »

« Le dernier mot du rapport de M. d'Aure, parlant de la société d'Illiers, est celui-ci : La diriger! Le dernier mot de l'administration des Haras, en toutes choses et de tout temps, sera-t-il donc toujours le même? Que cette administration soutienne, encourage les sociétés hippiques et les éleveurs quand ils le méritent, rien de mieux! mais qu'elle ne veuille pas toujours les diriger, ou bien elle finirait par leur ôter toute initiative et jusqu'à la conscience de leurs propres forces! Est-ce encourager une société que de dire comme M. d'Aure : « Elle peut devenir un puissant

« auxiliaire de l'administration. » L'administration
des Haras ne doit-elle pas, au contraire, être l'auxiliaire des sociétés utiles à notre industrie chevaline ?
Voilà son véritable rôle, le seul qui, selon nous, lui
convienne en présence des idées libérales et économiques de notre époque.

« Le rapport dont nous venons de rendre compte
est fait dans un tout autre esprit ; et, sous prétexte de
traiter seulement la question des chevaux percherons,
il ne tend à rien moins qu'à prouver l'incapacité de
nos éleveurs, l'impossibilité où ils sont de posséder
même les étalons de trait, la nécessité pour l'administration d'imposer sa tutelle sur tout ; en un mot, il est
nettement hostile à l'émancipation de l'industrie
chevaline. Il y a là, nous le répétons, erreur et danger ; et nous les signalons non pas pour attaquer une
administration nouvellement reconstituée, et qui pourrait faire beaucoup de bien, mais pour la prémunir
contre les tendances funestes qui l'assiégent et com-
promettent ses meilleures intentions.

« Qu'elle encourage donc notre industrie chevaline
et ne veuille pas faire peser sur elle une omnipotence
qui, sans parler des sacrifices qu'elle impose au Trésor, ferait perdre, dès ce jour-là, à l'élevage des
chevaux en France, toute liberté d'action pour lui
donner le caractère de colonies militaires, comme en
Russie, où cette institution est à peu près l'unique
ressource de la cavalerie.

« Or, nous ne pensons pas que nous en soyons réduits à imiter un pays où l'agriculture est encore dans l'enfance. La production chevaline, chez nous, ne demande qu'à être affranchie d'une tutelle qui l'empêche de s'élever au niveau des besoins du pays. Encouragez-la d'une façon *indirecte* par des primes suffisantes, et vous la verrez bientôt s'élancer dans une voie nouvelle et nous affranchir du tribut que nous payons à l'étranger. »

Bientôt après, les 12 et 14 janvier 1862, nous signalions dans les termes suivants le premier rapport annuel du général Fleury :

« Le compte rendu annuel de l'administration des Haras, adressé au ministre d'État par M. le directeur général des Haras, a paru au *Moniteur* le 5 janvier. Nous allons examiner le plus brièvement possible cet important et long document.

« Le rapport constate que l'administration des Haras était depuis dix ans dans l'impossibilité de faire le bien ; il assigne à cette faiblesse plusieurs causes : 1° que cette administration était en butte à la controverse ; 2° qu'il n'existait point de solidarité entre ses agents ; 3° qu'elle était trop limitée dans

11.

ses ressources budgétaires; 4° qu'elle était privée d'un chef direct et spécial.

« Nous ne savons pas au juste de quelle contro- verse on se plaint ; est-ce de celle qui émanait, sous forme de brochures ou d'articles de journaux, de personnes étrangères à l'administration, ou bien était-ce d'une guerre intestine allumée parmi ses agents mêmes? Voilà ce qu'on ne nous dit pas. Dans tous les cas, le nouveau directeur général est le der- nier qui puisse se plaindre que le public ait été initié par la presse aux vices qu'il est appelé à faire disparaî- tre à la suite d'enquêtes sérieuses provoquées par l'opi- nion, d'abord, et ensuite par le chef de l'État lui-même.

« Quant à l'établissement d'une sorte de solidarité entre les divers agents, cette mesure ne peut en effet qu'améliorer le service; mais ce ne sera pas sur des règlements intérieurs que porteront nos observations. Attaquer l'administration n'est point notre but, car elle contient certainement des éléments qui pourraient grandement contribuer à sa prospérité, si, par des raisons que nous avons maintes fois données, l'in- stitution elle-même n'était condamnée à l'impuis- sance.

« Le rapport se plaint des limites trop restreintes des ressources du budget des haras. En cela nous nous garderons bien de le contredire. En lisant le programme du directeur général, nous nous sommes convaincu que les 3,500,000 francs dépensés dans le passé ne pouvaient plus suffire pour faire face aux vastes projets déjà en cours d'exécution. Comme nous le disions il y a peu de jours, une augmentation de 900,000 francs a déjà été jugée nécessaire pour cette année, et cette somme ne pourra certainement pas couvrir les dépenses faites et à faire. Nul, d'ailleurs, ne saurait préciser où pourront s'arrêter les demandes d'augmentation de crédit. Entretenir un effectif de 1,250 étalons, les bâtiments et le matériel qu'ils nécessitent; subventionner les écoles de dressage et des écuries publiques d'entraînement; primer les reproducteurs de l'industrie privée; fonder des prix de courses au galop, au trop et avec obstacles, payer un état-major considérable : voilà certes un plan dont l'exécution devra entraîner des dépenses énormes.

« Enfin, la quatrième cause d'impuissance constatée dans le rapport est que l'administration était privée d'une direction spéciale. Cette lacune a disparu par la nomination d'un aide de camp de l'Empereur. Les fonctions de directeur général étaient autrefois remplies par un chef de division du ministère de l'agriculture qui ne recevait que les appointements affectés à cet emploi. Cet agent supérieur n'en exerçait pas moins toute l'autorité nécessaire, et les attributions du nouveau directeur, relevant du ministre d'État, ne peuvent différer beaucoup de celles de son prédécesseur. Mais toutes ces questions

de personnel n'ont qu'une importance très secondaire, et nous ne nous y arrêterons pas.

« Le compte-rendu passe ensuite aux réformes qui
ont été opérées à la suite des travaux de la commission de 1852, et qui portaient sur les jumenteries
nationales qui ont été supprimées. Cette victoire, rem-
portée par les partisans de l'émancipation de l'industrie privée, on se garde de l'apprécier. Quant à
nous, nous nous en étions réjouis, car c'était un premier pas fait dans la voie où nous voudrions voir
entrer franchement la nouvelle administration. Ce
désir n'équivaut pas cependant à une espérance,
car le rapport dit que « c'est depuis cette époque
« que l'amélioration est restée stationnaire. » Il
ajoute bien que ce temps d'arrêt est encore dû à la
suppression des prix affectés aux steeple-chases et
courses au trot pour chevaux de demi-sang. Nous ne
saurions accepter cette assertion, et nous dirons, au
contraire, que, dans ce court espace de temps, certaines branches de la production ont prospéré au delà
de tout espoir. En ce qui concerne la race de pur-
sang, l'augmentation dans le chiffre des naissances
que nous avons déjà donné et les succès obtenus par
nos chevaux sur les hippodromes d'Angleterre viennent à l'appui de notre dire. D'ailleurs, M. le directeur général s'est chargé, dans la suite de son rapport, de nous donner raison, en constatant d'abord
« le mouvement considérable d'importation de ju-

« ments de pur-sang qui s'est produit *dans ces der-*
« *nières années,* » et en avançant, à notre grande satisfaction, que les courses avaient produit « des ré-
« sultats merveilleux, qu'elles seules faisaient naître,
« dans le pays, des types indispensables à l'améliora-
« tion; » puis, plus loin, en reconnaissant qu'il n'y
avait plus lieu d'entretenir, dans les établissements
de l'État, d'étalons de gros trait. C'est donc déclarer
ce que nous avons proclamé plusieurs fois dans ces
colonnes, à savoir, que ces races ayant prospéré en
l'absence de presque tout secours de l'État, il n'y avait
pas lieu de s'en occuper autrement qu'en en encoura-
geant la production par des primes importantes. Nous
ajouterons encore que les races intermédiaires, celles
qui remontent notre cavalerie, ont fait aussi quelques
progrès, puisqu'elles suffisent à cette heure et au delà
à son entretien en temps de paix.

« Le rapport insiste sur ce fait que « la question du
« débouché a été négligée. » Nous avouons ne pas
comprendre comment une administration pourrait
quelque chose sur le débouché. Il n'y a, à notre sens,
qu'une façon d'agir sur le débouché, c'est de mettre
les éleveurs à même de produire avec l'assurance
d'un bénéfice. Lorsqu'un négociant a de bonnes marchandises dans ses magasins, il est certain de trouver
des chalands ; ce qui fait que ces derniers n'affluent
pas chez nos éleveurs, c'est qu'ils sont à peu près
certains de n'y pas trouver la qualité qu'ils désirent

rencontrer. Pour atteindre le but d'amélioration auquel tendent les Haras, il faut de toute nécessité
qu'ils pratiquent le plus grand désintéressement, et
qu'ils renoncent à engouffrer les deniers de l'État,
sans qu'il en rentre une obole dans la bourse des
producteurs. Les étalons qui doivent contribuer à
l'amélioration de nos races seraient plus à même de
rendre les services qu'on attend d'eux en restant dans
la modeste écurie du fermier qui les fait naître que
dans celles plus magnifiques qu'il faut entretenir sur
le budget. Chez l'étalonnier, ils n'ont pas du moins
à redouter les influences fâcheuses qui résultent d'un
changement d'air et de nourriture. Il faut aussi que
l'administration renonce à s'occuper des moyens d'a-
mélioration secondaires, qui consistent à établir,
comme elle le dit elle-même, « sur une vaste échelle,
« des primes de dressage, des steeple-chases et des
« courses au galop pour des chevaux de commerce. »
L'État ne peut employer les deniers de tous à former
des cochers et à donner des spectacles à quelques-
uns.

« Que toutes ces choses soient bonnes en elles-
mêmes et qu'elles puissent exercer une influence favorable sur la production, nous ne le nions pas. Mais
comme l'administration ne peut pas avoir la prétention de suffire à tous les besoins, il faut qu'elle aille
au plus urgent. Nous dira-t-on, par exemple, que
l'installation d'une écurie modèle d'entraînement au

Pin présente seulement l'apparence d'une institution utile? L'industrie privée ne possède-t-elle pas d'excellents entraîneurs, et l'administration peut-elle mieux faire à cet endroit? L'entraîneur choisi par elle a-t-il la moindre notoriété? Son nom n'était-il pas complétement inconnu avant les essais infructueux tentés par M. Brigges sur les chevaux du général Fleury?

« Oui, il faut que l'administration sorte de ce labyrinthe où l'entraîne la manie des détails, pour voir enfin les choses de plus haut. De la sorte, elle dépensera moins d'argent, et ce qui sortira de ses caisses profitera davantage aux éleveurs. Une mesure qui aurait certainement les meilleurs résultats serait la suppression des dépôts de remonte pour la cavalerie. Ces établissements, très-onéreux pour le Trésor, ne sont que de vastes hôpitaux où se propagent toutes sortes de maladies qui chaque année font de nombreuses victimes. Que M. le directeur général des Haras, qui a maintenant dans ses attributions l'inspection des dépôts de remonte, ce qui, par parenthèse, doit médiocrement flatter le département de la guerre, engage ce dernier dans cette voie, en ajoutant au prix d'achat de chaque cheval le montant des dépenses faites jusqu'ici par ce dernier pendant son séjour dans les dépôts. On verra bientôt alors s'améliorer un produit dont la qualité ne peut s'élever, parce que son prix de vente n'est pas suffisamment rémunérateur.

« L'empereur Napoléon Ier n'avait dans ses écuries que des chevaux français, et les officiers de sa maison ne devaient non plus se remonter qu'en France. Nous pensons que ce serait un excellent moyen d'émulation, d'encouragement, si l'Empereur engageait tous ceux qui émargent soit au budget de la France, soit à celui de la liste civile, à ne se servir que de chevaux indigènes. Certes, pendant les premières années, on trouverait peu de sujets remarquables ; mais au bout d'un certain temps de la pratique de notre système, qui consiste à employer en primes la moitié seulement des fonds absorbés par les haras et les remontes, il est hors de doute que la question du débouché, dont se préoccupe le rapport, serait résolue.

« Parmi les mesures nouvelles prises par l'administration, il y en a une qui nous a plus particulièrement frappé par ses résultats onéreux pour l'éleveur. Le rapport dit que les inspecteurs généraux sont chargés de l'acquisition des étalons. Mais ce qu'il ne dit pas, c'est que ces achats ne se font plus, comme par le passé, au domicile de l'éleveur. C'est à Paris qu'ils ont lieu maintenant. Eh bien! nous nous élevons énergiquement contre cette innovation. En effet, comment admettre que le cheval parti du Finistère, du Morbihan ou des Côtes-du-Nord, pays où il n'existe pas de voie ferrée, qui devra parcourir au mois de décembre deux cents lieues par la pluie, la neige et le verglas, puisse soutenir la concurrence avec des chevaux, amenés des environs de Paris? Pourquoi aussi faire supporter à l'éleveur, déjà si obéré par des dépenses obligées, des frais de voyage qui viennent enlever une large part du bénéfice? Que sera-ce donc lorsque le cheval sera refusé par la commission, et qu'il faudra le ramener au pays aux risques et périls du propriétaire évincé? Cette expérience vient d'être faite; espérons qu'on ne la renouvellera pas.

« Nous avons dit qu'il n'y avait pas lieu pour l'administration des Haras de s'occuper des races de gros trait; le rapport le reconnaît tacitement en annonçant que la nouvelle direction a supprimé dans ses dépôts presque tous les étalons percherons, bretons, toulonnais et ardennais qui s'y trouvaient. Il accompagne cette nouvelle de cette réflexion très-juste que « moyennant une prime de 300 francs, l'État conser-« vera à l'industrie privée des chevaux pour lesquels « il payait sans profit suffisant, 2,000 francs d'entre-« tien! » Voilà ce que nous savions depuis longtemps, et ce que nous n'avons cessé de répéter. Seulement, lorsque nous demandons que l'État mette un terme à son intervention directe, nous prétendons qu'il se montre plus généreux à l'endroit des primes, celles qu'il donne à cette heure étant tout à fait insuffisantes.

« Le rapport propose ensuite une mesure contre

laquelle nous nous prononcerons de toutes nos forces.
Il déclare « qu'il y a danger à laisser se propager
« outre mesure les chevaux de gros trait, et que c'est
« avec peine que la direction les voit primer et encou-
« rager dans les concours. » Disons tout d'abord que
nous ne pouvons admettre que les comices ne soient
pas assez compétents pour distinguer un bon d'un
mauvais reproducteur. Si les sociétés d'encouragement priment ces chevaux, c'est qu'elles savent parfaitement qu'ils répondent à des besoins impérieux.
Les Haras ont donc tort en disant que « leur raison
« d'être diminue tous les jours ; » ce qui dément cette
assertion, c'est que le commerce auquel leur production donne lieu est de tous le plus florissant. Cette
branche de notre industrie agricole fait l'envie comme
l'admiration de nos voisins. L'Angleterre et l'Allemagne
font chaque année une si grande importation de nos
chevaux de trait qu'ils ont atteint des prix fabuleux.
Cette prospérité, l'administration y est restée étrangère, et ses agents ont plus d'une fois essayé de l'en-
traver en prêchant le croisement de la jument percheronne avec l'étalon normand, cheval sans caractère bien tranché, et le plus souvent sans qualités.
Heureusement pour tout le monde, les éleveurs ont
su résister à cet entraînement. Non, la raison d'être
de ces chevaux n'a point disparu, puisque tous les
transports vers les canaux et les voies ferrées les réclament impérieusement. Le service du halage et

celui du camionnage dans les grandes villes ne se fait qu'au moyen de ces chevaux; si vous les supprimez, quelle est la race, en France, qui pourra les remplacer? Où prendrez-vous les chevaux pour transporter ces lourds tombereaux de houille et ces blocs immenses de pierre qui servent à construire les monuments que vous élevez à profusion de toutes parts? Mais si vous ne les aviez pas, ces serviteurs d'une force incomparable et d'une intelligence extraordinaire, il faudrait les créer. Et vous voudriez les détruire? Non, non, vos vœux ne seront pas exaucés!

« La nouvelle administration reconnaît l'importance des courses; mais là encore elle veut aller trop loin. Elle crée des prix pour les courses au trot et pour les steeple-chases. Ces deux genres d'épreuves doivent être bannis de son programme si elle veut qu'il soit rationnel. Dans la course au trot, on ne peut éprouver ni les poumons, ni les muscles, ni la qualité des os de l'animal, par ce seul fait qu'il n'y déploie pas toutes ses forces. Pour amener un cheval à un trop aussi rapide, il a fallu déranger la régularité de ses allures; ce résultat finit à la longue par nuire à l'harmonie des formes; les races de trotteurs qui existent en Amérique et dans d'autres pays encore, en fournissent la preuve.

« Dans les États du Nord où les courses au galop ont presque entièrement disparu pour faire place aux courses au trot, la race a beaucoup dégénéré. On

peut s'en convaincre, disait il y a quelques mois le
Spirit of the Times, en examinant la cavalerie du
Nord. Celle du Sud est très-supérieure, en raison, dit
le journal américain, de l'influence des courses au
galop, très-florissantes dans cette partie du nouveau
monde.

« Il découle de ce que nous disions tout à l'heure
que ces courses n'étant plus un critérium sérieux des
qualités du cheval, il n'y a pas lieu de les favoriser.
En ce qui concerne les steeple-chases, c'est un autre
argument que nous ferons valoir pour demander que
l'État ne les subventionne plus. Tout homme du mé-
tier sait parfaitement que les chevaux entiers refusent
de se livrer à ce genre d'exercice ; c'est à peine si on
peut citer en France trois chevaux entiers qui l'aient
accepté. Ils ont trop de puissance et d'intelligence
pour consentir à sauter un obstacle de quelques mètres
de large, quand à droite et à gauche il existe un passage ouvert par lequel ils peuvent se *dérober*. Il faut
donc qu'un animal soit abruti par la castration pour
l'amener à se plier à cette facétie.

« Parmi les innovations inaugurées par la nouvelle
direction, il y en a une qui nous a frappé par son
étrangeté ! Elle consiste à donner, *sous forme de
prix de courses*, des primes aux pouliches pleines.
Vraiment, c'est à n'y pas croire ; ériger en principe
qu'on doit faire courir des juments pleines, c'est vouloir briser avec toute raison et rompre avec les no-

tions les plus élémentaires de la science. Un travail
au pas n'a jamais nui à une poulinière, et nous-même
l'avons pratiqué avec succès en laissant jusqu'au dernier moment la jument à la charrue ; mais la soumettre à des allures vives, c'est évidemment risquer
la vie de la mère comme celle de son produit. On
pourra nous dire que des juments d'un grand prix
ont paru pleines sur les hippodromes ; nous répondrons que ce sont des cas exceptionnels, non voulus
le plus souvent, et que ces faits ont toujours été taxés
d'imprudence.

« L'ensemble du rapport tendrait à nous faire
croire que depuis une année que l'administration
nouvelle fonctionne, elle a pu déjà obtenir d'heureux
résultats. Il faudrait vraiment que l'épée du général
qui la dirige se fût changée en baguette magique, et
nous ne pouvons nous prêter à faire partager de semblables illusions.

« Nous ne nous arrêterons pas aux détails conte-
nus encore dans le rapport de M. le directeur général. Nous finirons par cette conclusion qui s'imposera
à l'esprit de chacun, c'est que même avec les meilleures intentions et les capacités les plus notoires en
matière d'administration, l'État ne parviendra jamais
à assurer la production d'une façon digne d'un pays
comme le nôtre, avec le système de l'intervention directe ou mixte, comme le désigne le rapport. Le directeur général le sent si bien qu'il dit : « Il est facile

« de prévoir par l'état des propositions déjà faites par
« MM. les inspecteurs généraux, pour la monte de
« 1862, que l'allocation de 360,000 francs qui figu-
« rent dans la nomenclature du budget pour les
« primes aux étalons ne sera peut-être pas suffisante
« pour satisfaire aux demandes susceptibles d'être
« agréées. Il faudra donc, dans un temps donné, ou
« que l'*administration reçoive une augmentation de*
« *crédit* qui lui permette de s'associer à l'élan qu'elle
« aura elle-même imprimé, ou qu'elle *se retire sur*
« *certains points pour faire place à l'industrie privée.* »

« Le nouveau directeur général est animé, on le
voit, d'un grand désir de faire prospérer son œuvre,
et nous ne pouvons que le louer de ses efforts ; mais
il sera forcément entraîné à recourir à des demandes
d'argent considérables. Il nous dit lui-même que les
« dépôts d'étalons étaient dans un état d'abandon dé-
« plorable, et qu'il aurait été impossible de les remettre
« sur un pied convenable *avec les seules ressources*
« *du budget normal, à peine suffisant pour l'entretien*
« *et les réparations de détail.* » Il ajoute qu'il a été
obligé d'augmenter les traitements de ses agents, ce
que nous concevons fort bien, puisqu'ils ne l'avaient
pas été depuis 1806. Mais nous n'en constatons pas
moins que toutes ces dépenses deviendraient superflues avec le système de l'*intervention indirecte*, qui
consisterait à distribuer en primes l'argent employé à
faire vivre les établissements de l'État.

« Le directeur général dit, en terminant son rapport, « qu'il a été à même de voir combien l'institu-
« tion des haras a de profondes racines dans les sym-
« pathies du pays, et quel prix ou attache partout à
« son maintien. » Il est, en effet, impossible qu'une
administration puissante comme celle des haras n'ait
pas ses adhérents, à commencer par ceux qu'elle fait
vivre. Quant « au désir qu'on aurait partout de son
« maintien, » voilà sur quoi on nous permettra d'é-
mettre un doute. A l'époque des travaux de la commission internationale sur l'abaissement des tarifs
entre l'Angleterre et la France, on a vu aussi se faire
jour des réclamations émanant de certains producteurs français; il n'en est pas moins vrai que l'intérêt
général l'a emporté dans l'esprit du législateur.
Certes, c'était là une détermination bien autrement
grave que celle que nous demandons.

« L'industrie privée est dès à présent en état d'hé-
riter du rôle que lui léguerait l'administration en se
retirant. Elle est poussée à désirer ce résultat par ses
propres intérêts, car, comme le dit le rapport, « l'é-
« talonnage ne laisse pas que de constituer pour ceux
« qui s'y adonnent une industrie passablement profi-
« table. » Que serait-ce donc si les primes affectées à
ce genre d'industrie étaient doublées ou triplées?
M. le baron de Pierres, dans la remarquable brochure
qu'il publiait il y a un an, et dont nous avons entretenu les lecteurs de *la Presse*, évaluait que le déten-

teur d'un étalon retirerait 11 pour 100 de son argent
le jour où les Haras impériaux seraient supprimés.

« A cette époque, M. de Pierres, que la voix publique désigne comme l'un des hommes les plus compétents en ces matières, en raison de son expérience
personnelle dans l'élevage des chevaux, demandait en
effet la suppression graduelle des haras impériaux.
Nous pensons, comme alors, qu'il n'était pas assez
radical, et qu'aujourd'hui plus que jamais il importe,
pour le bien de nos finances, comme pour la prospérité hippique de notre pays, d'adopter franchement
les conclusions du rapport de la minorité de la commission présidée par le prince Napoléon, et qui consistent à affranchir complétement l'industrie privée
de la tutelle d'une administration onéreuse. »

———

Quoique les lignes suivantes, insérées dans *la
Presse* du 28 mai suivant, ne se rapportent qu'à une
mesure de détail, nous les reproduisons afin que ces
documents épars puissent servir un jour à l'histoire
de l'administration des Haras :

« L'administration des Haras vient de faire un pas
dans une des voies que nous n'avons cessé de lui indiquer. *La France hippique*, dans son numéro du
24 mai, publie un document auquel nous renvoyons
ceux de nos lecteurs que ces questions intéressent. Il

y est dit, à propos des steeple-chases, « que ces
« luttes, telles qu'elles sont organisées, n'ont amené
« d'autre résultat que d'être assez onéreuses pour
« ceux qui en ont fait les frais, très-lucratives pour
« de rares exceptions, *sans rien produire d'utile pour
« le pays et pour les éleveurs.* » Nous n'avons pas dit
autre chose à plusieurs reprises, et cependant les défenseurs quand même des actes de l'administration
ont lancé sur nous leurs foudres, heureusement peu
redoutables.

« Toutefois les Haras croient devoir ne pas abandonner complétement ce genre d'encouragement,
quoique la *France hippique* déclare « qu'il n'y a au-
« cune raison pour que l'administration subven-
« tionne un spectacle aussi stérile en résultat. —
« *Sans attacher à ces exercices,* dit le document of-
« ficiel, *plus d'importance qu'ils n'en méritent,* on
« peut néanmoins, avec des conditions de programme
« bien entendues, leur donner une utilité réelle. »

« La première condition d'admission pour les chevaux de tout âge, de toute origine et de tout pays,
c'est qu'ils seront entiers. On le voit, notre principe,
qui est celui-ci, que l'État ne doit encourager que *les
courses pour reproducteurs,* est nettement reconnu.
Reste à savoir si, dans la pratique, il se trouvera
beaucoup de chevaux remplissant cette condition;
nous en doutons pour des raisons que nous avons
déjà données, à savoir que les chevaux entiers ont

12

généralement trop de tête pour se plier à ce genre d'exercice. Toutefois nous préférons assister à une lutte où les concurrents sont moins nombreux lorsqu'elle présente des avantages sérieux, qu'à une représentation plus agréable à l'œil, mais qui n'a d'autre résultat que d'amuser le public.

« D'un autre côté, le document en question déclare que « dans l'intérêt de la production et de l'amélioration « tion du cheval de commerce et de guerre, l'admi- « nistration se réserve de patronner des steeple-chases « de gentlemen-riders, et dans lesquels ne seront admis « mis que les chevaux hongres et juments de demi- « sang, nés et élevés en France, âgés de quatre à sept « ans inclusivement. » Nous ne nions pas que l'intention ne soit excellente et le but très louable; mais, au point de vue des principes que l'État, pensons-nous, ne devrait jamais abandonner, nous disons que les haras ont tort de dénaturer le principe vrai, incontestable qui fait des courses un élément indispensable de l'amélioration de l'espèce chevaline. Il est temps que l'administration abandonne le terrain de la fantaisie pour se renfermer strictement dans ses attributions qui offrent un large champ à son ambition.

« Le général qui, depuis deux ans, est à la tête de l'administration des Haras, est animé d'une ardeur qu'aucun directeur n'avait encore déployée. Il cherche, nous le voyons, tous les moyens d'élever le niveau de la production, et nous l'en félicitons. Aussi voudrions-nous le voir adopter résolûment un ensemble de mesures plus favorables à l'industrie privée, et dont les résultats pèseraient d'un grand poids et sur les destinées agricoles du pays et sur les forces de notre cavalerie. »

Au mois de novembre 1862, le journal *le Sport*, qui, jusque-là ne s'était encore occupé que de courses dans sa partie hippique, nous proposa une place dans ses colonnes pour y traiter les questions agricoles se rattachant plus directement à son cadre. C'est ainsi que nous fûmes amené à parler, dans ce journal de l'administration des Haras.

Voici donc, par ordre de date, les diverses appréciations que nous donnâmes de ses actes et les réponses que nous fîmes à ceux qui ne partageaient pas nos idées sur ces matières. Le 19 novembre nous débutions ainsi :

« Nous trouvons dans le journal *la Culture* une appréciation des concours hippiques d'Ille-et-Vilaine en 1862. M. Bellamy, inspecteur d'agriculture et auteur de l'article, constate que ces expositions deviennent de moins en moins importantes au point de vue du nombre des animaux présentés. La raison qu'il en donne, c'est qu'elles n'ont pas lieu aux époques des réunions des comices agricoles. C'est là, en effet, la

cause de bien des abstentions, car, pour le cultivateur, le temps est précieux. Bien des fois nous avons
exprimé le désir que les concours hippiques se tins-
sent en même temps que ceux de l'agriculture, dont
ils seraient une des parties les plus importantes. Nous
pensons donc, avec *la Culture*, que l'Administration
des Haras ferait bien d'adopter cette mesure, et cela
pour plus d'une raison. Nous ne ferions d'ailleurs
qu'imiter en cela les habitudes des sociétés d'agriculture d'Angleterre, dont les programmes sont des modèles bons à imiter.

« M. Bellamy signale que les éleveurs des environs
de Fougères ont de la tendance à grandir leur race.
« La commission de remonte, dit-il, a dû refuser plu-
« sieurs chevaux, parce qu'ils étaient trop grands. »
Puis il ajoute : « Nous engageons les éleveurs à
tenir compte de cette déclaration. » Quant à nous,
nous pensons qu'il ne dépend point des inspecteurs d'agriculture, des haras ou des remontes, de
grandir ou de baisser les races à leur gré. Que
M. Bellamy soit bien convaincu que si les éleveurs
agissent de la sorte, c'est qu'ils y trouvent leur
avantage. Il ne s'agit pas de dire : Faites ceci ou
cela, et vous serez utile ou agréable à tel ou tel service de l'État. Ce n'est point ainsi qu'on résout les
questions économiques. Il est bien certain que les
producteurs ne suivront pas vos conseils s'ils sont en
désaccord avec leurs intérêts. L'agriculture produira

toujours, et cela pour le plus grand bien de tous, la marchandise la plus demandée. Si, dans telle ou telle contrée, elle fait naître plus de chevaux de trait que de chevaux d'armes, c'est que les premiers lui seront payés plus cher que les seconds. La production ne connaît pas d'autres règles que celles qu'établissent l'offre et la demande. La fantaisie ou la caprice ne la gouverneront jamais.

« Maintenant, si vous nous dites que l'État a besoin de remonter sa cavalerie et qu'il est de l'intérêt général que les achats s'opèrent en France, nous vous répondrons que le ministre de la guerre doit alors augmenter ses prix, qui jusqu'ici ne sont pas rémunérateurs. Nous nous proposons d'ailleurs d'étudier prochainement la situation réciproque des remontes et de l'élevage français. Nous espérons prouver alors que ce ne sont pas des conseils du genre de ceux que M. Bellamy adresse aux éleveurs qui amélioreront l'état de choses actuel, mais que ce sont bien plutôt des réformes qu'il faut solliciter dans l'organisation actuelle du service des remontes, si l'on veut résoudre ce côté de la question chevaline.

« L'auteur de l'article pense que les jurys feraient bien de tenir davantage compte de la valeur du produit lorsqu'il s'agit de primer les poulinières. En effet le croisement ou dans d'autres cas l'accouplement pratiqués par l'éleveur ayant pour but l'amélioration progressive de la race, il est à supposer que dans

12.

la plupart des cas le poulain vaudra mieux que sa
mère. Cette pratique d'attacher une plus grande importance au produit est d'autant plus conseillable
qu'il arrive souvent, surtout dans les métis peu
avancés dans le croisement, qu'une poulinière d'une
belle apparence donne des animaux médiocres.

« L'inspecteur de l'agriculture auquel nous répondons attaque les primes offertes par l'administration des
Haras aux pouliches de trois ans pleines. « Agir ainsi,
« dit-il, c'est compromettre la mère et faire produire
« de mauvais chevaux.» Il pense que l'un et l'autre seront « médiocres si ce n'est impropres au service militaire. » Nous ne pouvons nous ranger de cet avis. Une
jument de trois ans est suffisamment développée pour
recevoir l'étalon, surtout si elle a été bien nourrie, et à
quatre ans elle a acquis assez de force pour supporter
la mise-bas. L'administration, ce nous semble, n'a
pas été mal inspirée à ce sujet. Ce genre d'encouragement a pour but de remédier en partie à cet inconvénient de la vente de l'animal amélioré, avant qu'il
n'ait à son tour servi de moule à un nouveau produit.
Car il arrive presque toujours que les meilleures pouliches sont vendues à la remonte, et qu'il ne reste
plus dans l'écurie de l'éleveur qu'une poulinière défectueuse. Eh bien, la mesure prise par les Haras est,
à ce point de vue, très-défendable. Dans tous les cas,
nous n'avons jamais vu ni entendu dire que le produit
d'une jument de quatre ans fût inférieur à celui d'une

poulinière plus âgée. Car le plus souvent ce ne sont
guère que très-vieilles bêtes qu'on livre à la reproduction et lorsqu'elles sont épuisées par toutes sortes de
travaux. Nous sommes portés à croire que M. Bellamy,
en émettant l'opinion énoncée ci-dessus, était encore
sous l'impression du programme de la nouvelle administration des Haras qui portait que des primes, sous
forme de prix de courses, seraient décernées aux pouliches de trois ans ayant été saillies au printemps.
Toutefois nous ne pouvons croire qu'on ait eu un instant la pensée que les épreuves pussent être exigées
sérieusement. Elles seraient en effet de nature à compromettre les mères et leurs produits. Mais en ne donnant à ces concours que le caractère d'une exhibition
ayant pour but de juger de la conformation, des allures
et du dressage relatif des sujets présentés, on peut
s'attendre à d'excellents résultats.

« M. Bellamy avance que c'est à tort que la ville
de Rennes réclame une station d'étalons, se basant
sur ce que l'industrie privée possède là de très-bons
reproducteurs. Il appelle même les encouragements
de l'État sur les étalons particuliers, et en cela nous
ne pouvons que nous joindre à lui. Mais dans un autre
endroit il déplore que la station de Fougère ait été
supprimée, et il insiste pour son rétablissement. Nous
avouons ne pas comprendre qu'on sollicite dans un
lieu ce qu'on repousse dans un autre. Si l'administration a retiré ses étalons de Fougère, c'est qu'appa-

remment ils n'y étaient pas occupés suffisamment. Si
au contraire elle a voulu laisser le champ libre à l'industrie privée, c'est qu'elle était dans l'intention de
favoriser cette dernière au moyen de primes importantes. Dans ce cas, nul doute que les étalonniers ne
répondent aux espérances qu'on fonde sur eux, puisque leur propre intérêt, le plus efficace des stimu-
lants, les forcera à maintenir leur industrie au niveau
des besoins qu'elle doit satisfaire.

« M. Bellamy doit donc opter, dans ses sympathies,
entre le système de l'intervention directe et celui de
l'intervention indirecte. Vouloir concilier les deux
choses, c'est tout simplement poursuivre la réalisation
d'une chimère. Nous sommes d'autant plus à notre aise
pour faire cette déclaration à l'écrivain de *la Culture*,
que le rédacteur en chef de cette feuille partage entièrement nos opinions sur cette matière. Quant à nous,
on sait depuis longtemps quelles sont nos convictions à cet égard, convictions profondes, qui, loin
de se modifier, se raffermissent de jour en jour davantage par le spectacle de ce qui se passe autour de
nous. »

Quelques jours après nous lisons encore dans le
Sport :

« Nous trouvons dans le *Journal d'agriculture pratique* une lettre adressée à M. Demesmay par M. Gayot. Quoiqu'elle soit déjà d'une date un peu ancienne, nous croyons cependant devoir ne pas la laisser sans réponse, notre mission étant de tenir nos lecteurs au courant de tout ce qui se dit sur les questions hippiques.

« Le comice agricole de l'arrondissement de Lille s'était demandé à quel mode d'encouragement il devait donner la préférence : achat d'étalons départementaux ou primes à ceux de l'industrie privée. Là-dessus et à la suite de rapports rédigés dans des sens différents, une discussion très-vive s'était élevée. M. Demesmay, un des hommes importants du comice, demande à M. Gayot son avis. Ce dernier répond : « Tout système de haras est défectueux qui ne conduit « pas, dans un temps donné, à ce résultat essentiel : « procurer au pays les étalons capables qui lui sont « nécessaires. »

« Il faut avouer que si le correspondant du *Journal d'agriculture pratique* a été satisfait de la réponse, il n'est pas difficile, à moins qu'il ne soit de ceux qui demandent des avis alors qu'il n'est plus temps ou lorsqu'ils sont bien décidés à ne les pas suivre. Dans tous les cas, nous doutons fort que le comice en ait été plus éclairé. Il doit l'être d'autant moins que M. Gayot déclare qu'on ne trouve « chez personne, « ni dans la province, ni en France, ni à l'étranger, des

« animaux d'élite… qu'on peut dire à bon droit tant et
« tant de mal de ceux qui existent, soit dans les éta-
« blissements de l'État, soit chez les détenteurs dépar-
« tementaux, soit aux mains de l'industrie privée. »

« Ainsi, d'un côté, l'ancien directeur général des
Haras dit que tout système de haras sera bon qui
donnera de bons étalons, et de l'autre qu'ils sont in-
trouvables. Mais alors si la matière première manque
réellement, ceux qui suivent les leçons de M. Gayot
seront fort embarrassés ; car enfin, comme dit le dic-
ton : Pour faire un civet, prenez un lièvre! Il est
vraiment inouï qu'un zootechnicien comme celui dont
nous parlons, n'ait à la suite d'une longue carrière
hippique, que des sornettes, telles que celles qu'on
vient de lire, à offrir à ceux qu'il doit éclairer! N'y
aurait-il donc que feu les Anglo-Arabes capables de
régénérer nos races? Car enfin la création de cette
famille, aujourd'hui dispersée, est l'œuvre capitale de
l'administration de M. Gayot, et nous devons supposer
que c'est cette prétendue panacée universelle qu'on
pleure en silence.

« Cependant le comice de Lille avait pris cette décision, que les allocations seraient partagées entre les
étalons départementaux et ceux des particuliers;
mais l'écrivain agronomique « ne voit rien là qui
tende à la solution qu'il propose, solution qu'il a
d'ailleurs oublié de nous faire connaître. Mais que les
membres du comice de Lille se consolent, ils ne sont

pas les seuls exposés à la critique de M. Gayot, et se trouvent par là en très-bonne compagnie. Lisez plutôt :

« A Paris, le débat n'était pas seulement entre le « *laisser faire* et l'intervention de l'État. Le problème « posé comportait un troisième terme. Celui-là qui « s'appelle le turf, était représenté par le Jockey-Club, « grand partisan du laisser-faire, comme chacun sait. « Il poussait donc de toutes ses forces à la suppression « de tous les encouragements quelconques à la grande « industrie du cheval, hormis, bien entendu, ceux qui « touchent à l'hippodrome. Alors, c'est par millions « qu'il faut donner à la production de l'étalon de pur- « sang. Mais en donnant à ce dernier des millions et « des millions, il faut lui laisser la liberté pleine et « entière de se produire comme il l'entend ; donnez- « lui tout à pleines mains, sans y regarder, et laissez « faire. Voilà le système parisien. »

« Comme on le voit, M. Gayot se laisse égarer par ses regrets de n'avoir pu conduire jusqu'au bout l'administration des Haras dans la voie du monopole, qu'il avait rêvé pour elle. A toute occasion, il s'en prend à la *Société d'encouragement pour l'amélioration des races de chevaux en France*, et lui reproche de patroner le principe du *laisser-faire*, le seul cependant qui soit compatible avec la liberté commerciale. Mais, ce qu'il ne dit pas, c'est la manière dont cette association pratique le principe ! N'est-ce pas en donnant annuellement, et cela depuis trente ans, des sommes énormes en prix de courses à tous les éleveurs du territoire! Comment, la Société à laquelle nous sommes en grande partie redevables des progrès accomplis dans ces dernières années, celle dont les encouragements ont produit les meilleurs étalons indigènes de nos dépôts, celle qui a fait les Hervine, les Jouvence, les Monarque, les Palestro, les Brick et tant d'autres dont les noms fameux ont retenti sur les hippodromes d'Angleterre, comme ceux de héros dignes de se mesurer avec les plus vaillants; comment, disonsnous, cette société se tromperait en comprenant ainsi le *laisser-faire?* Comment, vous ne voulez pas qu'un homme construise, avec ses deniers, sa maison comme il l'entend, avec du granit plutôt qu'avec du moellon; qu'il la meuble aussi comme il le comprend? Vous trouvez à redire qu'il préfère un Raphaël ou un Titien à une croute d'un barbouilleur moderne, les bas-reliefs du Parthénon, le cheval de Phidias aux chevaux de carton, sans os et sans muscles, comme on en voit parfois dans nos expositions?

« Pourquoi donc aussi ne pas être de bonne foi? Pourquoi donner à entendre au public que la production et l'élève de pur-sang réclament ou reçoivent « des millions, » quand l'État ne dépense pas le quart de son budget des haras (primes, courses et étalons compris) pour cette industrie, bien qu'elle soit reconnue pour fournir le seul élément améliorateur de nos chevaux de luxe ou de guerre? Mais non, tous vos discours ne sont pas sérieux, le simple bon sens en a fait justice et nous n'eussions pas songé à en faire ressortir l'extravagance, s'il n'était enfin temps de dire aux éleveurs qui est avec eux et pour eux, ou de ceux qui sont pour la liberté, pour les encouragements aux producteurs du sang régéné- rateur par excellence, ou de ceux qui n'ont d'autre aide, d'autres conseils à leur donner que des théories vagues, qui, pour le coup, conduiraient tout droit à ne *rien faire de bon*. »

LES STEEPLE-CHASES DE L'ADMINISTRATION

(*Le Sport*, du 10 décembre 1862 .

« Nous reproduisons aujourd'hui, d'après *le Moni- teur*, un rapport de M. le directeur général des haras, adressé à S. Exc. le ministre d'État. Ce document est suivi d'un arrêté de M. le comte Walewski, qui fixe les conditions dans lesquelles devront être courus les steeple-chases dont les prix sont offerts par l'ad- ministration.

« Il est impossible de ne pas reconnaître à la lecture de ces pièces l'excellent esprit qui les a dictées. On y découvre la préoccupation constante de faire prospérer l'œuvre à laquelle le général Fleury se voue avec une ardeur digne des meilleurs résultats. Les nouveaux

steeple-chases créés par lui sont divisés en deux classes. Les plus importants sont destinés, comme il convient, aux reproducteurs de pur sang de tous pays.
Les seconds, affectés à nos chevaux indigènes, sont
institués en vue de pousser nos éleveurs dans la voie
d'une meilleure éducation. Ce n'est point ici le lieu de
discuter si l'ensemble du système suivi peut résoudre
la question de la production chevaline en France. Il
s'agit seulement d'examiner isolément ces nouveaux
encouragements donnés, d'une part, à l'importation
de reproducteurs de mérite, et de l'autre, à l'élevage
de chevaux mieux nourris et moins incultes que par
le passé. Eh bien, il est hors de doute que toute fondation de courses, pour chevaux entiers et juments,
peut être féconde en bons résultats. Il est également
certain que l'appât de prix relativement importants,
tels que ceux de la seconde classe, sera un stimulant
sérieux pour nos éleveurs de soigner et leurs accouplements et les sujets qui en naîtront.

« La critique trouvera peut-être à s'exercer sur les
conditions des programmes. Ainsi, par exemple, dans
les steeple-chases pour reproducteurs de pur-sang, on
regrettera peut-être l'exclusion des chevaux ayant gagné une somme totale de 40,000 francs. On allèguera
à juste titre, à l'appui de cette opinion, que c'est en-
traver l'introduction en France des chevaux de tête.
On dira, avec raison, que l'éducation, le dressage d'un
cheval de steeple-chase est chose fort difficile, et que

la rencontre d'un steeple-chase supérieur est une absolue nécessité pour la prospérité d'une écurie de courses, chose fort dispendieuse à entretenir. Certes ces considérations ont leur valeur et elles nous ont frappé tout d'abord. Mais, enfin, il faut convenir aussi que l'idée de cette exclusion est basée sur ce fait, qu'on a vu pendant des années tous les gros prix gagnés par un même cheval qui, du théâtre de ses victoires passait aux invalides ou chez l'équarrisseur. En outre, l'administration ne se réserve pas le monopole des prix de courses d'obstacles. Les sociétés particulières n'en continueront pas moins à prospérer comme par le passé; et c'est à ces dernières à étendre leurs programmes et à les établir de façon à donner satisfaction aux catégories de chevaux moins favorisés par les arrêtés officiels.

« Il s'est glissé aussi dans le programme des steeple-chases pour chevaux français autres que ceux de pur sang, une condition qui pourrait donner matière à contestation, — c'est l'obligation au propriétaire de fournir un certificat constatant que le cheval engagé n'a pas quitté le sol français, et qu'il n'est pas de pur sang. Établir qu'un animal est de pur sang, rien n'est plus facile puisqu'il existe un livre sur lequel sont inscrits tous les sujets de race pure, mais prouver qu'un cheval n'est qu'un dérivé de celle-ci, peut devenir impossible. Cette condition pour un cheval de n'avoir pas quitté la France est aussi un peu absolue, car ce serait exclure et les chevaux qui auraient été à l'étranger courir les steeple-chases et les chevaux appartenant ou ayant appartenu à des officiers revenant d'une campagne. Quoi qu'il en soit de ces imperfections, qui d'ailleurs peuvent disparaître avec le temps, si l'expérience les condamne, nous applaudissons à l'extension des encouragements donnés à l'industrie privée, convaincus que nous sommes qu'ils sont les plus efficaces pour amener notre industrie chevaline au degré de prospérité qu'elle doit atteindre et qu'elle atteindra certainement dans un temps donné. »

M. GAYOT AU CONCOURS DE CHARLEVILLE

(*Le Sport* du 10 décembre 1862).

« Le *Journal d'agriculture pratique* a publié un compte rendu de l'exposition hippique qui a eu lieu à Charleville à l'époque du concours régional. M. Gayot, auteur de l'article, demande comme le faisait il y a peu de jours *la Culture*, que l'espèce chevaline ne soit plus exclue des programmes des concours régionaux. La raison de cette exclusion est bien facile à expliquer, aujourd'hui que l'administration des haras est distraite du ministère de l'agriculture. A une autre époque, nous avons exprimé nos regrets sur cette décision. Aujourd'hui il devient difficile que le vœu des feuilles agricoles se réalise, puisqu'il faudrait, pour rédiger un programme et augmenter les frais d'installation des expositions, le concours de deux administrations dépendant de deux ministères différents. Mais en supposant que ces difficultés pussent être tranchées dans le sens que, nous aussi, nous désirons, les Haras sont-ils bien en mesure, financièrement parlant, de subvenir aux dépenses nouvelles qu'entraînerait l'adjonction de l'espèce chevaline dans les douze concours régionaux qui divisent la France agricole.

On sait que quoique l'effectif des dépôts ait été diminué, la dépense n'en a pas moins augmenté de près d'un million. M. le directeur général des Haras, animé d'un zèle qu'aucun de ses prédécesseurs n'avait encore déployé, vient de créer de nouveaux prix de courses, attribués aux steeple-chases; la somme des primes accordées aux produits des éleveurs, à leurs étalons et à leurs poulinières, a aussi notablement augmenté. Enfin de toutes parts nous ne voyons que dépenses qui, quoique parfaitement motivées, n'en sont pas moins pour le budget de très-lourdes charges. Il est évident pour tout le monde, que le jour où l'administration supprimerait ses dépôts, but auquel elle vise certainement dans un avenir plus ou moins éloigné, elle serait exonérée d'une foule de dépenses qui trouveraient alors un emploi plus utile. Fortifiée par un budget important de plus de quatre millions, distribuant alors à tous ses encouragements, elle verrait renaître autour d'elle et sous son impulsion ; la prospérité, l'activité et la confiance.

« Malgré les luttes de ces dernières années, il n'en est pas moins vrai que la production n'est pas restée stationnaire, comme quelques-uns l'avancent. « Cette « industrie, dit M. Gayot, a rétrogradé au lieu de « continuer le mouvement progressif qu'elle avait « précédemment suivi et que tout le monde se plaît « à reconnaître aujourd'hui. » Non, ce fait n'est pas « acquis » comme vous le prétendez ; il l'est si peu que nous vous mettons au défi de nous dire à quelle époque le progrès s'est arrêté, et à quel signe on peut reconnaître la justesse de ce que vous avancez avec une assurance trop peu motivée. Mais voyons à quelles causes on attribue cette dégénérescence : « Cette « industrie a rétrogradé parce qu'on a tari les sour- « ces conservatrices de la production des types supé- « rieurs : 1° en supprimant les jumenteries de l'État ; « 2° en remplaçant une réglementation protectrice « par un règlement destructeur des produits de la race pure. » Vraiment c'est à n'y pas croire, et on s'étonne qu'il se trouve encore des gens pour recueillir ces lambeaux d'une argumentation traditionnelle. Mais par quelles qualités exceptionnelles se recomman- daient donc les produits de vos jumenteries ? *Ali- Baba* et un ou deux autres courant, à cette époque

à peu près seuls, peuvent-ils éclipser les hauts faits
d'*Hervine* ou de *Monarque?* Ceux-ci n'ont-ils pas la
même distinction, la même force, la même vitesse,
le même fond? Vous voyez bien que vos récrimina-
tions ne supportent pas l'examen? Et maintenant
quelle est « cette réglementation protectrice? » Quel
est ce « règlement destructeur? « Lorsque vous nous
aurez éclairé à ce sujet, nous examinerons vos griefs,
car ce n'est pas à nous qu'on peut adresser ces pa-
roles : « On détourne la tête et l'on passe à côté! »
Bien loin de là, nous tenons à ne rien laisser passer
sans y répondre ; nous relevons toujours et au même
titre les fautes et les erreurs de nos adversaires ou
de nos alliés, comme nous saurons reconnaître chez
les uns aussi bien que chez les autres les efforts tentés pour le triomphe de la vérité.

« M. Gayot, après avoir donné le chiffre de la population chevaline .de la région Centre-Est, que la
statistique évalue à 450,000 têtes environ, ajoute :
« Malheureusement, là bien plus qu'ailleurs, les
« questions de principe, mal posées ou faussées
« dans l'application, sont devenues de réels et puis-
« sants obstacles au progrès. Alors des systèmes bâ-
« tards se sont succédé sans rendre, ni les uns ni
« les autres, aucun des services qu'on s'en était pro-
« mis. Par contre, le mal qu'ils ont fait là où ils ne
« pouvaient réaliser aucune amélioration, a laissé de
« mauvais souvenirs et semé des germes de préven-

« tion difficiles à détruire. Ce que l'expérience indi-
« quait alors, ce que les faits démontrent encore
« aujourd'hui, c'est que chaque sorte ou chaque caste
« de reproducteurs ne convient pas également à
« toute une population de poulinières bigarrées,
« hétérogènes dans la forme et dans le sang... »
Ces lignes viennent encore, on le voit parfaitement, à l'appui de nos doctrines et de nos vœux. Le
jour où l'industrie pourra être libre, vous verrez
chacun produire selon ses besoins, selon ses aptitudes, et aussi en vue du débouché, qui ne peut
être le même partout et pour tous. M. Gayot finit
en disant que « les dérivés du pur sang n'ont de
« valeur, comme reproducteurs, qu'autant qu'ils
« sont confirmés dans leur races. » Pourquoi donc
alors a-t-il toujours préféré l'emploi des métis normands aux reproducteurs de pur sang ?

LES COURSES ET LES CHEVAUX DE PUR-SANG JUGÉS PAR

M. SANSON

Le Sport du 17 décembre 1862).

« Nous voulons aujourd'hui répondre à quelques
opinions hippiques émises par *le Livre de la Ferme*,
M. Sanson, s'appuyant de l'autorité de William
Youatt, et tout en approuvant le principe qui a
institué les courses, pense que les réglementations

qui les régissent, et surtout le goût du jeu et des
paris, qui en sont devenus la conséquence, ont dé-
tourné ces épreuves de leur véritable but. Avec d'autres déjà il blâme les courses pour poulains de deux ans
et les petites distances, comme donnant des résultats
funestes à l'amélioration de l'espèce. Mais s'il regrette
les chevaux de course du bon vieux temps, Youatt
rend justice à ceux de nos hippodromes, en disant :
« Ils sont plus rapides, ce serait folie de le nier, ils
« sont plus longs, plus légers ; encore bien musclés,
« quoique, à cet égard, ils aient perdu beaucoup de
« leurs qualités d'autrefois. »   .

« Ce n'est point ici le lieu de discuter la moralité
des paris, mais il est hors de doute que cette sorte de
bourse établie sur le turf dans les dernières années,
contribue, par le public qu'elle attire sur les hippodromes, à la prospérité de ces derniers. Quant à
l'usage trop fréquent qui s'est répandu de l'autre
côté du détroit de faire courir les poulains de deux
ans, il nous semble aussi avoir des inconvénients. Exiger un exercice trop violent d'un animal de dix-huit
mois n'est pas rationnel, et il est à désirer que l'État
et la *Société d'encouragement*, loin d'encourager les
épreuves pour poulains de deux ans les restreigne encore. En ce qui concerne les courses d'une distance
moyenne de 2 à 3,000 mètres, qui sont le plus en
usage, nous ne saurions les blâmer. Ce qu'on cherche,
c'est à faire donner au cheval tous ses moyens, et il

est bien évident que si l'épreuve se prolonge outre mesure, il peut en résulter des accidents fâcheux. Comme
nous le disions dernièrement dans *la Presse*, à l'occasion du prix de l'Empereur, où *Palestro* est tombé
boiteux dans une lutte effrénée de 6,200 mètres, les
courses ne sont pas un champ-clos où l'un des cham-
pions doit nécessairement rester sur le carreau. Si
vous chauffez une machine au-dessus d'un certain
degré, vous risquez de la voir éclater, et cependant,
dans ce cas, personne ne s'avisera d'en rendre responsable le constructeur ; on s'en prendra avec raison au chauffeur inexpérimenté ou imprudent. Eh
bien, si vous demandez aux appareils locomoteur et
respiratoire du cheval une somme de forces au-dessus
des bornes fixées, aussi bien par l'expérience que
par la raison et par la science, si les coureurs doivent dépasser « les limites de leur puissance physio-
« logique, » vous arriverez fatalement à perdre les
meilleurs de vos jouteurs, l'avenir de la reproduction.
Un animal sans cœur, sans énergie, d'un tempérament lymphatique restera sourd à la voix qui l'excite,
insensible à l'éperon de son jockey ; tandis qu'un
cheval vaillant, ardent dans la lutte, *rendra* jusqu'au moment où ses forces épuisées trahiront son
courage. On peut encore ajouter que le plus souvent
le parcours s'exécute au petit galop et que ce n'est
que dans les derniers cinq cents mètres que la lutte
commence sérieusement.

« Après avoir rendu justice à nos coureurs contem-
porains, en disant : « Ce sont des animaux aussi
« beaux qu'il soit possible de le désirer, » Youatt
ajoute : « Mais la plupart sont rendus avant que la
« moitié de la course ne soit achevée, et sur quinze
« ou vingt il n'y en a que deux ou trois qui restent
« en pleine possession de leur énergie? » Cette assertion, disons-nous, loin de condamner nos pratiques, vient encore affirmer ce que nous avançons.
Nous disons, en outre : Plus la course sera longue, et
plus aussi le nombre des lutteurs diminuera en avançant vers le but. L'expérience a en outre démontré
que le cheval le meilleur, dans une course de 2 à
5,000 mètres, l'est aussi pour une plus longue
épreuve; voilà ce que personne ne pourra contester.
Il n'est pas davantage exact de dire « qu'une seule
« course, comme celle du Derby, rend le gagnant
« incapable de · courir jamais. » Nous pourrions
citer bien des exemples où les vainqueurs de ce prix
sont restés longtemps encore les favoris des parieurs.

« Enfin, M. Sanson en arrive à nous dire que si le
cheval de course actuel « rapide, tout nerf, grêle et ef-
« flanqué, possède incontestablement tout ce qu'il faut
« pour procréer des chevaux de course semblables à
« lui, il ne nous offre rien, mais absolument rien, de
« ce qui est la condition essentielle du cheval de ser-
« vice tel que nous devons le désirer. Ses qualités
« absolues même sont en ce sens de véritables défauts,

« en raison de leur propre exagération. Cette énergie
« portée à un si haut degré, mais si fugace, qui est la
« condition d'une vitesse excessive obtenue au détri-
« ment du fond de ce que Youatt appelle *l'endurance*,
« première qualité du cheval de service, cette énergie
« est pour les produits du cheval de course un fu-
« neste présent. »

« Il est vraiment regrettable qu'un ouvrage qui,
lorsqu'il sera terminé, datera de 1864, qu'un ouvrage
de tant de valeur dans presque toutes ses parties,
contienne des appréciations qui ne peuvent provoquer
que le sourire chez les hommes compétents, tout en
accréditant chez les ignorants des préjugés surannés.
C'est donc avec peine que nous voyons dans *le Livre
de la ferme*, un travail important traité par un écrivain aussi visiblement hostile aux choses du turf,
par un homme qui dit que le cheval de course
est *grêle et efflanqué*. Il est cependant reconnu
que la qualité des os et des tendons est supérieure
chez le cheval de pur sang; qu'en outre les membres de ce dernier sont rarement d'une largeur
moindre que celle d'un cheval appartenant à une
race légère autre que le pur-sang. C'est une expérience que nous avons faite plus d'une fois, de
mesurer les canons d'un demi-sang avec ceux d'un
pur-sang anglais ou d'un arabe, résultat qui, presque
toujours, a été à l'avantage de ces derniers. Ce qui
souvent fait illusion aux yeux de l'observateur super-

ficiel, c'est la masse de poils épais qui recouvre les
membres du cheval plus commun, tandis que chez
le cheval de pur sang une peau tendue garnie d'un
poil court et fin vient alléger à l'œil la largeur du
membre. Quant à l'épithète surannée d'*efflanqué*, elle
nous surprend encore davantage, puisque l'expression ne correspond pas même à une idée. Toutes
ces choses, nous n'avons pas la prétention de les
apprendre à la plus grande partie de nos lecteurs,
mais nous pensons que notre devoir est de ne laisser
échapper aucune occasion de défendre les principes
sur lesquels nous basons toute amélioration de l'espèce. Nous tenons essentiellement, comme on a
pu s'en convaincre depuis que la partie hippique
de cette feuille nous est confiée, à combattre les doctrines de nos adversaires, et à appeler la discussion
sur les sujets offrant matière à controverses. Du
choc des idées jaillit la lumière, et c'est à ce titre
que nous entrons dans la voie de la polémique.

« Maintenant, répondons à ce reproche fait à nos
reproducteurs de ne pouvoir créer de bons chevaux
de troupe. Tout autant que M. Sanson, et depuis longtemps déjà, nous avons manifesté notre admiration
pour le barbe, ce compagnon de nos spahis et de nos
chasseurs. Nous avons célébré ses hauts faits en Crimée, lorsqu'à Balaklava nos escadrons venaient au
secours des héros qui trouvèrent la mort dans cette
fameuse charge qui peut bien venger la cavalerie de

nos alliés des reproches que lui adresse l'écrivain du *Livre de la ferme*. Nous savons que le cheval algérien l'emporte sur les chevaux des autres races par la rusticité, la sobriété, et la résistance à la fatigue et aux privations de toutes sortes. Mais il faut bien convenir que le barbe est trop petit pour faire tout autre service que celui de la cavalerie légère, et il nous faut aussi des chevaux de grosse cavalerie, des carrossiers et des chevaux de chasse. Eh bien, où en trouverons-nous de comparables à ceux que nous fournit la Grande-Bretagne? Qui a produit ces hunters admirables, qui, à la suite de la meute, franchissent à grand train et sautent, sous des poids énormes, murs, barrières, talus et ruisseaux? Qui produit ces carrossiers en même temps si forts et si élégants que vous voyez traînant si facilement et d'un trot aisé, cadencé, les lourdes voitures des grandes dames de l'Angleterre? Qui produit ces magnifiques chevaux de phaëton, que vous rencontrez traversant les parcs de Londres, à des allures si élevées et si vives? Qui produit ces steppeurs, et si amples et si distingués, que vous voyez arrêtés aux portes des clubs de la fashion, attelés à un cabriolet, et dont *Alexandre*, le steppeur de M. le comte Guy de la Tour du Pin, le cheval gris de M. le comte de Mongommery, et, depuis encore, le puissant cheval bai de M. le vicomte de Lauriston étaient les vivantes images! Qui produit ces ravissants hacks sur lesquels les amazones d'Al-

bion défient en grâce et en hardiesse les plus célèbres
de leurs émules, si ce n'est l'étalon de pur sang, le
cheval de course, non pas les West-Australian, les
Flying-Dutchman, car leurs services sont trop précieux
pour les répandre ainsi, mais bien leurs frères, leurs
rivaux moins heureux dans la lice? Qui ne se souvient
des deux chevaux alezans américains de feu le colonel
Thorn, qui, par leur beauté, leur force, leurs actions,
sont restés comme des types dans l'esprit des ama-
teurs? Eh bien, l'un était fils de *Young-Eclipse* et
l'autre de *Duroc*, deux étalons de pur-sang, qui, après
avoir couru en Angleterre avaient été importés en
Amérique! Les chevaux de calèche du vicomte Oné-
sippe Aguado, que chacun admire aux Champs-Élysées, n'accusent-ils pas bien haut une noble origine,
en même temps qu'ils sont une réponse sans réplique
à ceux qui prétendent qu'il y a dégénérescence dans
la race?

« On viendrait nous dire maintenant que « loin
« d'être un encouragement à l'amélioration de l'espèce
« chevaline, les courses, envisagées comme moyen de
« favoriser la production d'étalons, capables de per-
« fectionner cette espèce par le croisement, n'ont
« jamais conduit et ne peuvent conduire qu'à des ré-
« sultats désastreux! » Nous ne pouvons laisser s'ac-
créditer de semblables opinions sans y répondre, et
cela, comme nous le faisons, par des faits éclatants,
tels que ceux que nous venons d'énumérer. Nous répé-

terons donc en finissant : en dehors du reproducteur de pur sang, de celui dont les membres, la poitrine, les muscles auront été éprouvés, et par la lutte et par l'entraînement qui les prépare, il n'y a aucun moyen de régénérer nos races légères abâtardies. Que ceux qui connaissent d'autres procédés les proposent et nous les discuterons. »

ENCORE LES STEEPLE-CHASES DE L'ADMINISTRATION

(*Le Sport* du 24 décembre 1862).

« La lettre adressée aux préfets par M. le directeur général des Haras, et que nous avons reproduite d'après *le Moniteur*, dans notre dernier numéro, explique le but que se propose l'administration par la nouvelle réglementation des steeple-chases. Nous ne reviendrons pas sur l'esprit et les conditions du nouvel arrêté, nous voulons seulement répondre à une phrase de la lettre aux préfets où se trouve exprimée une opinion en désaccord avec les principes admis de tout temps par les autorités compétentes, notamment par la *Société d'encouragement*, dont nous partageons, comme on le sait, les doctrines. Le document en question dit, en parlant des steeple-chases : « La « première catégorie réservée aux productions de pur « sang a pour but de favoriser une classe d'étalons

« et de juments *ayant une valeur plus positive pour*
« *l'amélioration de nos races.* » Si nous relevons cette
déclaration tout à fait subversive, c'est qu'elle érige
en principe ce qui n'est qu'une théorie tout à fait
individuelle, et nous osons le dire, nullement sanction-
née par les faits.

« En effet, la lettre semblerait admettre qu'une
catégorie spéciale de reproducteurs va surgir de terre
comme par enchantement ; que des chevaux possédant d'autres caractères que ceux des héros du turf,
vont se produire au grand jour des steeple-chases ;
que ces animaux auront des qualités qu'ils transmet-
tront à leur descendance, et que développera l'institution qu'on qualifie de nouvelle, mais qui n'est que
renouvelée, non des Grecs, mais de l'ancienne administration. Il suffit d'exposer une pareille thèse pour
qu'elle soit condamnée. Les Anglais, qui cependant
possèdent des races réunissant tous les avantages qu'on
peut souhaiter aux nôtres, n'ont jamais, que nous
sachions, attendu des steeple-chases la création de
types plus parfaits. Et ce ne sont pas des chevaux de
steeple-chases, mais bien tout simplement des chevaux de courses plates qui ont produit leurs steeple-
chases et leurs hunters.

« La pensée qui a inspiré le document dont nous
parlons est développé plus loin en ces termes : « Les
« poids élevés, les longues distances, les obstacles
« assez rapprochés, doivent être en évidence, parmi

« les produits de race pure, un certain nombre de
« sujets brillant moins par la vitesse que par une
« conformation puissante, par le fond. » Et cependant
le plus fameux de nos chevaux de steeple-chases,
avait-il réellement une construction herculéenne?
N'était-il pas, au contraire, très-léger, mince dans
presque toutes ses parties? Son encolure elle-même
n'était-elle pas plus courte que celle des chevaux de
pur sang en général? Enfin, sans manquer à la mémoire du célèbre *Franc-Picard*, ne peut-on pas dire
qu'il était tant soit peu *ficelle*? Qu'on ne vienne pas
nous dire qu'il était une exception à la règle, car nous
pourrions en citer d'autres, telle que *Lady-Arthur*,
par exemple, auxquels on pourrait faire le même reproche.

« Comme nous l'avons déjà dit ailleurs, les steeple-
chases, par leur nature même, par les obstacles de
toutes sortes, les péripèties qui sont de leur essence ne
permettent pas de juger de la *valeur absolue* d'un cheval. La *Société d'encouragement* s'appuyant de l'autorité des Anglais, nos maîtres en ces matières, a reconnu que la course plate seule devait être considérée
comme le *criterium positif* des qualités du reproducteur ; aussi s'est-elle toujours abstenue de patronner
les steeple-chases. Nous ne venons pas aujourd'hui
combattre ce genre de luttes ; bien au contraire, nous
souhaitons ardemment la réussite des sociétés particulières qui les organisent ; nous ne venons non plus

faire opposition aux steeple-chases créés par les Haras, et surtout à ceux de la seconde catégorie, qui peuvent être considérés comme des encouragements à une meilleure éducation de nos chevaux de commerce. Nous avons seulement voulu dégager les principes de toute confusion, et empêcher que la fantaisie n'empiétât sur leur domaine. »

ORGANISATION ACTUELLE DES COURSES JUGÉE PAR
M. GAYOT
(*Le Sport* du 24 décembre 1862).

« Les journaux d'agriculture, qui ne peuvent rendre compte de toutes les courses, sont dans l'usage d'en publier à la fin de chaque année un compte rendu général. Le *Journal d'agriculture pratique* ne manque jamais à ce devoir, et on doit s'en féliciter, car il montre par là l'importance qu'il attache à l'institution des courses. C'est M. Gayot qui se charge de cette besogne. Le dernier numéro de la feuille de M. Barral contient l'article dont nous voulons parler.

« Bien qu'il ne puisse entrer dans le cadre du travail de l'ancien directeur général des Haras de donner une appréciation des mérites de chevaux pour la plupart inconnus au lecteur auquel il s'adresse, de les classer, en un mot, comme doit le faire un organe spécial du turf, il n'en est pas moins vrai que de mettre complétement dans l'oubli les éleveurs les plus méritants et de passer sous silence les noms des célébrités de l'hippodrome qui demain seront livrées au pays comme reproducteurs, nous semble une faute et une inconséquence. Il ne serait peut-être pas tout à fait indifférent aux agriculteurs d'apprendre que l'élevage, en ce qui concerne la race dite de pur sang, a fait chez nous des progrès tels que la France peut lutter maintenant avec l'Angleterre; de savoir que, grâce à l'initiative, si heureusement couronnée de succès, de quelques-uns de nos éleveurs, les produits français ont recueilli cette année, sur les hippodromes d'outre-Manche, des lauriers nombreux, se traduisant par une somme s'élevant à 225,000 francs environ.

« M. Gayot n'en juge pas ainsi, et, loin de reconnaître nos succès et nos progrès, il affirme que nos courses sont singulièrement rapetissées, hélas! « par « les résultats qu'elles donnent à la production gé- « nérale. » Il semble aussi narguer la nouvelle administration des Haras, qui, « payant sa bien-venue à la « Société du Jockey-Club, bientôt revenue de la pa- « nique qui l'avait saisie en apprenant que les Haras « n'avaient point été sacrifiés à ses intérêts, » allouait aux courses de plus larges encouragements : cette part qu'on fait aux éleveurs de chevaux de pur sang, « hors de toute proportion avec la somme des avan- « tages qu'ils pourraient rapporter à la cause com-

« mune, *alors même que celle-ci deviendrait sérieu-*
« *sement l'objet de leurs patriotiques efforts.* »

« L'esprit chagrin de M. Gayot s'en prend à tous
et à toutes choses. Personne et rien ne trouve grâce
à ses yeux ; et l'administration, dans ce qu'elle fait de
plus intelligent et de plus méritoire, et la *Société*
d'encouragement, dans la poursuite de son but généreux et patriotique, et les éleveurs dans l'accomplisse-
ment de leurs travaux souvent les plus ingrats ; tous
également et à des titres divers s'attirent les foudres,
heureusement peu meurtrières, de l'auteur de l'article
en question.

« C'en est fait, les courses sont vouées aux criti-
ques malveillantes de l'écrivain du *Journal d'agri-*
culture pratique ; « leurs résultats accusent bien haut,
« depuis longtemps, l'inanité de l'institution, et, pis
« que cela, ses dangers. » Vraiment, c'est à n'y pas
croire ; mais passons. M. Gayot blâme ensuite la suppression des circonscriptions. Peut-être n'a-t-il pas
tout à fait tort en ce qui concerne les chevaux du Midi ;
mais quant à ceux de l'Ouest, les victoires souvent répé-
tées des écuries de MM. Leclerc, de Baracé, de Terves
et Robin sur le turf parisien ne permettent plus guère
de soutenir la thèse du partage hippodromique de la
France. D'ailleurs, les Sociétés des villes, les départements, les compagnies de chemins de fer peuvent
toujours mettre à leurs allocations les conditions qui
leur plaît, et qui, suivant toute apparence, reste-

ront favorables aux produits du pays. Il n'y a donc
pas là matière à tant de doléances. En revanche, on
donne, en passant, des applaudissements à la création de nouvelles courses au trot, qui tombent cependant devant l'indifférence du public, mais qui sont,
comme on le sait, un des dadas favoris de M. Gayot.
Ce dernier saisit cette occasion pour déclarer que
ces luttes avaient été longtemps abandonnées sous la
pression du Jockey-Club, qui, « pendant dix ans a
« si énergiquement et si malheureusement pesé sur
« les destinées hippiques du pays. » Voilà de quelle
façon le rédacteur de M. Barral rend hommage à la
vérité! Mais les flèches du *Journal d'agriculture pratique* ne sont pas comme celles du Parthe, et ne peuvent blesser personne!

« L'administration des Haras se voit également privée de l'encens qu'on eût si bien voulu lui prodiguer
si elle eût été plus docile à suivre les anciens erre-
ments : « Un peu moins de courses pour chevaux de
« deux ans, quelques handicaps de moins, et encore!
« ne constituent pas une réforme sérieuse et appré-
« ciable. » Un regard de complaisance sur les produits que faisait naître l'ancien directeur général (et
lesquels donc, s'il vous plaît?) font dire à ce dernier,
en parlant de certaines modifications apportées dans
les programmes : « Cela ne remit pas les chevaux du
jour dans la forme solide de ceux d'autrefois! » Les
Monarque, les *Fort-à-bras,* les *Palestro,* sont pro-

bablement des ficelles, n'est-ce pas, monsieur Gayot?
Passons encore !

« La fin de l'article s'attaque aux courses plates et
avec obstacles pour chevaux de demi-sang, telles
qu'elles viennent d'être organisées par la nouvelle
administration, l'allure de galop « n'étant pas la
spécialité de l'anglo-normand. » Il eût été plus juste
de dire qu'il y aurait folie à entraîner et à faire courir au galop des carrossiers; mais interdire à la
Normandie de produire des hacks ou des chevaux
de chasse, ne nous paraît nullement fondé. En
s'adressant aux étalons de pur sang pour opérer le
croisement avec la jument du pays plus ou moins
améliorée, on arrivera à la formation d'une nouvelle
souche douée des qualités qui font le cheval de guerre
ou de chasse. Donc, étant donnée l'existence de
ces chevaux, ou la possibilité d'en produire un plus
grand nombre, il est tout naturel qu'une administration soucieuse des progrès de l'espèce à l'amélioration
de laquelle elle doit travailler, cherche à atteindre
son but avec les moyens qui ont réussi ailleurs. Tous
les chevaux de steeple-chase ou les hunters d'Angleterre ne sont pas de pur sang, que nous sachions, et
cependant ils galopent longtemps, certains même
aussi vite que ceux qui le sont, pour une petite distance, bien entendu. En est-il résulté pour ceux-ci
« l'étiolement et la ruine? » Nous ne le pensons pas.
D'ailleurs, ces courses ne sont pas établies seulement

en Normandie, l'Anjou, la Bretagne auront aussi leurs steeple-chases pour chevaux indigènes, et nous nous en félicitons.

« Que M. Gayot nous dise qu'il est dangereux pour l'administration de s'occuper de tant de choses à la fois, parce que qui trop embrasse mal étreint; que c'est entrer dans une voie de dépenses et d'obligations ruineuses; que c'est engager l'État dans une responsabilité dont on peut un jour venir demander compte, si le succès ne l'a pas justifiée; que c'est exposer les éleveurs à des déceptions fâcheuses le jour où l'exagération du système amènerait, comme il arrive toujours, une réaction qui ferait rentrer les Haras dans des limites plus étroites, en leur assignant le seul rôle qui leur convienne, celui de l'intervention indirecte; qu'on répète toutes ces choses et bien d'autres encore, c'est une autre thèse et qu'on peut parfaitement soutenir à plus d'un point de vue. Mais que l'industrie chevaline ne puisse faire un pas en avant, qu'elle soit clouée sur le degré que M. Gayot et les siens n'ont pu lui faire franchir, voilà ce que nous ne pouvons admettre et ce que personne n'admettra.

« En dépit de certaines prédictions sinistres, fruit d'un mécontentement mal déguisé, nous n'hésitons pas à prédire à notre production chevaline, dans un temps plus ou moins rapproché, les destinées prospères auxquelles la convient l'intelligence et les efforts de nos éleveurs les plus méritants, les encouragements de l'État et la fertilité du sol de notre patrie. »

LE RAPPORT DE L'ADMINISTRATION DES HARAS POUR L'ANNÉE 1862.

(*Le Sport* du 14 janvier 1863).

« C'est pour la seconde fois que M. le directeur général des Haras vient exposer le compte rendu de ses travaux. Nous sommes heureux de constater aujourd'hui des tendances vers le progrès, et à la lecture du rapport il est aisé de voir que l'administration revient à une juste appréciation de la situation. Enfin les doctrines de liberté, soutenues jusqu'ici par nous, sont pleinement acceptées.

« Disons d'abord que le rapport est court, trop court même ; nous eussions désiré aussi un exposé plus complet des principes qui guident l'administration dans son entreprise d'amélioration de nos différentes races. Il y a là-dessus beaucoup à dire, car la chose n'est pas toute simple.

« D'après ce que nous voyons autour de nous, la phase des expérimentations n'est pas finie. Ce n'est pas que nous désapprouvions absolument les essais lorsqu'ils n'ont pas encore été tentés et qu'ils s'accordent avec les principes physiologiques et les conditions constitutives du sol et celles de sa culture, mais

14

il serait à désirer qu'on nous fît part de ces tentatives.
Par exemple les Haras ont acquis cette année des étalons de gros trait des races anglaises ; eh bien ! il
eût été bon de nous expliquer dans quel but. Car enfin lorsqu'on a recours à l'opération du *croisement*,
c'est que les races qu'on a en vue d'améliorer par ce
procédé, ne possèdent point en elles d'éléments qui
permettent leur amélioration par la *sélection*. Dans le
cas contraire, cette pratique n'atteindrait pas son but.
Ce à quoi l'on doit viser, c'est d'une part à la conservation des races pures, lorsqu'elles répondent à un
besoin général et qu'elles procurent bénéfice à ceux
qui les entretiennent, et de l'autre à la transformation de celles qui ne se trouvent pas dans ces conditions. Pour ne parler que du croisement de nos races
de trait avec celles de l'Angleterre, nous nous élevons énergiquement contre cette tendance manifeste.
Nous maintenons que nos percherons et nos boulo-
nais forment des races parfaitement fixes, possédant
des qualités qui les font rechercher par l'Europe entière ; qu'aucune autre race ne peut leur être préfé-
rée ; que les suffolk et clydesdales, notamment, leur
sont de tous points inférieurs ; qu'en conséquence,
l'intérêt des consommateurs aussi bien que celui des
éleveurs exige impérieusement que les animaux importés dernièrement d'outre-Manche ne soient employés que là où il n'existerait pas de race de trait fixe.

« Ici le directeur général aborde la question de débouché, et l'idée qu'il émet est tellement conforme à ce que nous soutenons, à ce que nous avons toujours dit, que nous ne pouvons mieux faire que de citer de nouveau cette phrase : « Aucune protection n'est plus « féconde que celle du commerce. La production et « l'emploi du cheval de luxe, acheté à des prix rému- « nérateurs , encourageront , développeront bien « mieux l'industrie, assurant par cela même, *d'une* « *manière bien plus certaine*, la création d'un cheval « de guerre, que n'ont pu le faire pendant longtemps « les deux seuls protecteurs *à budget limité : la Re-* « *monte et les Haras.* » Cette idée, exprimée déjà par d'autres hommes placés à des points de vue diffé- rents vient à l'appui de nos doctrines, et cette décla- ration ranime nos espérances; aussi, plus que jamais poursuivrons-nous notre but, sans nous écarter d'une ligne du programme que nous nous sommes tracé. Notre ardeur n'a jamais faibli, mais, encouragés par ces lignes du directeur général : « c'est à favoriser *la* « *concurrence* et le débouché, base indispensable de « toute industrie, que doivent tendre tous les efforts « de l'administration ; » nous aimerons, disons-nous, à suivre cette dernière dans ses vues nouvelles d'é- mancipation, lui prêtant le concours bien limité, et désintéressé de notre plume.

« Comme on le voit, cet « ensemble de mesures « précises et pratiques » dont parle le rapport, aurait exigé quelques commentaires.

« Le rapport dit que « ce n'est pas dans leur infé-
« riorité, mais dans leur mauvaise éducation, qu'il
« faut rechercher les causes de défaveur qui frappent
« nos chevaux indigènes. » Ceci est, à notre avis,
trop absolu. Nous n'ignorons pas que quelques beaux
et bons chevaux sortent annuellement des pâturages
de la Normandie, de l'Anjou, de la Bretagne, du Limousin et de la plaine de Tarbes ; mais les chevaux
propres au service de luxe, dans quelle proportion fi-
gurent-ils dans l'ensemble de la population ? Combien
compte-t-on de carrossiers normands dans les écuries
du Louvre, par exemple, malgré l'extrême désir du premier écuyer de l'Empereur de favoriser nos éleveurs ?
Combien de chevaux de chasse français atteignent les
mérites des hunters de nos voisins ? Combien de chevaux de service sont susceptibles par leur construction d'être attelés ou montés ? Combien en produi-
sons-nous pouvant être comparés aux roadsters du
Norfolk ? Oui, certes, la mauvaise éducation est pour
beaucoup dans notre infériorité, mais là seulement
n'est pas le mal, il est aussi dans la construction,
dans le manque absolu de distinction, de longueur et
de rectitude dans les lignes. M. le baron de Curnieu
dit à ce propos, en parlant de certains chevaux français de demi-sang ayant fait leurs preuves : « Leur
« rareté prouve la difficulté de les vendre ; car, si leur
« écoulement eût été facile, on se fût efforcé d'en
« créer davantage. » Ceci nous paraît tout à fait inad-

missible ; car, enfin, pourquoi le beau et bon cheval
français ne trouverait-il pas d'acquéreur ?

« Quant au cheval pur sang, il est, en effet, comme
le reconnaît le rapport « à l'apogée, il lutte à chance
« égale avec le cheval anglais, et les produits de nos
« étalons français de pur-sang atteignent des prix fa-
« buleux. » Nous partageons aussi les espérances du
directeur général, et nous pensons avec lui qu'un jour
viendra où les dérivés de ce type améliorateur hérite-
ront plus uniformément des qualités de leurs pères.

« Le rapport constate les progrès qui auraient
surgi des nouvelles mesures prises par l'administration : « Du haut de l'échelle jusqu'au bas, dit-il, un
« progrès très-appréciable s'est produit depuis deux
« ans, aussi bien dans l'élevage des chevaux de pur
« sang, que dans celui des chevaux de demi-sang et
« des races secondaires. » Cependant, en supposant
excellents les moyens employés, il serait encore complétement impossible de constater leur efficacité, puisqu'il faut au moins cinq ans pour faire naître et élever
un cheval, et que la nouvelle administration ne
compte encore que deux ans d'existence. « Quels que
« soient donc les sentiments sympathiques ou hos-
« tiles, dit encore M. de Curnieu, avec lesquels on
« examine un fait hippique quelconque, le plus gi-
« gantesque haras, ou l'élevage d'un seul poulain par
« an, il faut, avant de porter un jugement définitif et
« sensé, attendre que le premier résultat, c'est-à-dire

14.

« le premier cheval, soit arrivé à son complet déve-
« loppement. » On sait aussi qu'en ce qui concerne
les chevaux de pur sang, le mouvement ascensionnel
date du succès de *Jouvence* en Angleterre.

« Nous aimons à rendre cette justice à M. le directeur général, que, dans les limites de son budget, il
ne néglige rien pour encourager les éleveurs. En retour de ces encouragements, qui seront de beaucoup
augmentés, lorsque l'État n'interviendra plus directement dans la production, le directeur général exhorte
les éleveurs à « préparer leurs produits dans des con-
« ditions que tout consommateur est en droit d'exi-
« ger. » Ces conseils, il faut que MM. les officiers
des Haras les répètent sans cesse dans leurs tournées.
N'auront-ils pas toutes sortes de droit à les faire
écouter et suivre, lorsque leurs avis seront accompagnés de primes sérieuses?

« Éclairer et encourager l'éleveur, tel est le rôle
important qui appartient à l'administration. Que cette
dernière soit bien persuadée que l'éleveur est, dès
aujourd'hui, en mesure de « revendiquer son initia-
« tive » et qu'il accueillera avec reconnaissance tous
les actes du directeur général qui tendront à l'émancipation de l'industrie chevaline. »

———

Bien que l'article suivant inséré par nous dans *la
Presse* du 25 mai 1863, ne se rattache pas directe-

ment à la question des haras, la matière qu'il traite y
touche cependant assez pour que nous croyions le
donner ici.

LE CHEVAL FRANÇAIS.

« Il y a peu de temps, le général Fleury adressait
à l'Empereur un rapport qui a fait sensation dans les
pays d'élevage. Quoique le lendemain même de la publication de ce document au *Moniteur* nous ayons en
quelques lignes applaudi à la pensée patriotique qui
l'avait inspiré, nous revenons aujourd'hui, où l'espace nous le permet, sur un acte destiné à donner
l'élan à une branche importante de notre agriculture.

« Le premier écuyer de l'Empereur annonce qu'il
achèterait désormais en France la plus grande partie
des chevaux nécessaires aux différents services des
écuries impériales. Déjà, le premier empire et la Restauration ne se remontaient que dans le pays, et on
dut en grande partie à cette mesure les progrès constatés alors. Sous la monarchie de Juillet et depuis,
les exigences du luxe ayant augmenté, les voyages,
plus fréquents que par le passé, ayant enfin permis
d'apprécier les qualités des chevaux anglais, le commerce abandonna nos marchés pour porter son argent
chez les étrangers, plus avancés que nous dans l'art de
l'élevage. Il en résulta que les éleveurs, ne trouvant

pas d'autre débouché que l'administration des remontes de notre cavalerie, dont les prix ne sont pas
suffisamment rémunérateurs, négligèrent tout naturellement une production peu avantageuse.

« Nous ne dirons pas les moyens employés avec
plus ou moins de succès depuis trente ans pour améliorer la situation ; les lecteurs de *la Presse* en ont
été plus d'une fois instruits par nous dans ces dernières années, mais nous constaterons que les sommes dépensées dans ce but par l'État n'ont pas produit les résultats attendus par quelques-uns, mais que
pour notre compte nous avons presque toujours combattu. Aujourd'hui, on s'aperçoit de la stérilité de
certaines institutions, des vices de certains systèmes,
et on semble vouloir revenir à des notions économiques plus justes et plus en harmonie avec les tendances et les nécessités de notre époque.

« Le général de cavalerie placé à la tête des Haras
de l'État depuis leur organisation, a mis tout en œuvre pour réaliser le bien qu'il espérait des mesures,
des essais que lui suggérait l'ambition naturelle de la
réussite d'une tâche jugée par nous, dès le début,
impossible à mener à bonne fin. Rien cependant n'a
été épargné, intelligence, capitaux, activité, tout a
été mis par le directeur général des Haras au service
d'une institution qu'on eût voulu rajeunir. Mais
l'édifice est miné par la base, et le recrépissage
dont on a couvert ses murailles ébranlées n'en

arrêtera pas la chute. Le premier écuyer de l'Empereur le comprend si bien qu'il cherche à venir en
aide au directeur général des Haras en ouvrant une
nouvelle voie aux encouragements, qui seuls peuvent
entraîner les éleveurs à de meilleures pratiques. Prix
de courses, primes aux reproducteurs et achats réguliers pour les écuries impériales; tel est le programme national et libéral du général Fleury, auquel
nous nous rallions complétement.

« *Le Moniteur* publiait quelques jours après l'in-
sertion du rapport du général Fleury à l'Empereur,
un travail dont le but évident est de mettre en relief
le cheval français. Malheureusement, en voulant trop
prouver, les articles de M. Houël ont produit l'effet de
ces affiches qui, promettant monts et merveilles, fri-
sent parfois la mystification. M. Houël est l'un de nos
hippologues les plus instruits; mais la logique n'est
pas de son domaine, et les conclusions de l'inspecteur général viennent presque toujours étonner le lecteur sans le convaincre.

« Le thème de M. Houël est celui-ci : « que la
« France possède toutes les espèces de chevaux aptes
« aux services les plus divers et propres à satisfaire
« le luxe le plus exigeant; que si le commerce va en
« Angleterre opérer ses achats, c'est qu'il obéit à la
« mode; qu'il y a ignorance de la part des acheteurs
« qui ne veulent pas ouvrir les yeux à la lumière, e
« reconnaître que les chevaux qu'ils rejettent valen

« autant et souvent mieux que ceux qu'ils vont cher-
« cher à l'étranger. » Il suffit de citer de semblables
exagérations pour qu'elles soient réfutées, exagérations d'autant plus fâcheuses, qu'en provoquant la
réaction, elles vont à l'encontre du but qu'on se pro-
posait.

« Certes, notre intention n'est pas, en répondant
aux articles de M. Houël, d'éloigner du cheval fran
çais les acheteurs de bonne volonté ; nous avons, au
contraire, donné toute notre approbation, ici même
et dans le journal *le Sport*, à l'intention manifestée
par le premier écuyer ; mais nous ajoutons que, si
nous applaudissons chaleureusement à cet acte patriotique, c'est que ses résultats seront en même temps
une grande preuve d'abnégation de la part du souverain. En effet, maintenir l'effectif des écuries du Louvre dans l'état actuel en n'admettant que des chevaux
français, est une impossibilité radicale. Le général
Fleury a su , par ses connaissances spéciales, son
goût parfait, donner au service qu'il dirige, un cachet
de distinction qui se révèle dans les plus petits détails de la tenue des écuries et de leurs dépendances,
dans les attelages, principalement dans ceux des voitures de gala, qui n'ont point d'égaux en Europe.

« Certes, la Maison de l'Empereur et les particuliers qui suivront son exemple pourront trouver en
France d'excellents chevaux ; la Normandie fournira
tout d'abord quelques carrossiers pouvant rivaliser

avec ceux du Yorkshire; la Vendée, l'Anjou et la Bretagne donneront immédiatement des chevaux de chasse remarquables, qu'aucun *hunter* d'outre-Manche ne pourra battre aisément dans un laisser-courre du Bocage ou de la Mayenne, par exemple. Mais nous disons qu'au début, les chevaux qu'on rencontrera dans les conditions que nous indiquons seront des exceptions. Toutefois, plein de confiance dans les ressources si variées de notre pays, nous n'hésitons pas à prédire que l'impulsion que va recevoir la production par la réalisation de l'idée heureuse du premier écuyer de l'Empereur, conduira l'élevage par la meilleure de toutes les voies, celle de la libre concurrence, à la prospérité d'une industrie encore fort arriérée. »

SUPPRESSION DE QUATRE DÉPÔTS D'ÉTALONS IMPÉRIAUX.

(*La Presse* du 5 octobre 1863.)

« *Le Moniteur* du 9 septembre contenait un rapport important du directeur général des Haras au ministre de la Maison de l'Empereur, qu'il ne nous a pas été loisible d'apprécier jusqu'ici. Depuis, et à la suite d'un rapport du ministre, l'Empereur a sanctionné les idées émises dans les documents dont nous parlons, en décrétant la suppression des dépôts d'étalons de Paris, d'Abbeville, de Charleville et de

Saint-Maixent. Ce fait ne vient pas seulement donner gain de cause aux opinions émises depuis trois ans par *la Presse* sur la question si controversée de la production chevaline en France ; il sera le point de départ d'une situation toute nouvelle où les idées de liberté commerciale sont appelées à triompher désormais. C'est ce triomphe, bien plus que celui de nos idées, que nous venons enregistrer.

« Le directeur général des Haras vient en effet de faire, comme il le dit lui-même, « un pas en avant dans la voie de transformation » qu'il avait mission de suivre. Il a compris que l'augmentation des établissements de l'État était chose fort coûteuse. Il a compris que le système suivi jusqu'ici devenait insuffisant, nuisible même aux intérêts de tous. Il a compris que l'industrie particulière ne pouvait prospérer là où se trouvait une administration placée en dehors de toutes les conditions ordinaires de l'industrie. Il a compris que l'État ne pouvant à lui seul assurer le renouvellement de la population chevaline, les particuliers devaient être appelés à le seconder. Pénétré de ces vérités, le général Fleury a résolu de mettre à exécution le plan que *la Presse* a plus d'une fois proposé dans ces dernières années ; il a résolu, disonsnous, de substituer aux mots *intervention directe*, les mots *intervention indirecte !* Il s'est pénétré de cette vérité que les encouragements que les primes sous toutes les formes, que les courses étaient les

moyens les plus sûrs et les moins onéreux au Trésor
pour arriver à ce but : l'amélioration de l'espèce. Il
s'est donc mis résolûment à l'œuvre, et, après s'être
rendu compte par lui-même de l'état des choses à
la suite de nombreux voyages dans le pays d'élevage,
il inaugure aujourd'hui franchement l'ère des encouragements.

« Entré dans cette voie, le directeur général des Haras devait ou demander de nouveaux crédits au Corps
législatif ou emprunter des ressources à son budget
même. Comme nous l'avons dit, c'est en supprimant
quatre dépôts qu'il va trouver les fonds nécessaires pour
encourager les éleveurs à posséder des reproducteurs à
la fois meilleurs et plus nombreux. Toutefois, ce que
nous tenons à faire ressortir, c'est que cette suppression
n'est pas seulement une mesure financière, mais bien
un acheminement à la proclamation de cette vérité,
qu'il ne peut exister de bons étalons particuliers là où
résident ceux de l'État, ce dernier offrant à perte le
service de ses chevaux.

« Comme nos lecteurs le savent, il y a longtemps
que, pour nous, cette question est résolue ; mais, aujourd'hui, on peut dire qu'elle l'est aussi pour l'administration elle-même. Bien que la chose ne soit pas
explicitement annoncée, il n'en est pas moins clair
que le décret du 7 septembre veut dire suppression
complète des dépôts d'étalons dans un temps donné.
Cette époque, chacun la fixe déjà et au gré de ses désirs,

15

à une date plus ou moins rapprochée ; les mieux informés disent 1866.

« Quant à nous, et après avoir consulté quelques hommes compétents et intéressés dans la question, nous pensons que le mieux serait que l'administration des Haras se retirât successivement de toutes les contrées où l'industrie privée se déclare prête à lui succéder. A cette heure le pays qui peut le mieux marcher seul, c'est à coup sûr la Normandie. Le directeur général dit lui-même dans son rapport que deux étalonniers du Pas-de-Calais se disposent à posséder, à eux seuls, trente étalons ! Comment après une semblable déclaration, s'inquiéter de laisser sans lisières les éleveurs les plus avancés ?

« D'ailleurs, nous le répétons, l'opinion que nous émettons sur l'opportunité de l'abandon de la Normandie par les chevaux de l'État ne nous est pas personnelle. Nous l'entendions émettre, il y a deux jours, par le plus grand éleveur de la plaine de Caen. Un autre répondait, le lendemain, à un partisan de l'intervention directe qui lui demandait ce que deviendrait un étalon célèbre : « Mais je l'achèterais, à moins qu'un concurrent ne me l'enlevât ! » Cette phrase toute simple était une réponse victorieuse à ceux qui redoutent l'abandon complet du système actuel. Elle signifiait, en effet, qu'il se trouvera toujours des hommes pour engager leur argent dans une industrie lucrative. Cette réponse signifierait, en outre, que la

libre concurrence déterminerait elle-même et le prix
des étalons et celui de leurs services.

« Nous terminerons donc en félicitant sincèrement le directeur général des Haras de la mesure
qu'il vient de proposer, et nous nous réjouissons
que le ministre de la Maison de l'Empereur en ait
obtenu l'adoption. »

Nous ne pouvons mieux clore la série de nos propres citations qu'en reproduisant le passage de l'*Exposé* de la situation de l'Empire relatif aux Haras.
A chaque ligne on y rencontrera la glorification de
nos idées. La popularité qui commence à entourer
l'institution des courses, le bien qu'elles ont produit,
sont reconnus et mis en lumière. L'insuffisance de
crédit alloué aux primes données aux poulinières et
aux pouliches est également constatée. Il y est dit
aussi que l'État se bornerait désormais à accorder
aux nouvelles écoles de dressage qui viendraient à se
fonder une allocation en rapport avec leur importance. Là donc encore une plus grande initiative sera
laissée à l'industrie privée. L'économie notable qui
résultera de cette mesure permettra à l'administration
d'augmenter le nombre et la valeur des primes de
dressage, encouragement qui n'est pas sans importance.

Le passage le plus frappant du document officiel est

bien certainement celui-ci : « Examen fait de la situation, l'administration a pensé que le moment était venu de s'assurer de ce que pouvait faire l'*étalonnage privé, soutenu par des encouragements considérables, et n'ayant plus à redouter la concurrence de l'État.* »

Combien de fois n'avons-nous pas prononcé ces mots : concurrence de l'État, et que de diatribes ne nous ont-ils pas valu, non-seulement de la part de certains agents de l'administration, mais aussi de celle des défenseurs de l'intervention directe de l'État dans la production? Que de polémiques n'avons-nous pas soutenues dans le sens imprimé maintenant au mouvement hippique par le général Fleury? N'avons-nous pas été traités d'ennemi, de théoricien chimérique, d'utopiste, par ceux-là mêmes qui bientôt peut-être, en voyant le vent souffler de notre côté, oublieront nos combats, leurs opinions passées, afin d'en pouvoir arborer de nouvelles. Mais « ce qui est écrit est écrit, » et le chapitre des contradictions, qui ne sera pas le moins amusant et le moins instructif, viendra à son heure.

HARAS

(Extrait du *Moniteur* du 24 novembre 1863 :)

« Le mouvement hippique signalé en 1862 n'a pas cessé de se développer, et l'empressement avec lequel ont été suivies les réunions de toutes sortes tenues cette année témoigne suffisamment du bon effet des encouragements de l'État et de la faveur sans cesse croissante dont ces institutions jouissent dans le pays.

« Les courses semblent plus particulièrement avoir conquis les sympathies publiques, et il est peu de localités de quelque importance qui n'aient aujourd'hui leur hippodrome ou qui ne soient disposées à faire, avec le concours ou sous le simple patronage de l'État, tous les sacrifices nécessaires pour en posséder. En 1862 l'on comptait, en France, quatre-vingts champs de courses, recevant ensemble la somme de 1,180,770 francs. Ce nombre a été, en 1863, de quatre-vingt-dix, entre lesquels a été répartie une somme de 1,592,490 francs, ainsi décomposée :

« 1° Courses plates, 1,037,735 fr., dont 310,000 fr. donnés par l'État ;

« 74,500 francs donnés par l'Empereur ;

« Le surplus, 652,435 francs, provenant des libéralités de la Société d'encouragement de Paris, des sociétés de province, des villes et des départements. Dans ce dernier groupe, il faut comprendre le grand prix de 100,000 francs, couru pour la première fois à Longchamp, et dont les fonds ont été faits, de moitié, par la ville de Paris et les compagnies de chemins de fer ;

« 2° Courses à obstacles, 365,685 francs, savoir : 96,700 francs du gouvernement, et 268,985 fr.

accordés par les sociétés, villes, etc., etc. Il convient
de citer ici tout spécialement la Société générale des
steeple-chases de France, qui, instituée en 1863, a
débuté de la façon la plus brillante par la création
des courses de Vincennes ;

« 3° Courses au trot : 189,070 francs, sur lesquels
l'administration a fourni, à elle seule, 110,600 francs.

« Un arrêté ministériel a été pris, le 2 décembre
dernier, pour classer un certain nombre de steeple-
chases, et les soumettre à une réglementation uni-
forme. L'effet de cette mesure a été de consacrer offi-
ciellement un mode d'épreuves qui doit avoir pour
résultat de pousser à un meilleur élevage et de faire
ressortir la valeur des produits français comme étalons et comme chevaux de service.

« D'un autre côté, les courses militaires, timide-
ment essayées en 1862, ont pris cette année une plus
grande extension et ouvert un champ plus vaste à l'é-
quitation hardie. Cette création, introduite dans les
cours réguliers de l'École de Saumur, prépare dans
l'armée une pépinière de cavaliers qu'aucune autre
nation ne pourra désormais surpasser.

« Les poulinières et les pouliches de trois ans, de
demi-sang, ont eu à se partager en concours publics,
et dans cinquante-huit départements, la somme de
423,100 francs, dont 208,500 francs donnés par
l'État, et auxquels il convient d'ajouter 36,700 francs
pour les épreuves de pouliches primées. Dans les

comptes rendus adressés à l'administration sur toutes ces réunions, les jurys ont signalé de très-notables progrès, et, sur plus d'un point, l'on a regretté l'insuffisance des crédits alloués.

La faveur qui a entouré les écoles de dressage à leur naissance ne fait que s'accroître, et, comme pour les courses, le concours de l'État est vivement sollicité de toutes parts pour la création de nouveaux établissements. En présence de ce mouvement, aussi bien que pour des considérations de budget, l'administration a été amenée à se demander s'il n'y aurait pas lieu de laisser aussi sur ce terrain une plus grande initiative à l'industrie privée, et de se borner à accorder à chacune des nouvelles écoles qui viendraient à se fonder une allocation en rapport avec son importance et les services qu'elle pourrait rendre. C'est dans cet ordre d'idées qu'ont été créées les écoles de Bordeaux, de Tarbes, de Nantes, de Rennes, etc., etc., qui ne sont que des entreprises particulières subventionnées, et c'est ainsi également que devront s'organiser toutes les écoles qui s'établiront à l'avenir.

« Comme corollaire des écoles de dressage, et afin d'entretenir un courant constant dans la clientèle de ces établissements, l'administration a résolu d'accroître le chiffre des primes qu'elle distribue en concours aux chevaux dressés, et de multiplier en même temps les réunions. Ainsi la Normandie, qui, en 1862 et cette année encore, ne participait dans la répartition du crédit que pour une somme de 10,500 francs, recevra, en 1864, 31,500 fr., à distribuer au printemps et à l'automne, tant à Caen qu'à Guibray. Une augmentation analogue sera accordée dans d'autres centres hippiques, à Rochefort, Napoléon-Vendée, Pau, Tarbes, etc. Il n'est pas douteux que ce puissant stimulant ne détermine les éleveurs à présenter un plus grand nombre de sujets et n'amène un mouvement commercial plus actif.

« Le progrès constaté dans les différentes parties du service qui viennent d'être successivement passées en revue se fait aussi remarquer dans l'industrie étalonnière privée, non pas tant par le nombre, qui est à peu près égal à celui de 1862, que par la qualité et l'espèce des reproducteurs. En effet, l'année dernière, l'on ne comptait que 260 étalons de demi-sang pourvus du brevet de l'approbation ; en 1863, il y en a eu 371, recevant ensemble 180,550 francs. Par contre, et en conformité des principes qui la dirigent, l'administration s'est montrée plus réservée à l'égard des chevaux de trait, dont le débouché est depuis longtemps assuré : elle se borne à en primer l'élite, accordant libéralement, d'ailleurs, des médailles d'autorisation à ceux des reproducteurs de cette espèce jugés capables de concourir à l'amélioration.

« Examen fait de cette situation, l'administration a pensé que le moment était venu de s'assurer de ce que pouvait faire l'étalonnage privé, soutenu par des encouragements considérables, et n'ayant plus à redouter la concurrence de l'État. Un décret a été, en conséquence, soumis à la signature de l'Empereur, le 7 septembre dernier, pour la suppression de trois dépôts d'étalons : ceux d'Abbeville, de Charleville et de Saint-Maixent. Le choix fait de ces trois établissements était indiqué par les conditions économiques mêmes du milieu dans lequel ils étaient placés ; les uns et les autres luttaient vainement contre les intérêts des contrées qu'ils desservaient, et il était logique d'abandonner celles-ci à leurs propres forces.

« Le résultat de cette mesure sera, tout en primant largement aux mains des particuliers les étalons qui viennent d'être vendus, de réaliser une économie de moitié sur leur entretien. Sans demander de nouveaux crédits, l'administration va donc pouvoir étendre et compléter pour le moment le vaste système d'encouragement qu'elle a organisé dans les pays de production et d'élevage.

« D'un autre côté, l'expérience qui va être faite de ces suppressions partielles sera un utile enseignement ; et, suivant les conséquences qu'elles produiront, il sera facile de connaître, dans peu de temps, s'il n'y a pas lieu de laisser l'action privée ou l'association se substituer ailleurs à l'intervention directe de l'État.

« C'est ainsi qu'en marchant avec les tendances

15.

et les intérêts de chaque contrée, et en se retirant graduellement et loyalement devant l'industrie particulière, toutes les fois qu'elle offrira de sérieuses garanties, l'administration des haras remplira le nouveau programme de libre concurrence que le progrès des idées lui trace et lui impose. »

RAPPORT A SON EXCELLENCE LE MINISTRE DE LA MAISON DE L'EMPEREUR ET DES BEAUX-ARTS, PAR M. LE PREMIER ÉCUYER DE L'EMPEREUR, DIRECTEUR GÉNÉRAL DES HARAS.

« Monsieur le ministre,

« Appelé ces jours derniers en Normandie pour présider la commission d'achat des étalons, j'ai été à même de constater le bon effet produit dans ce pays par le rapport que j'ai eu l'honneur de vous adresser le 5 septembre dernier au sujet de la suppression de quatre établissements, et par le compte rendu des opérations de l'administration de 1865, publié dans le dernier Exposé de la situation de l'Empire.

« Dans l'opinion générale, la Normandie était la dernière contrée en France qui dût se montrer disposée à suivre l'administration dans son œuvre de transformation, tant on y a été habitué à toujours compter sur l'intervention de l'État dans tout ce qui tient, de près ou de loin à la question chevaline.

« Le mouvement que j'ai constaté, et qui tend à

se manifester partout, témoigne au contraire que, là comme ailleurs, les idées de progrès ont fait un rapide chemin.

« Des hommes honorables et spéciaux, offrant toutes les garanties désirables, m'ont, en effet, proposé de prendre à leur compte l'exploitation de bon nombre de stations jusqu'à présent desservies, dans les départements du Calvados, de l'Eure et de la Manche, par les dépôts de Saint-Lô et du Pin.

« En présence d'offres aussi sérieuses, qui vont entraîner bientôt de nombreux imitateurs dans toute la France, une double responsabilité incombe à l'administration. Si, d'une part, elle doit aux intérêts dont elle est la sauvegarde, de ne céder la place qu'avec la certitude d'être avantageusement et complétement suppléée, on comprendra, d'autre part, qu'elle doive aussi offrir à l'industrie particulière les garanties de sécurité qui permettent à celle-ci de mener à bien son entreprise.

« Au point où en sont encore les choses, il ne peut évidemment s'agir d'une réorganisation générale du servise des haras, puisque nous ne sommes encore que dans la première phase d'expérimentation du système ; mais il m'a paru que l'administration devait, dès à présent, faire connaître à tous sa règle de conduite, préciser dans quel sens elle entend opérer, tracer, en un mot, la voie qui doit conduire graduellement à la réalisation du nouveau programme.

« Dans cet ordre d'idées voici quelles seraient les dispositions qu'il me semblerait utile d'adopter et que j'ai l'honneur de proposer à Votre Excellence dans l'intérêt de l'État aussi bien que dans celui des particuliers.

« Art. 1er. Lorsque des particuliers isolés ou réunis en association demanderont à prendre une ou plusieurs stations, il sera mis en vente, aux enchères publiques, un nombre d'étalons impériaux correspondant à ces stations, avec indication de la prime d'approbation attachée au service de chacun d'eux.

« Art. 2. Ces reproducteurs devront être employés dans la station concédée par l'État ou dans une station choisie d'un commun accord dans les localités voisines.

« Art 3. Les acquéreurs de ces étalons ne pourront les revendre sans s'être concertés avec l'administration.

« Art. 4. Les acquéreurs d'étalons impériaux auront la facilité de leur adjoindre, dans les stations concédées, d'autres reproducteurs approuvés ou autorisés ; mais l'État n'entendant constituer aucun privilége, ni aucune restriction pour personne, toute liberté est laissée d'ouvrir d'autres écuries de monte, soit dans les localités mêmes fixées pour le service des étalons concédés, soit dans les localités voisines.

« Art. 5. Le payement des primes allouées n'aura lieu que sur la production de pièces justificatives du

service fait par les étalons, et d'après les règles suivies pour les autres étalons approuvés.

« Art. 6. Les acquéreurs d'étalons impériaux prendront par écrit l'engagement de se conformer de tout
point aux conditions du contrat de vente.

« Par les dispositions qui précèdent, l'administration répond à une des objections qui lui ont été faites
contre le nouveau système, à savoir que la plupart
des étalons mis en vente seront achetés, ou pour être
exportés hors des circonscriptions auxquelles ils appartenaient, ou pour être soumis au bistouri et devenir des chevaux de service.

L'exemple de ce qui s'est passé à la vente de l'effectif du dépôt d'Abbeville peut nous rassurer à cet
égard. Nous ne nions pourtant pas que cela ne pût
avoir lieu, et c'est pour parer à ce danger qu'il m'a
paru opportun d'imposer aux étalonniers les conditions que je viens de soumettre à votre appréciation.

« Une autre préoccupation a été celle du renouvellement, par l'industrie particulière, des reproducteurs achetés à l'État. On a dit : Nous admettons volontiers que l'administration trouve des acquéreurs,
tant qu'elle offrira à ceux-ci des facilités pour se procurer des étalons pris dans ses propres établissements; mais du jour où ces chevaux seront usés ou
ne pourront plus continuer leur service sans faire
craindre les effets de la consanguinité, est-on bien
sûr que l'industrie particulière consente à s'imposer

les sacrifices nécessaires pour les remplacer par d'autres de même ordre et de même valeur ?.

« Il se pourrait effectivement que l'étalonnier ne se sentît pas assez hardi pour mettre à l'achat d'un reproducteur d'élite le prix convenable ; et lors même qu'il aurait cette hardiesse, en aurait-il les moyens ? Mais ce que l'industrie, par timidité ou par impuissance, ne pourra tenter, l'administration peut s'imposer la mission de l'entreprendre.

« Voici le moyen pratique qui s'offre tout naturellement à la pensée : chaque année, le service des haras achète pour le renouvellement et l'entretien de ses établissements tous les étalons supérieurs qu'il croit utile de se procurer, soit en France, soit à l'étranger, et le crédit assez considérable affecté à ces acquisitions est un des encouragements les plus féconds qui soient offerts à l'élevage si dispendieux des reproducteurs de demi-sang et de race pure.

« Bien que, dans les conditions nouvellement faites, la remonte des étalons doive perdre de son importance en nombre, par suite de la réduction progressive des reproducteurs de l'État, l'administration continuerait néanmoins à attribuer le même crédit à ses acquisitions annuelles.

« Après avoir satisfait aux besoins plus restreints de l'effectif de ses dépôts, elle destinerait un certain nombre d'étalons de mérite à être vendus aux enchères publiques sur les points où des vides se seraient pro-

duits, là enfin où l'industrie réclamerait la création
de stations nouvelles. L'adoption de ce mode de protection, qui ne serait d'ailleurs que l'imitation d'une
mesure appliquée avec succès dans plusieurs départements, aurait de précieux et d'incontestables avantages.

« Il rassurerait d'abord les éleveurs de poulains et
les détenteurs de poulinières, si faciles à s'effrayer au
moindre bruit d'innovations, et en même temps que
cette intervention directe, sous une forme plus profitable, garantirait aux uns et aux autres la vente de
leurs produits, elle maintiendrait et fixerait dans le
pays le niveau supérieur de la production.

« Toutefois, cette mesure exceptionnelle ne serait
que transitoire, la durée de son application étant subordonnée au temps que l'administration mettrait
elle-même à accomplir son entière transformation.

« A ce moment, lorsque l'étalonnage se sera développé, qu'il aura donné la mesure de ses forces et de
sa vitalité, il deviendra possible de laisser à chacun
son initiative et de s'en tenir simplement au système
des primes qui restera, dans l'avenir, le seul mode rationnel d'encouragement.

« Tel est le mécanisme du nouveau programme. Il
ne s'agit pas, je le répète, d'en généraliser immédiatement l'adoption ; mais lorsque des offres sérieuses
seront faites, comme en Normandie, par des particuliers ou des associations, je demande que Votre

Excellence m'autorise à faire procéder à la vente du nombre d'étalons correspondant aux offres, sous la réserve des dispositions réglementaires énoncées au présent rapport.

« Lorsque, il y a trois ans, la transformation des haras, c'est-à-dire la remise des étalons aux mains des particuliers, a rencontré de si ardents adversaires, c'est que le terrain n'avait été nullement préparé, et l'abandon de l'intervention directe dans ces conditions fâcheuses eût constitué, je le reconnais, un véritable péril.

« La situation a bien changé depuis cette époque. Sous l'influence de mesures pratiques et d'encouragements multipliés, sous l'influence aussi des besoins du luxe toujours grandissants, non-seulement un grand mouvement hippique et commercial s'est produit dans toute la France, mais les idées libérales préconisées par l'Empereur lui-même dans toutes les circonstances solennelles ont fait faire un pas immense en matière d'industrie. Si dans les esprits prévenus ou timorés il restait quelque doute sur la valeur ou la force de l'initiative individuelle substituée à la tutelle de l'État, le triomphe du traité de commerce a répondu par cet enseignement saisissant : que le développement et la prospérité de toutes les entreprises doivent naître désormais de la lutte et de l'entière liberté.

« Je pense donc, monsieur le ministre, que le moment est venu pour l'industrie chevaline d'entrer sans secousse, mais sans appréhension, dans la voie de l'émancipation graduelle, et que l'expérience loyale et prudente à la fois que je demande à faire du nouveau programme, loin d'éveiller aucune crainte sérieuse, ralliera bientôt les suffrages de tous les éleveurs du pays.

« La signature de Votre Excellence au bas du présent rapport donnera force de décision aux dispositions qu'il renferme. »

UN RAPPORT DU DIRECTEUR GÉNÉRAL DES HARAS.

(*La Presse* du 27 novembre 1863).

« Hâtons-nous de le dire, le document qu'on vient de lire ne laisse aucun doute sur l'intention bien arrêtée du gouvernement d'abandonner, dans un temps rapproché, le vieux système de l'intervention directe pour entrer dans la voie de l'émancipation complète de l'industrie chevaline. Déjà ces tendances du directeur général des Haras vers les idées de liberté, préconisées par *la Presse* depuis quatre ans, s'étaient fait jour à plusieurs reprises dans ces derniers temps, comme nous l'avons constaté à chaque occasion. Mais le nouveau rapport du directeur général accuse encore plus nettement la situation dans le sens de nos opinions, que ne l'avaient fait le rapport du mois de septembre dernier et la partie de l'*Exposé* de la situation de l'empire, ayant trait au service des haras.

« Jusqu'ici les éleveurs ne savaient pas au juste à quoi s'en tenir sur les intentions de l'administration. Une incertitude nuisible aux intérêts de tous planait sur les esprits. A quelle époque la place sera-t-elle vacante, le terrain complétement libre ? Telle était la question que chacun s'adressait. Aujourd'hui, plus d'hésitation, plus de crainte à avoir. Le rapport nous dit que l'étalonnage privé pourra s'établir là où il le jugera convenable et quand il le voudra.

« Lorsque des particuliers, isolés ou réunis en as-
« sociation, dit l'article premier des mesures approu-
« vées par le ministre, demanderont à prendre une ou
« plusieurs stations, il sera mis en vente, aux en-
« chères publiques, un nombre d'étalons impériaux
« correspondant à ces stations, avec indication de la
« prime d'approbation attachée au service de chacun
« d'eux. »

« Comme on le voit, le général Fleury, tout en marchant progressivement et, pour ainsi dire, à pas comptés dans le chemin qu'il s'est tracé, rassurant ainsi les timides, les timorés, n'en laisse pas moins le champ ouvert, le terrain libre à l'industrie privée, à ceux qui ont confiance dans leurs propres forces.

« L'article suivant est de nature à prouver que les

étalonniers n'auront à redouter aucune entrave de la
part de l'administration : « Les acquéreurs d'étalons
« impériaux auront la faculté de leur adjoindre, dans
« les stations concédées, d'autres reproducteurs ap-
« prouvés ou autorisés ; mais l'État n'entendant con-
« stituer aucun privilége ni aucune restriction pour
« personne, toute liberté est laissée d'ouvrir d'autres
« écuries de monte, soit dans les localités même fixées
« pour le service des étalons concédés, soit dans les
« localités voisines. »

« Le rapport donne raison à nos prévisions, par
rapport à la Normandie. « Là, dit le général Fleury,
« le mouvement que j'ai constaté, et qui tend à se
« manifester partout, témoigne, au contraire, que là,
« comme ailleurs, les idées de progrès ont fait un
« rapide chemin. Des hommes honorables et spé-
« ciaux, offrant des garanties désirables, m'ont, en
« effet, proposé de prendre à leur compte l'exploita-
« tion de bon nombre de stations... »

« Le rapport ajoute que pour éviter toute cause de
perturbation dans les premiers moments de la pratique du nouveau système, « l'administration conti-
« nuera néanmoins à attribuer le même crédit à ses
« acquisitions annuelles. Après avoir satisfait aux be-
« soins plus restreints de l'effectif de ses dépôts, elle
« destinerait un certain nombre d'étalons de mérite
« à être vendus aux enchères publiques sur les points
« où des vides se seraient produits, là enfin où l'in-

« dustrie réclamerait la création de stations nouvel-
« les... Toutefois, cette mesure exceptionnelle ne
« serait que transitoire, la durée de son application
« étant subordonnée au temps que l'administration
« mettrait elle-même à accomplir son entière trans-
« formation. »

« En somme, si l'on excepte quelques conditions
restrictives imposées aux acquéreurs des étalons de
l'État, et qui sont encore empreintes de ce cachet de
réglementation dont nous avons peine à nous débarrasser dans ce pays où la bureaucratie joue un si
grand rôle, l'ensemble du rapport est rédigé dans un
sens essentiellement libéral et pratique. Quelques personnes se sont élevées devant nous contre les conditions gênantes dont nous parlons ; mais la mesure
n'étant que transitoire, cela ne nous semble pas
avoir grande importance. D'ailleurs, les étalonniers seront toujours libres d'acheter leurs chevaux ailleurs s'il ne leur convient pas d'accepter
ceux de l'État et les conditions auxquelles ils seront
vendus.

« En ce qui nous concerne, nous ne saurions trop
applaudir aux efforts que fait le directeur général des
Haras pour sauvegarder tous les intérêts : ceux de
l'armée, ceux du commerce et ceux de l'élevage ; et
nous ne doutons pas que le nouveau programme « ne
« rallie bientôt les suffrages de tous les éleveurs du
« pays. »

Voici ce que nous écrivions le 24 février 1864, dans *la Presse* :

LA QUESTION CHEVALINE AU SÉNAT.

« Sept pétitions relatives à l'administration des Haras et revêtues de deux cent vingt-huit signatures ont été adressées au Sénat par des éleveurs de la Meurthe, de l'Orne et du Calvados. Un rapport a été fait à MM. les sénateurs, au nom de la deuxième commission des pétitions, par M. Goulhot de Saint-Germain.

« Les pétitionnaires réclament contre le projet annoncé dans le dernier rapport au directeur général des Haras, et qui consisterait à supprimer complétement, dans un temps donné, l'action directe de l'État dans la production, et de la remplacer par l'intervention indirecte, c'est-à-dire par des primes et autres encouragements donnés aux étalonniers et aux éleveurs. On sait que ce système, qui est celui que *la Presse* propose depuis cinq ans, a déjà reçu un commencement d'exécution par la suppression de quatre dépôts d'étalons et de quelques stations isolées.

« Les pétitionnaires émettent en outre le vœu que l'administration des Haras soit réunie au département de la guerre.

« Avant d'entrer dans l'examen du rapport de la commission, il est bon de ramener à de justes proportions l'importance des pétitions en général. On sait, en effet, que rien n'est plus facile que d'organiser une manifestation quelconque de l'opinion. Il ne faut nullement s'étonner de voir une partie, même importante, d'une population protester contre ce qui se fait dans un sens ou dans un autre. Il y a partout aux champs comme à la ville, des hommes d'avant-garde et des rétrogrades. Dans la question qui nous occupe, quatre opinions bien distinctes se sont fait jour : 1° une opinion, c'est celle des deux cent vingt-huit pétitionnaires, qui demande qu'on retourne en arrière, qu'on revienne au monopole de l'État, aux réglementations caduques de toutes sortes ; 2° une opinion qui trouve que tout va pour le mieux actuellement : c'est la catégorie des satisfaits ; 3° une opinion qui voudrait que la production chevaline fût remise complétement aux mains de l'industrie privée et sans aucun secours d'argent de la part de l'État, sans encouragement d'aucun genre, sauf les courses, dont aucun homme de cheval ne peut demander l'abandon ; 4° enfin une opinion, et c'est la nôtre, qui pense que le mieux serait, pour le gouvernement, de supprimer immédiatement et dans toute la France, l'intervention directe, et de n'intervenir désormais qu'indirectement dans la production, c'est-à-dire au moyen de primes importantes.

« Ces différentes opinions se partagent les hippologues et les éleveurs. Jusqu'ici nous n'avons encore
vu que la manifestation de la première opinion. Il ne
serait nullement difficile de susciter les autres à faire
leur petit manifeste. Quant à nous, si cela était nécessaire, nous nous ferions fort de présenter un chiffre imposant de signatures pour appuyer nos aspira-
tions et nos vœux.

« La commission propose le renvoi de la première
partie des pétitions à M. le ministre de la Maison de
l'Empereur, et l'ordre du jour sur la deuxième. »

Quelques jours après, nous publiions un article
dans le même journal où nous combattions les doctrines de MM. les sénateurs. Mais la loi sur la presse
ne nous ayant permis de le faire que très-succincte-
ment et d'une façon générale, nous allons examiner
maintenant le rapport de M. Goulhot de Saint-Germain et la discussion à laquelle le rapport a donné
lieu.

Le rapporteur, tout en disant qu'il voulait « dégager la question de toute obscurité et la ramener à
des termes pratiques, » commençait par déclarer
que « l'industrie chevaline est une branche spéciale
qui ne peut être assimilée à aucune autre. » Il faut

avouer que c'est là une singulière façon de simplifier
les choses que de les présenter dans une sorte de jour
mystérieux, déclarant qu'on ne peut les comparer à
d'autres. C'est justement parce que jusqu'ici on a dit
que la production chevaline échappait aux lois économiques qui régissent les autres productions, que
les efforts tentés en vue de sa prospérité n'ont pas
complétement réussi. C'est justement parce que nous
reconnaissons avec le rapport « que le maintien et le
perfectionnement de cette industrie ne peuvent être
aléatoires, » que nous demandons que cette industrie
soit débarrassée de toutes entraves, de réglementations qui arrêtent son essor, et qui, d'ailleurs, ne
peuvent convenir à la fois au Nord et au Midi, à
l'Ouest et à l'Est, en un mot, que cette industrie soit
rendue à la liberté.

« Qui donc, dit le rapport, peut imprimer à cette
branche toute spéciale de notre industrie le caractère de continuité sans lequel tout progrès est impossible? Est-ce à l'Etat ou au simple particulier
que doit incomber ce soin? »

Ni à l'un ni à l'autre inclusivement, répondons-
nous, mais à tous. Ici comme ailleurs, c'est la concurrence, l'offre et la demande qui régiront le marché, qui fixeront les prix d'où découlent la prospérité ou la ruine.

Le rapport dit ensuite que « c'est vers les campagnes qu'il importe de diriger principalement les

encouragements et les efforts. » Personne ne le contredira, et le mot « principalement » était tout à fait inutile. Les chevaux ne naissant pas, que nous sachions dans les rues de Paris!

C'est ici que le rapporteur, appuyant les pétitionnaires, insiste sur les prétendus avantages que retirent les cultivateurs des dépôts d'étalons de l'État. Il avance que « ces avantages ne sauraient être contestés par personne. » Cette assertion est quelque peu surprenante. Le rapporteur aurait-il donc oublié les conclusions du rapport de la minorité (12 membres sur 25) dans la commission instituée par l'Empereur en 1860? M. Goulhot de Saint-Germain a-t-il oublié tout ce qui a été dit à ce sujet? On ne peut vraiment le supposer.

« A la différence de l'industrie privée, dont la spéculation est le but, dit le rapport, l'État n'a en vue qu'un résultat, l'amélioration des races, et, pour l'atteindre, il ne recule devant aucun sacrifice, en se procurant, même aux prix les plus considérables, les types les plus rares et les plus propres au perfectionnement des races. Et quand il a réuni ces éléments précieux de la reproduction, il les livre aux éleveurs au prix le plus modique, en leur offrant l'appui de son expérience et de ses conseils. »

Après avoir établi, c'est-à-dire affirmé sans preuve aucune, que l'industrie privée ne pouvait posséder de bons reproducteurs, et que l'étalonnage ne

16

pouvait et ne devait pas être lucratif, est-on fondé à dire ensuite que l'industrie chevaline est « une des branches de notre richesse nationale? » Comment concilier tout cela?

Suivent ensuite l'énumération des incapacités des particuliers, celle des malheurs qui pèseraient sur l'élevage à la suite de l'élévation du prix des saillies, et des « effets fâcheux de la consanguinité. » Enfin, à ce triste tableau, on ajoute les pertes que l'État va supporter par la vente de ses chevaux, et on finit, on ne sait pourquoi, par faire intervenir « la Providence, » qui ne s'est cependant pas prononcée, que nous sachions, en faveur de l'un ou de l'autre camp; mais peut-être que, dans un prochain rapport, MM. les sénateurs nous signalerons quelque miracle en leur faveur. Le miracle auquel nous croirons certes le plus difficilement, tout en le désirant vivement, c'est de voir les lumières de la science éclairer ceux qui, jusqu'ici, ne se sont encore exercés qu'à marcher à reculons.

Les pétitionnaires demandaient que l'administration des Haras soit remise aux mains du ministre de la guerre; mais le rapport, il faut l'en louer, a conclu à l'ordre du jour sur ce point. Il faut convenir que les éleveurs qui ont signé les pétitions au sénat sont aussi injustes, aussi ingrats envers l'administration qu'ils sont peu éclairés. Jamais aucune administration, dans aucun temps, n'a fait autant pour eux que la nouvelle. Jamais aucun directeur général n'a montré plus d'activité, plus de soucis des intérêts de la production que le premier écuyer, aide de camp de l'Empereur. Il n'est pas un pays d'élevage qui n'ait été visité par le général Fleury, pas un éleveur qui n'ait obtenu de lui ou réparations de torts passés ou encouragements dans la mesure possible du budget des primes, budget à cette heure plus important que jamais. Nous qui dans toutes les circonstances avons soutenu les justes prétentions des éleveurs, nous qui avons fait à l'administration des Haras la guerre la plus vive qui lui ait peut-être jamais été faite, nous n'hésitons pas, aujourd'hui qu'elle est entrée dans une meilleure voie, à la soutenir dans son œuvre, à la défendre contre des accusations mal fondées. A ce titre nous ne pouvons laisser passer cette phrase du rapport dictée par une pensée malveillante :

« Toutefois, notre commission croit devoir prendre acte de cette circonstance pour faire observer que l'administration des Haras ayant été instituée par un décret et constamment régie par des actes de cette nature, ne saurait être insensiblement amoindrie dans ses éléments principaux par de simples décisions ministérielles, ordonnant successivement *la vente des stations*, mesure qui aurait pour effet de disperser peu à peu toutes ses ressources et d'amener ainsi sa destruction *sans les formalités légales* dont elle a été constamment entourée. »

Voyons maintenant ce qui a été dit au sénat le lendemain de la lecture de ce rapport.

C'est M. Cornudet, conseiller d'État, qui s'est chargé de défendre l'administration, et de répondre au rapporteur de la commission des pétitions. On ne peut faire qu'un reproche au discours du commissaire du gouvernement, c'est de n'être point assez ferme au début et dans la conclusion. Certaines timidités, certaines réticences pourraient faire croire qu'on manquait de confiance dans l'utilité et dans l'opportunité des actes qu'on soutenait.

M. Cornudet commence par déclarer que le nouveau système suivi par les Haras est seulement « préparé plutôt qu'adopté. » Il revient encore sur cette assertion en disant « qu'il ne s'agit que d'un essai, d'une expérience. » Et cependant M. Cornudet ne craint pas, dans un autre moment, d'expliquer que non-seulement l'administration a été amenée à la suppression de quelques dépôts d'étalons nationaux « par l'étude des faits, par la vue des résultats obtenus par l'industrie privée, par le spectacle du progrès de l'industrie de l'étalonnage, » mais « qu'elle y a été amenée aussi, il ne faut pas se le dissimuler, par le courant d'idées industrielles et économiques dans lequel nous sommes entrés, et qui est une des gloires du règne de l'Empereur Napoléon III! » Aussi M. Boulay de la Meurthe n'a-t-il pas manqué de répondre que puisque les mesures de l'administration n'étaient

prises « qu'à titre d'expérimentation, » il était « bien
permis au premier corps de l'État de lui faire sentir
qu'il y a eu *erreur* de sa part, et que cette erreur
peut être rectifiée. » Cette timidité de la part de l'avo-
cat du gouvernement est certainement regrettable,
car il y a contradiction évidente entre ces réticences
et les excellentes déclarations de principes contenues
dans l'exposé qu'il a fait de la situation présente de l'industrie chevaline en France. Cet exposé, d'une grande
lucidité, n'eût certainement laissé aucun doute dans
les esprits sans la crainte qu'éprouvait l'orateur de faire
croire au sénat à une ferme volonté, chez l'administration des Haras, de marcher avec l'esprit du temps.

Lorsqu'en 1859 et depuis nous ne cessions d'insister sur la concurrence préjudiciable faite aux particuliers par l'État, nous savions bien qu'un jour
viendrait où l'on nous donnerait raison. Or, voici
comment l'orateur du gouvernement répond à l'objection du rapport de M. Goulhot de Saint-Germain :

Vous dites : « dépérissement des races, abaissement du niveau de la race, parce que les étalonniers
ne sont pas en mesure de payer des étalons de tête
au prix auquel il faudrait les payer pour que la race
se maintînt à un niveau élevé, dépérissement parce
que les étalonniers sont obligés d'élever le prix de la
saillie, ce qui détourne les éleveurs.

« Messieurs, en vous disant tout à l'heure que
l'administration des Haras achetait l'immense majo-

16.

rité de ses chevaux au prix moyen de 3,335 francs,
et que les étalonniers qui les avaient repris à l'État
les avait payés, en moyenne, 2,270 francs, et quelques-uns au Pin, de 5, 6 et 8,000 francs, j'ai répondu d'avance à cette objection, car ces prix prouvent deux choses : qu'après tout le prix des étalons
n'est pas inabordable, et que l'industrie privée sait
les payer cher quand elle y a intérêt.

« Quant aux chevaux de pur sang, cela est bien autrement évident. Vous savez aussi bien que moi, messieurs, qu'il y a une industrie privée qui, pour les
chevaux de pur sang, ne recule pas devant les prix
les plus élevés. Des personnes riches ou des associations achètent ces chevaux dans un autre intérêt que
celui de la monte, en vue des prix des courses; c'est
une industrie plus ou moins lucrative, je ne l'examine pas, mais qui exerce une grande séduction sur
ceux qui s'y livrent. Oui, il y a un certain nombre de
personnes qui achètent des chevaux de pur sang au
prix de 50, 60,000 francs et davantage. Pour elles,
le bénéfice de la monte est accessoire. Qu'importe
qu'elle soit accessoire, pourvu qu'elle se fasse! Aussi
l'administration a été amenée à ne posséder aujour-
d'hui qu'un petit nombre de chevaux de pur sang;
l'industrie privée en possède au moins autant qu'elle,
et elle sera d'autant plus encouragée que l'administration en aura moins.

« Permettez-moi de vous citer d'autres exemples

qui prouvent ce que peut l'industrie privée pour
mettre au service des éleveurs des reproducteurs de
grand prix. Il n'y a pas que la production chevaline
qui demande des étalons, il y a aussi la production
mulassière, il y a la production des bestiaux de toute
nature. Est-ce que l'administration a des haras pour
les taureaux? En a-t-elle pour les étalons baudets?
Non. L'administration de l'agriculture donne des
primes, ou, dans des circonstances rares, elle achète
à l'étranger des producteurs d'un type supérieur,
qu'elle revend à l'industrie privée, absolument comme
on vient de le faire pour les chevaux. Voilà tout.

« Or, est-ce que l'industrie étalonnière appliquée
à la production mulassière et à la production des
bestiaux de toute nature recule devant des prix
élevés?

« Aujourd'hui, à l'heure qu'il est, le prix des béliers des races de Dishley et autres n'est plus que de
4 à 500 francs; mais savez-vous combien ils ont été
payés par l'industrie privée à Rambouillet? 4 et
5,000 francs. Les taureaux durham ont été payés toujours, par l'industrie privée, 2,400 et 5,000 francs;
aujourd'hui le prix a baissé, parce que cette race est
maintenant très-répandue en France. Pour la production mulassière, il y a des étalons qui se vendent
à des particuliers 10 et 15,000 francs. Pourquoi
donc l'industrie privée, qui ne recule pas devant ces
prix élevés quand il s'agit de reproducteurs pour les

mulets et pour les bestiaux de toute nature, recule-
rait-elle quand il s'agit de donner des reproducteurs
à la production chevaline.

« Pourquoi elle reculerait? Ah ! permettez-moi de
vous le dire, parce que l'État lui fait une concurrence très-périlleuse ; parce que l'administration, qui
achète des étalons à un prix élevé, tient la saillie pour
ces mêmes étalons à un prix très-bas. Laissez-moi
vous saisir d'un exemple qui frappera votre attention.

« Je suppose que l'État fabrique un produit quelconque sur une assez grande échelle, et que l'État fa-
bricant, livre ses produits au-dessous du prix de revient; croyez-vous que cette façon de procéder en-
couragerait l'industrie privée analogue? Quel est
donc l'industriel qui ne dirait : « L'État fabrique tel
« produit et le livre à 5 francs ; moi je ne puis, en
« m'assurant le bénéfice qui m'est nécessaire, le livrer
« au consommateur qu'à 10 francs. Tant que l'État
« me fera cette concurrence, et donnera pour 5 francs
« ce qui me revient à 10 francs, je ne lutterai pas, je
« fermerai ma fabrique ! » Eh bien, l'État fait quelque chose d'analogue pour l'industrie des chevaux.
L'État achète à un prix très-élevé des étalons. Est-ce
que l'État calcule pour établir le prix de la saillie,
l'intérêt et l'amortissement du capital employé pour
l'acquisition des étalons? Est-ce qu'il a calculé les frais
d'entretien de ses étalons? Est-ce qu'il a calcule le bénéfice qu'un industriel devrait trouver dans l'opération

en question si elle était faite par un industriel? Non,
l'État ne fait pas ces calculs, l'État fixe le prix de la
saillie à un taux qui est plus ou moins élevé, mais
qui n'est pas rémunérateur, qui ne représente pas le
prix de revient. Est-ce que cela encourage l'industrie
des étalonniers privés? Pas du tout. Les étalonniers
privés ne peuvent pas soutenir la concurrence. Pour
la soutenir, que sont-ils obligés de faire? Ils sont obligés d'acheter des étalons vulgaires et de race inférieure. C'est par ce moyen qu'ils peuvent réduire le
prix de la saillie et faire concurrence à l'État, mais
c'est au détriment des races. Voilà la raison qui fait
qu'en ce moment, et là où l'État maintient ses étalons à côté d'eux, ils n'achètent pas cher. Il en serait
autrement si la concurrence de l'État disparaissait. Il
peut y avoir cependant, et il y a eu autrefois surtout,
de bonnes raisons pour ne pas tenir compte de ces
considérations économiques, je le reconnais. Dans
quel cas? Premièrement, quand l'industrie privée de
l'étalonnage n'était pas assez avancée pour oser payer
de bons étalons au prix qu'ils coûtent.

 « Cela est-il vrai aujourd'hui? L'industrie privée
recule-t-elle devant l'acquisition à un prix élevé des
étalons nécessaires à la monte? Pour les chevaux de
pur sang, cela est incontestable, elle ne recule pas. Pour
les demi-sang, aux dernières ventes de l'État et dans
les circonscriptions où l'État s'est retiré, l'industrie
privée n'a pas reculé non plus : elle a acheté des che-

vaux à 2,270 francs en moyenne, et quelquefois au Pin, de 5, 6 et 8,000 francs.

« Il y a encore un cas dans lequel l'administration est obligée de ne pas tenir compte des considérations économiques que je vous ai présentées : c'est quand les éleveurs ne sont pas assez éclairés ni assez riches pour payer la saillie ce qu'elle vaut. En est-on là aujourd'hui? Les foires et les écuries des éleveurs sont maintenant mieux approvisionnées en chevaux de demi-sang. L'administration de la guerre a haussé ses prix ; elle a été obligée de payer plus cher les chevaux de ses remontes. Le luxe augmente, l'aisance aussi; le nombre des chevaux destinés au commerce, à la moyenne et à la haute fortune, va croissant, et l'éleveur ne recule plus devant une augmentation du prix de la saillie, par une bonne raison : c'est qu'en payant 10, 20, 50 francs de plus pour la saillie, il obtient un produit qu'il peut vendre de 200 à 500 fr. plus cher.

« Voilà les deux circonstances dans lesquelles l'administration a pu, a dû se procurer des étalons de haut prix, et cependant faire payer les saillies très-bon marché, au-dessous du prix de revient. Là où les mêmes circonstances se reproduisent, elle fait bien de continuer; mais là où elles n'existent plus, l'administration peut entrer dans une voie différente. Je dis plus, elle ne peut persister dans la voie ancienne qu'au préjudice du but qu'elle poursuit. »

Mais pourquoi ne pas citer le discours en entier, lorsqu'il répond si bien, c'est-à-dire si victorieusement, aux vaines déclamations du rapport.

« Une autre objection, continue M. Cornudet, est tirée de ce que les étalonniers privés abuseront de leurs animaux et ne les retireront pas à temps pour éviter les dangers de la consanguinité. Fiez-vous, sur ce point, à l'intelligence et à la sagacité de l'éleveur. Il sait très-bien distinguer entre les étalons qui donnent de bons produits et ceux qui en donnent de mauvais ou de médiocres, entre les étalons usés et ceux qui ne le sont pas. Il sait très-bien prévenir les dangers de la consanguinité, là où ils commencent, là où ils ne sont pas sérieux ; il sait tout cela, lorsqu'il s'agit des bestiaux, des chevaux de trait, des mulets, et vous voulez qu'il ne le sache pas lorsqu'il s'agit des chevaux de demi-sang ! Rapportez-vous-en, je le répète, à l'intelligence et à l'intérêt des éleveurs ; rapportez-vous-en aussi à l'intérêt des étalonniers, qui, lorsqu'ils verront que leurs étalons sont désertés, s'arrangeront pour les transporter en d'autres pays, soit en les vendant, soit en les louant ; en un mot, en les faisant disparaître là où on ne voudra plus d'eux.

« J'arrive à une dernière objection, qui se présente d'une façon plus inquiétante pour beaucoup d'esprits. L'administration est considérée comme un guide nécessaire dans une industrie de premier ordre, et qui intéresse la sécurité du pays autant que la richesse

nationale. On dit : La production chevaline, à qui est-
elle livrée ? A la classe de simples cultivateurs, à des
hommes peu éclairés qui craignent la dépense et à
qui il est nécessaire de donner des indications précises et une direction convenable. Le cultivateur ne
sait pas choisir les reproducteurs qui conviennent au
pays qu'il habite ou aux juments qu'il possède. Il
faut qu'il y ait là une administration pour le guider
dans le choix du producteur. Il ne sait pas la portée
des croisements ; il faut qu'il y ait auprès de lui une
administration prévoyante et savante pour diriger les
croisements.

« Messieurs, permettez-moi de vous rappeler quel
était le régime auquel était soumise, il y a un certain
nombre d'années , une autre industrie non moins
importante que celle-ci pour la sécurité de l'État, non
moins importante aussi pour la richesse nationale, je
veux parler de l'industrie métallurgique.

« Par la loi du 21 avril 1810, la théorie que je
viens d'indiquer et à laquelle je veux répondre, était
expressément appliquée à l'industrie métallurgique.

« Aucune usine destinée à la fabrication des métaux ne pouvait, d'après la loi de 1810, être établie
qu'avec la permission de l'administration, et l'administration avait à s'enquérir de la localité, du minerai, du combustible qui convenaient à l'usine. C'était
elle qui, dans l'esprit de la loi, devait diriger les
usines en France, qui leur imposait leur emplace-

ment, leur minerai, leur combustible, et on considé-
rait que l'industriel ne savait pas faire ses affaires
lui-même, qu'il fallait qu'une administration savante
le dirigeât et le surveillât de très-près.

« Ce système, messieurs, il existe encore, mais il
n'existe que sur le papier. La loi de 1810, dans ceux
de ses articles applicables aux usines depuis bien des
années, n'est plus appliquée; l'autorisation n'est plus
subordonnée aux examens différents que je viens d'indiquer; elle n'est plus qu'une simple formalité. La
liberté de fait, sinon de droit, qui a été donnée aux
usines métallurgiques leur a-t-elle été très-préjudi-
ciables? N'est-ce pas sous l'empire de cette liberté
que, dans cette industrie, s'est accompli tout le progrès que vous savez? Et quand, en 1860, on a cru
devoir supprimer une partie notable de la protection
douanière qui la couvrait; quand, à cette époque,
un appel plus énergique a été fait à son initiative,
n'a-t-elle pas été en état d'y répondre? Beaucoup de
personnes croient qu'elle est en souffrance ; mais il
est certain au moins que la production métallurgique
n'a pas diminué, loin de là. Elle s'est accrue, et dans
quelles proportions? Si l'on compare les états statistiques de cette production en France, de 1859 à
1863, on trouve qu'elle a augmenté de 50 p. 100
pour la fonte et de 22 p. 100 pour les fers.

« Je demande pardon au Sénat de cette digression
(Non, non ; très-bien !), mais j'ai cru utile de mettre

17

sous ses yeux un exemple saisissant des théories anciennes appliquées à l'industrie, et de lui montrer par
cet exemple saisissant, je le répète, qui s'applique à
une des industries les plus indispensables à la force
du pays, les plus utiles à la richesse nationale, que
ces idées ont fait leur temps, qu'elles ont été résolûment abandonnées sans préjudice, et au contraire
avec grand avantage pour l'industrie.

« L'administration des Haras, messieurs, a dû se
guider par ces principes et par ces théories, je le reconnais, à une époque où l'élevage, où la production
chevaline était dans un état de décadence complète,
quand les races, les types des bonnes races avaient
complétement disparu du pays, quand la production
chevaline était abandonnée à une classe de cultivateurs alors très-peu éclairés et très-peu aisés. A cette
époque il était parfaitement bon que l'administration
choisît elle-même les reproducteurs, que l'administration surveillât de très-près les croisements et qu'elle
intervînt de la manière la plus directe dans la production chevaline. Cette industrie, cette production chevaline, elle était alors en enfance; il fallait la traiter
comme on traite l'enfance, il fallait la mettre en tutelle.

« Aujourd'hui cet état de choses existe-t-il? Aujourd'hui l'industrie chevaline est-elle dans l'état où
elle était en 1806? Les types régénérateurs n'existent-
ils pas en France? Avons-nous besoin d'aller les chercher à l'étranger? Quelquefois oui, dans des cas ra-

res, c'est possible. Jamais la suppression de l'intervention directe de l'administration n'empêchera d'aller chercher à l'étranger quelques types rares pour les mettre au service des éleveurs.

« Aujourd'hui vous avez des types de pur sang magnifiques que l'étranger nous envie, qu'il vient chercher chez nous. Aujourd'hui l'industrie chevaline est livrée à des éleveurs qui ont acquis, à leurs dépens peut-être, mais qui ont acquis une expérience très-réelle et qui ont de l'aisance, car nos campagnes, Dieu merci, et particulièrement celles qui se livrent à la production chevaline, ont de l'aisance, les éleveurs connaissent les bonnes races, celles qui conviennent à leur pays, les producteurs qui conviennent à leurs juments ; ils connaissent les effets des croisements, leur importance. Rapportez-vous-en donc à eux, et, comme cette industrie n'est plus à l'état d'enfance, ne les traitez plus comme on traite l'enfance, supprimez une tutelle qui n'a plus sa raison d'être et qui, trop prolongée, énerve ceux qui en sont l'objet. (Très-bien !)

« Aujourd'hui, l'industrie chevaline est dans cette période où une autre force lui est nécessaire ; elle ne peut plus trouver que dans l'impulsion de son initiative individuelle et dans le sentiment de sa responsabilité personnelle les forces qui lui sont nécessaires pour marcher plus loin, pour passer de la jeunesse à la virilité. »

PLUSIEURS SÉNATEURS. Très-bien ! Très-bien !

M. LE COMMISSAIRE DU GOUVERNEMENT. « Vous craignez que les éleveurs ne sachent pas choisir eux-mêmes les bons producteurs, diriger eux-mêmes les croisements ! Est-ce qu'ils ne savent pas cela pour produire des bœufs et des moutons ?

« Vous craignez que l'industrie privée abandonne l'élevage du cheval de guerre ! Mais qu'est-ce donc que le cheval de guerre ? Le cheval de guerre n'est-il pas dans la classe des chevaux que recherchent et achètent le luxe et le commerce ? Si donc vous multipliez et si vous augmentez les primes que vous accordez aux éleveurs des chevaux destinés au commerce et au luxe, vous encouragez par cela même la production du cheval de guerre.

« Et d'ailleurs, de deux choses l'une ; ou bien la production du cheval de guerre n'offre pas d'avantages suffisants, et, dans ce cas, vous aurez beau l'encourager et peser sur les éleveurs, ils résisteront à toutes vos directions, à toutes vos pressions ; ou bien cette industrie sera rénumératrice (et elle l'est, car les chevaux de luxe et de commerce, et par conséquent les chevaux de guerre, se multiplient dans une assez forte proportion, et trouvent un bon prix sur une assez grande échelle), alors elle n'a plus besoin de vos encouragements, au moins d'une manière aussi directe, aussi absolue. Je me trompe, elle n'a plus besoin de votre direction, car il ne s'agit pas de supprimer les encouragements par voie de prime de toute nature.

« J'ai fini, messieurs, et je n'ajoute qu'un mot en insistant sur cette dernière pensée qui est capitale. Le système que l'administration a inauguré par la suppression de quatre dépôts, et que j'ai cherché à justifier ; le système mixte de l'administration est un système prudent qui peut s'arrêter s'il est démontré mauvais ou trop hâtif, qui marchera pas à pas, cédera devant les obstacles s'il s'en présente de sérieux, qui avancera au contraire si ses bons effets sont compris et constatés.

« Nous avons dit les raisons qui avaient déterminé l'administration à l'adopter. C'est à vous de voir si elles sont sérieuses et fondées. Le gouvernement a cherché à vous convaincre, à vous amener à ses idées, c'est à vous de prononcer sur la question du renvoi des pétitions. (Approbation.) »

A cet excellent discours succéda celui de M. le comte Boulay de la Meurthe. On va juger quelles sont en matière d'économie, les idées de l'ex-vice-président de la république. C'est la protection, c'est la réglementation, c'est la centralisation administrative, c'est la routine, c'est la caducité ! Et pour commencer, voilà le compliment que l'honorable sénateur adresse aux Haras : « Des courses au trot, des courses à obstacles ont été organisées ! c'était un bienfait ! » Voilà les principes d'amélioration sur lesquels s'ap-

puieraient les hommes du passé, s'ils étaient de nouveau appelés à « diriger l'élevage » comme ils disent.
Les courses au trot, les steeple-chases, choses bonnes
en elles-mêmes assurément, comme gymnastique
fonctionnelle, comme exercices donnés à un cheval,
mais qui dans aucun cas ne peuvent servir de criterium aux qualités d'un reproducteur, parce qu'on ne
peut juger de la valeur absolue dans de semblables
épreuves ! Qui ne sait, en effet, par exemple, que le
meilleur cheval peut être battu, en steeple-chase,
par le dernier des chevaux de chasse, si celui-ci
saute franchement tous les obstacles, tandis que le
premier aura glissé sur un talus de fossé, ou plus intelligent, se sera dérobé en apercevant quelque bar-
rière factice, large de quelques mètres, au milieu
d'une plaine? Mais, passons, car il est inutile d'insister sur des choses qui, maintenant, ne sont igno-
rées qu'au Sénat.

L'honorable sénateur en expliquant ce qu'il entend par industrie privée, explication que nous n'eussions pas cru nécessaire avant le discours que nous
examinons, fait des catégories. Il y a, selon M. Boulay de la Meurthe, « les vrais et les faux étalonniers. »
Les faux sont ceux qu'il distingue sous le nom de
rouleurs, en demandant pardon d'employer « cette
expression vulgaire. » On ne nous dit pas quels sont
« les vrais étalonniers, » mais il est à supposer que ce
sont ceux qui ont pignon sur rue, puisque les faux sont

« les *rouleurs*. » Monsieur le sénateur se trompe, ce n'est point-aux hommes qu'on donne ce nom de rouleurs, mais bien aux étalons eux-mêmes. L'application n'aurait toutefois rien de blessant, et nous déclarons qu'elle ne nous offusquerait en rien, si elle nous était adressée : il est vrai de dire que nous n'avons pas l'honneur d'être le collègue de M. Boulay de la Meurthe, mais enfin elle n'est pas exacte. En tous cas, s'il existe une fraction importante d'industriels qui font profession d'envoyer leurs chevaux manger et coucher chez l'éleveur, ce n'est pas que ces ci-toyens n'aient ni feu ni lieu, nous pourrions même en citer plus d'un siégeant dans nos conseils généraux et dont les étalons, après la saison de la monte, ren-trent dans telle écurie de château de notre connais-sance. M. le marquis de Morgan-Frucourt, par exem-ple, qui, d'après l'honorable sénateur, serait un *rou-leur*, et qui pendant des années a possédé des étalons rouleurs remarquables, est-il moins important que tel étalonnier normand exerçant à domicile son mé-tier ? D'ailleurs, nous maintenons que les étalons rou-leurs sont fort utiles et qu'ils ne méritent nullement le blâme ou le dédain dont M. Boulay de la Meurthe les gratifie. En effet, la monte a lieu pendant une saison où les travaux des champs sont en pleine acti-vité, et il y a tels fermiers qui, faute de temps, n'en-verraient pas leurs juments à la saillie, si elle ne pou-vait se faire chez eux. Aussi comme le garde-étalons est bien reçu chez l'éleveur, comme on ne lui mesure pas le coup de l'étrier, comme son cheval reçoit bonne ration !

« Les *véritables* étalonniers ne se plaignent pas du tout de l'administration, » dit-on. Sait-on quels sont ceux qui non-seulement ne s'en plaignent pas, mais qui, au contraire, demandent l'extension des dépôts, qui signent les pétitions dans le sens de celles qui ont motivé la discussion au Sénat ? Ce sont les éleveurs de la plaine de Caen que les Haras ont toujours protégé outre mesure au détriment de ceux des autres provinces. Oui, il y a tel coin de la Normandie, qui a englouti, depuis 1806, plus d'argent qu'il n'en faudrait pour acquérir la population chevaline des trois royaumes. C'est cette partie de la France qui a couvert le pays de ces produits lymphatiques, sans énergie et sans qualités, de ces chevaux au caractère vicieux que vous rencontrez et que vous reconnaissez entre mille dans les rues de Paris, attelés à un fiacre maintenus par une forte *platelonge*, de ces chevaux que le catalogue du Tattersall désignait ainsi, lors d'une vente de chevaux normands qui venaient cependant de passer un an dans une école de dressage : « N° 15, cheval bai, âgé de 5 ans, *souffre l'homme.* » « Il le souffrait si peu, disait M. Louis Demazy dans le journal *le Temps*, que ce n'était pas la peine d'en parler ! » L'avenir ratifia, en effet, cette boutade de notre spirituel confrère et ami. Ce sont les éle-

veurs d'un ou deux départements qui ont le privilége de fournir à l'administration l'étalon car-
rossier, qu'ils lui vendent chèrement et dont ils
ont ensuite les services à vil prix, ce sont ceux-là
qui demandent le maintien des dépôts de l'État.
Comme l'a très-bien fait observer M. le ministre
d'État, ce ne sont pas les éleveurs des provinces
où l'on a supprimé les dépôts qui blâment l'administration, ce sont ceux où il existe le plus d'étalons impériaux ; ce qui prouve que les pétitions adressées au Sénat ne sont qu'une manœuvre toute locale,
dépourvue d'intérêt général et par conséquent indigne d'être prise en considération. M. Rouher a été
vraiment bien indulgent pour la Normandie en disant qu'elle était « un peu routinière » lorsqu'elle est
elle-même la routine personnifiée. C'est de là, en
toutes choses, que part la résistance à toute idée
de progrès. Pour ne parler que des choses qui
nous occupent, est-ce en Normandie, à part quelques individualités intelligentes, qu'on a fait le
meilleur accueil aux animaux anglais perfectionnés.
Quoique ce soit en pleine Normandie, au Pin, que
le gouvernement ait établi sa vacherie de Durham, en 1853, est-ce dans ce rayon qu'on a le
plus acheté de reproducteurs, ou bien n'est-ce
pas plutôt dans la Mayenne et ailleurs? Sont-ce
les cultivateurs de la localité qui encombrent les
ventes annuelles du Pin? Non, ce sont les éle-

17.

veurs venus de loin, ceux de l'Ouest, du Centre, du
Midi même, qui ne craignent pas de se déplacer au
prix de grands sacrifices de temps et d'argent. Mais
les éleveurs normands, allons donc, jamais ! En revanche, d'où viennent chaque année les monstres
osseux, véritables mastodontes des temps reculés, qui
frappent d'étonnement par leur taille élevée le badaud
parisien, au concours de Poissy et le jour du mardi
gras, mais qui font détourner la tête à tout connaisseur, et sourire de pitié l'étranger ? C'est la Normandie ! véritable gouffre où depuis trop longtemps
vont s'enfouir les millions du trésor public. Nous le
demandons, combien voit-on dans les écuries particulières de beaux carrossiers, de jolis *hacks*, de bons
chevaux de chasse, nés et élevés en Normandie ?
Quelle figure avaient les chevaux exhibés cette année
aux courses du Pin, devant l'Empereur ? Quels reproducteurs seraient *Young-Mastrillo* et *Witch*, qui depuis trois ans font rafle sur tous les prix de steeple-
chase pour chevaux français ? On le voit, si l'on excepte
quelques étalons carrossiers de l'État, il est presque
impossible de citer un beau cheval venu de Normandie, ce qui prouve, d'une façon irréfutable, que tout
ce qu'elle produit de passable lui est acheté par l'administration.

« Il y a enfin, continua M. Boulay, de la Meurthe, une autre classe de personnes » (toujours
des classes, des catégories) « qui, elles, sont les

véritables adversaires de l'administration ; ce sont les personnes qui s'occupent spécialement de l'industrie du cheval de pur-sang, si je peux m'exprimer ainsi, car elles font une véritable industrie. » C'est bien là l'esprit du rapport de M. Goulhot de Saint-Germain, tout homme qui veut gagner de l'argent en entretenant un reproducteur est un ennemi. Le principe de ces messieurs est la saillie gratuite. C'est à n'y pas croire.

« Poursuivons. L'administration, se borne à ne posséder qu'un très-petit nombre d'étalons. Pourquoi? Par une raison fort simple, qu'on ne devrait jamais perdre de vue, car l'oubli qu'on en fait est la cause de toute la confusion introduite dans cette discussion. Cette raison, c'est que l'administration n'est pas chargée de la reproduction, mais seulement de l'amélioration de l'espèce. (C'est cela ! Très-bien ! très-bien !)

« C'est parce que l'administration n'a et ne peut avoir d'autre rôle que celui de l'amélioration, qu'elle ne possède que des types améliorateurs, qu'elle laisse le soin de la reproduction à l'industrie privée et se borne au rôle, assez glorieux pour elle, de perfectionner les races. (Nouvelle approbation.) »

Eh bien, c'est justement ce que nous demandons, c'est que l'administration ne se charge en rien de la reproduction, qu'elle se contente non pas de faire l'amélioration, mais de l'encourager par des primes.

En général, les partisans des haras impériaux sont d'accord pour reconnaître qu'il est inutile que l'État possède des chevaux de trait, l'honorable sénateur n'est pas de cet avis. Là encore il demande l'intervention directe. Il a lu quelque part, dans je ne sais quelle pétition (car il y aura toujours des gens pour demander quelque chose, l'État est si riche!) : « Nous ne pouvons pas trouver de bons étalons de trait. » Mais nous le demanderons à l'orateur du monopole, si les éleveurs ne peuvent pas trouver de bons étalons, comment les Haras en trouveraient-ils? Il y en a ou il n'y en a pas. S'il y en a, chacun pourra en trouver; s'il n'y en a pas, un inspecteur en habit brodé n'aura pas plus que le paysan en blouse le pouvoir d'en fabriquer instantanément et par enchantement! Eh! quand voudra-t-on donc tenir compte de la logique? Mais qu'on se rassure au Sénat, il y a des chevaux de trait, et beaucoup, et ceux que la France fournit sont les meilleurs du monde entier. Qui les fait, est-ce l'État ou l'industrie privée? En 1860, les Haras en possédaient 180 ; croit-on que ce nombre d'étalons suffisait pour le renouvellement de la population des chevaux de trait dans tout le pays? Nous ne le pensons pas. Puis, dans tous les cas, les Haras n'ont jamais eu de jumenteries percheronnes ou boulonnaises. Il faut donc convenir que ce sont les particuliers presque à eux seuls qui ont créé et maintenu dans un état de prospérité incomparable l'industrie qui vend à l'Europe entière des chevaux de trait jusqu'à 10,000 francs.

« J'arrive au cheval de demi-sang, » dit l'honorable sénateur. « C'est pour cette espèce que l'État a la plus grande sollicitude... J'ajoute que l'industrie privée avoue son impuissance pour satisfaire complétement les besoins du pays quant à cette espèce de chevaux. » Jusqu'ici nous avions pensé que les chevaux de demi-sang n'étaient pas même une race, qu'ils étaient tout simplement des métis, des dérivés du cheval dit de pur sang et de la jument commune du pays ; maintenant on veut en faire « *une espèce !* » Et l'industrie privée serait impuissante à la fournir, et vous auriez la prétention que l'État se chargeât de cette production ? Mais vous savez bien qu'il y a en France 600,000 poulinières à la fécondation desquelles 12,000 étalons sont nécessaires. Voudriez-vous que l'État entretînt 12,000 étalons, au prix de 2,500 francs par tête ? Si vous ne le demandez pas, il vous faudra convenir que les 1,000 étalons impériaux n'assurent en rien le renouvellement de la population chevaline. Non, mille fois non, l'industrie privée n'est pas impuissante à entretenir des étalons dont le prix moyen est d'environ 4,000 francs, puisqu'elle l'a fait jusqu'ici. Que ne fera-t-elle donc pas lorsqu'elle sera débarrassée de la concurrence injuste que lui fait l'État ?

M. Boulay de la Meurthe passe ensuite aux étalons
de pur sang. Non-seulement il demande que l'administration persiste à en posséder, mais encore il déplore
la suppression des jumenteries nationales où on en
faisait naître un certain nombre. Il prétend que les
jumenteries pouvaient produire le cheval de pur sang
« à un prix beaucoup moins élevé » que celui qu'on
est obligé de mettre dans les achats. M. Boulay de la
Meurthe doit se tromper dans ses calculs, car il a été
reconnu que les étalons de Pompadour, par exemple,
revenaient, à l'âge de cinq ans, à la somme de
14,000 francs, tandis que le prix moyen des achats
ne s'élève qu'à 4,000 francs. Cette année il n'a été
que de 5,500 francs. On cite un cheval payé par l'administration 105,000 francs, pour faire voir que les
particuliers ne sont pas en état de mettre un prix
semblable dans un étalon. Mais on oublie que lorsque les jumenteries du Pin et de Pompadour exis-
taient, l'État achetait également des reproducteurs à
l'étranger, tels que *Napoléon*, payé 60,000 francs,
Physician, payé 70,000 francs; *Royal-Oack*, *Gladiator*
et *Baron*, tous les trois payés 25,000 francs chacun.
D'ailleurs, n'avons-nous pas vu, dans ces derniers
temps, de simples particuliers mettre des prix tout
aussi considérables dans des reproducteurs de pur
sang, comme Wesl - Australian et The-Nabod, par
exemple? Et l'association ne peut-elle pas faire, et
dans de meilleures conditions, tout ce que l'État entre-

prend? Les exemples ne manquent certainement pas
à l'appui de notre assertion. On nous dit aussi que
l'industrie particulière n'a pas « le désir d'améliorer,
mais de spéculer, » comme s'il était possible de sépa-
rer les deux choses! Quelle est donc l'industrie qui
peut négliger l'amélioration de ses produits, si elle
veut rester ou devenir florissante?

M. Boulay de la Meurthe nous dit que les étalons
de l'État valaient mieux que les nôtres, que, lorsqu'ils
paraissaient sur les hippodromes, « ils obtenaient
presque tous les prix. » Il aurait dû ajouter d'abord
qu'à cette époque la concurrence était fort restreinte;
ensuite que les chevaux de l'État ne provenaient pas
d'autres étalons que ceux dont les particuliers se ser-
vaient, et que le mode d'entraînement était exactement le même pour les uns comme pour les autres.

M. Boulay de la Meurthe nous reproche la mauvaise qualité de nos chevaux de pur sang, ajoutant
que cette année l'administration n'a pu en acheter
que six. Je vais lui répondre que si l'administration
n'en a pas acheté davantage, c'est qu'elle veut restreindre son action directe, et, en second lieu, que
personne plus que les particuliers ne peut avoir intérêt à bien faire; qu'ils y sont forcés dans l'intérêt
même de leur industrie. Ceci est élémentaire et n'a
pas besoin de plus ample démonstration. On pense
encore que lorsque les particuliers n'auront plus les
étalons qui leur sont concédés par l'administration,

étalons sortant presque tous, par parenthèse, des
écuries françaises, les étalonniers n'acquerront pas
des animaux « de pareille valeur, ou d'une valeur supérieure. » Mais alors que deviendront les bons reproducteurs? On les tuera donc, afin de ne pas donner de démentis aux hommes que nous combattons?
Vraiment, on a peine à en croire ses yeux, lorsqu'on
lit de semblables naïvetés.

L'honorable sénateur conclut que l'administration
aurait tort de persister dans son essai d'émancipation
privée; que « le pays, avant tout, a besoin de stabilité. L'instabilité est pour lui une cause d'inquié-
tude! » Eh bien, dans le cas qui nous occupe, stabilité
veut dire routine, enfance de l'art, pauvreté, infériorité, monopole, c'est-à-dire contradiction gouvernementale, contre-sens économique. Lisez plutôt le
discours suivant de M. le ministre d'État, plaidoyer
trop remarquable dans le sens de nos opinions, dans le
sens de la liberté pour que nous ne le donnions pas en
entier.

S. Exc. M. ROUHER, MINISTRE D'ÉTAT. « Messieurs,
l'honorable M. Boulay de la Meurthe a raison ; quand
le progrès est fait avant le temps, d'une manière prématurée, il constitue une instabilité et une versati-
lité fâcheuses ; mais il est juste d'ajouter que quand
le progrès est parvenu à sa maturité et à son temps,
l'immobilité est quelque chose de non moins fâcheux

et de non moins regrettable. (Très-bien! Très-bien !)
Ces questions ne se résolvent donc pas par des considérations générales, mais par des points précis, par des faits déterminés, qu'il faut étudier avec soin et circonspection, sans esprit d'immobilité, comme sans esprit d'innovation téméraire.

« Trois systèmes ont été indiqués en ce qui concerne l'industrie chevaline.

« L'un a été celui de l'intervention directe de l'État, c'est-à-dire de l'administration des Haras, développant, multipliant le plus possible les types améliorateurs qu'elle fournissait à l'industrie poulinière.

« L'autre, l'intervention indirecte, qui a aussi pour but l'amélioration par les primes, par l'approbation, par tous les modes d'encouragement qui appartiennent à une administration intelligente.

« Le troisième système est celui de la liberté pleine et entière, qui consiste à placer l'industrie chevaline dans les conditions normales et ordinaires de toutes les industries.

« Ce dernier système, je n'ai pas à le discuter ici, et, permettez-moi de le dire, je le regrette vivement. Si je n'étais pas contenu dans mes convictions personnelles par le devoir qui limite mon action, je discuterais cette question, et, à l'exemple de ce qui s'est passé dans tous les autres pays, dans les pays où l'industrie chevaline a acquis sa plus grande splendeur, je tenterais de démontrer que la liberté, la liberté de l'industrie est la vérité dans cette situation, comme elle l'est dans toutes les autres. (Approbation.)

« Cependant je veux réfuter une appréciation qui me semble erronée. L'honorable M. Boulay de la Meurthe nous a dit : « La liberté existe pour l'indus-« trie chevaline ; en effet, est-ce que tous les citoyens « n'ont pas le droit d'avoir des étalons s'ils le jugent « convenable, d'avoir des poulains, des poulinières, « de les élever comme ils l'entendent? »

« Certainement oui, sous ce rapport, la liberté existe complétement ; mais, je le demande à M. Boulay de la Meurthe lui-même, si en économie politique, à propos d'une denrée quelconque, l'État se faisait marchand et se mettait à vendre à meilleur marché qu'il n'achète, la liberté du commerce ordinaire existerait-elle ?

« La question s'est posée à une époque où la lumière en matière économique était bien faible, et la thèse fut singulièrement éclairée par Turgot. A cette époque, on disait : « Acheter les blés en temps de di-« sette et les revendre à un prix inférieur à celui d'ac-« quisition est un devoir du gouvernement envers les « populations malheureuses. » Or on s'est vite aperçu qu'avec ce système on détruisait l'industrie privée, que le jour où l'État achète et revend à meilleur marché, ce jour-là personne n'achète, et le commerce est tué. Ne dites donc pas que la liberté de l'industrie chevaline existe en France. Non, elle n'existe pas, par cela seul qu'il y a une administration qui achète des étalons, qui livre les saillies à un prix non rémunérateur. L'industrie étalonnière est impossible dans ces conditions ; tout au moins elle est précaire, souffreteuse.

« Je le répète, je n'ai pas à discuter le système de la liberté ; mon devoir est plus restreint ; je n'entends pas substituer une conviction particulière, personnelle, à une appréciation gouvernementale, et à l'étude d'actes déterminés et circonscrits, qui me paraissent d'une telle simplicité, que je me demande comment l'émotion qui s'est produite sur une partie du territoire a pu se soulever.

« Les partisans de l'intervention indirecte soutiennent que l'administration ne doit pas acheter des étalons, des juments poulinières, et que son rôle doit se borner à encourager l'amélioration des types en donnant des primes graduées aux plus beaux étalons achetés par l'industrie privée. Qu'elle encourage les types améliorateurs, qu'elle provoque l'acquisition en donnant des primes, c'est là sa tâche.

« Ce système, en 1860, n'a pas trouvé une approbation complète. Après l'œuvre des deux commissions est intervenue la doctrine inaugurée par M. le ministre d'État, ayant pour auxiliaire et collaborateur un nouvel administrateur, un directeur général des Haras. Cette doctrine s'est formulée dès les premiers jours : « L'intervention directe sera conservée, l'in-

« tervention indirecte sera développée graduelle-
« ment ; » et on a caractérisé ce système mixte, trans-
actionnel par la formule suivante : « système à la fois
« protecteur et libéral. »

« Eh bien, messieurs, ce système a-t-il été loyalement suivi, et doit-il déterminer aujourd'hui les appréhensions que l'honorable M. Boulay de la Meurthe
a exprimées ?

« D'abord, déterminons bien ce que, en tout temps,
à toute époque, comme l'a fort bien dit M. Boulay de
la Meurthe, on a entendu par intervention directe.
L'intervention directe, dans le décret de 1806, si utilement rappelé il n'y a qu'un instant, était une mesure temporaire qui devait disparaître lorsque la virilité de l'industrie privée serait établie, et que son
fonctionnement présenterait des garanties suffisantes
pour que l'administration des Haras pût se retirer
sans péril.

« L'honorable M. Boulay de la Meurthe le disait
tout à l'heure : il est fondamental (et cela n'est pas
une vérité nouvelle que le commissaire du gouvernement ait formulée à cette séance), il est fondamental
que partout où l'industrie privée est assez vigoureuse
pour se substituer à l'administration des Haras, c'est-
à-dire à l'intervention directe, celle-ci doit cesser.
Ce principe est écrit dans le décret de 1806, il était
écrit dans le rapport de la commission de 1860, et
il a été formulé d'une manière très-pittoresque par

le plus opiniâtre des partisans de l'intervention directe, par l'homme qui a dirigé très-longtemps l'administration des Haras après l'honorable M. Boulay
de la Meurthe.

« Il disait en effet :

« Les Haras doivent favoriser partout le dévelop-
« pement de l'industrie et s'efforcer de creuser cha-
« que jour leur tombeau. On l'a dit avec raison : la
« mort des haras sera leur triomphe ; ils n'auront
« atteint leur but que lorsque, mettant un terme aux
« sacrifices de l'État, ils seront parvenus à se rendre
« inutiles...; leur vie ne doit pas être éternelle, il faut
« la leur souhaiter courte et bonne, et nous travail-
« lerons de toutes nos forces à rendre leur fin aussi
« prochaine que possible. »

« PLUSIEURS SÉNATEURS. Qui a dit cela ?

« M. LE MINISTRE D'ÉTAT. C'est un partisan de l'intervention directe, l'honorable M. Gayot, directeur de
l'administration des Haras avant M. de Baylen ; mais
il comprenait toujours, comme l'avait dit Napoléon Ier,
que là où l'industrie privée avait sa force, son existence, sa cohésion, ses moyens de production, l'idée
de l'amélioration par l'intervention directe devenait
inutile et surérogatoire, et qu'il fallait la faire disparaître.

« L'intervention directe, ainsi déterminée, se présentant comme encouragement là où les types améliorateurs n'existent pas, disparaissant quand les types

améliorateurs existent; l'intervention indirecte étant
destinée à consolider l'œuvre d'émancipation de l'industrie par des encouragements et des primes, voyons
comment l'honorable général Fleury a procédé lorsqu'il a été placé à la tête de cette administration.

« J'éprouve une sorte d'embarras à le défendre,
car il m'a vaincu personnellement. J'ai, pour mon
compte, émis, en 1860, une opinion bien plus radicale que celle qui a été adoptée en définitive par le
gouvernement. L'honorable général Fleury avait une
opinion inverse de celle que je soutenais comme ministre de l'agriculture et du commerce. J'ai perdu
l'administration des haras en raison même de cette
conviction.

« Aussi, quand j'entends attaquer ces actes par le
parti conservateur des Haras, — je ne parle pas de
l'honorable M. Boulay de la Meurthe, mais des pétitionnaires, — je ne puis m'empêcher de leur dire
d'abord qu'ils sont un peu ingrats, et ensuite qu'ils
jugent bien vite des actes qu'ils ne connaissent
pas.

« Un peu ingrats ! Qu'a donc fait l'honorable directeur des Haras depuis trois années qu'il s'est consacré à cette œuvre avec une sollicitude incessante, à
laquelle je ne saurais trop rendre justice, moi, qui ai
parcouru tous les documents officiels qui ont été publiés successivement par son administration? Il a
multiplié les encouragements sous toutes les formes ;

il a primé les étalons pur-sang et demi-sang ; il a
créé le système d'autorisation des étalons de second
ordre ; il a primé les juments poulinières, les poulains dressés ; il a multiplié les écoles de dressage :
il y en avait trois en 1860, il y en a quatorze aujour-
d'hui. Au lieu d'acheter comme autrefois les chevaux
à la longe, presque dans un état de sauvagerie qui les
dépréciait, on les achète aujourd'hui montés, dressés,
et on a en même temps d'excellents cochers, qui
sont, par parenthèse, un précieux avantage, car un
bon cocher est de tout temps chose fort rare.

« Voilà ce qu'a fait le directeur général des Haras ;
mais il a rendu un plus éminent service à la Normandie ; il l'a dotée de l'élément le plus profitable, le
plus fécond qui puisse exister au monde. Cette Normandie, si riche, est un peu routinière ; elle avait
toujours fait reposer son industrie chevaline sur deux
bases : l'achat de ses jeunes étalons par l'administration des haras, l'achat de ses poulinières par la remonte ; elle ne reconnaissait pour ainsi dire que l'État
comme acheteur ; et elle poussait très-loin ce système.
Le ministère de la guerre achetait les chevaux à deux
ans, deux ans et demi, alors qu'ils étaient à l'état de
poulains non dressés. On les plaçait, on les place
peut-être encore, mais en moindre proportion, dans
des écuries spéciales, où ils étaient élevés aux frais
de l'État, et ce n'était que deux ans après qu'ils pouvaient être livrés aux cavaliers.

« Aussi l'éleveur normand n'avait pas le sentiment
qu'il pût faire mieux, et obtenir un meilleur prix de
ses produits.

« Le commerce n'allait pas facilement en Normandie. Comme les acquisitions de la remonte enle-
vaient tous les poulains présentant quelques qualités,
annonçant un véritable mérite dès l'âge de deux ans,
le commerce ne venait pas acheter, à trois ans ou
trois ans et demi, des chevaux qui étaient naturellement réputés de rebut, puisqu'ils n'avaient pas été
pris par l'armée.

« Aussi le commerce des chevaux était-il à peu
près abandonné en Normandie, et la remonte de la
cavalerie militaire était-elle le principal, presque l'u-
nique débouché de l'éleveur normand. Cet état de
choses s'est modifié, et de la manière la plus utile,
sous l'action du directeur général de l'administration
des haras. Aujourd'hui le ministre de la guerre achète
au commerce; il a renoncé à ce système assez bizarre
qui consistait à n'acheter qu'à l'éleveur, il a renoncé
à toutes ces petites entraves, à ces moyens mal définis
qui ne sont pas de la grande exploitation ; il achète
au commerce. Aussi maintenant le commerce est-il
revenu en Normandie. Les marchands ne vont plus
comme autrefois dans le Mecklembourg faire leurs
achats ; ils s'adressent à nos provinces. Ainsi, il y a
quinze jours à peine, un des principaux marchands
de chevaux de Paris se rendait en Normandie et en

ramenait quarante chevaux dressés, achetés à une seule foire.

« Et, messieurs, savez-vous ce que c'est que le commerce introduit dans l'acquisition du cheval normand? C'est la propagation de la race, c'est la fécondité rapide, c'est l'élévation des prix, en même temps que l'amélioration des produits par les moyens les plus sûrs et les plus prompts. L'honorable M. Boulay de la Meurthe nous disait, il n'y a qu'un instant : « L'administration des haras ne s'occupe que de l'a- « mélioration de la race, tandis que le commerce « s'occupe de spéculer. » Oui, le commerce spécule, mais sa spéculation repose sur l'amélioration. C'est en améliorant qu'il vend ses produits plus cher, donc c'est en raison des améliorations qu'il fait de meilleures spéculations; dans le cas contraire il se ruine. Ainsi tout commerçant, tout industriel qui spécule doit le faire en améliorant ses produits ; s'il agit autrement c'est un mauvais industriel, c'est un mauvais commerçant. Cette distinction entre la spéculation et l'amélioration n'est donc pas une vérité économique.

« La vérité économique, c'est que tout industriel qui spécule tend à l'amélioration de son produit, parce qu'il atteint ainsi plus sûrement l'élévation de son prix et la rémunération de ses soins.

« Je résume les efforts faits jusqu'à ce jour par l'administration des Haras : encouragements multipliés, indirects, utiles, féconds; développement de

18

relations commerciales, dans la Normandie, et enfin, résultat définitif que je traduis par un seul fait :

« Il y a dix ou douze ans, on introduisait en France toute compensation faite, 14,000 chevaux étrangers. Aujourd'hui, d'après les derniers états, on n'en introduit plus que 5,000. Ce qui prouve qu'il y a 9,000 chevaux de plus fournis aujourd'hui par l'industrie française.

« Maintenant, à côté de ces efforts très-intelligents, très-sérieux, dans un système que, je demande la permission de le dire, je ne considère pas comme irréprochable au point de vue des principes absolus, mais que j'accepte au nom du gouvernement qui l'a approuvé, j'aborde maintenant l'appréciation des deux actes qui, fort injustement, ont fait oublier tout le passé, tous les efforts antérieurs, et semblent avoir effacé dans le cœur des éleveurs normands les sentiments de sympathie qu'il y a peu de temps encore ils prodiguaient au directeur général des Haras. Quatre dépôts d'étalons ont été supprimés, comme conséquence 65 étalons ont été vendus ; de plus, si je ne me trompe, au haras du Pin, à celui de Saint-Lô...

« M. LE COMTE BOULAY DE LA MEURTHE. Permettez, voici le nombre exact : 65 étalons ont été vendus dans les dépôts supprimés, et en outre 54 étalons appartenant au Pin et à Saint-Lô ont été également vendus.

« M. LE MINISTRE D'ÉTAT. Très-bien ! nous sommes

d'accord. La suppression de quatre dépôts a eu pour conséquence la vente des chevaux. On en a vendu soixante-cinq.

« M. LE COMTE BOULAY DE LA MEURTHE. Pardon, on en a vendu cent dix-neuf.

« M. LE MINISTRE D'ÉTAT. Attendez ! soixante-cinq ont été vendus comme provenant des quatre dépôts. Je me hâte d'ajouter que, par une mesure spéciale dont je vais discuter la valeur, il en a été vendu cinquante-quatre dans le dépôt du Pin et dans celui de Saint-Lô.

« J'examine le premier fait, celui de la suppression de quatre dépôts d'étalons. Cette suppression a-t-elle été déterminée par la règle que je posais tout à l'heure ?

« Est-il vrai qu'on se soit retiré, soit devant l'impuissance de faire quelque chose d'utile, soit à raison de la vitalité de l'industrie privée dans la contrée ?

« Avant de répondre à cette double question, je demande d'abord qui m'interroge. Si ce sont des membres du Sénat, je suis prêt à leur donner des explications complètes ; mais si ce sont les pétitionnaires, je désirerais savoir quelle est leur qualité pour m'interroger. Ils sont tous absolument étrangers aux quatre circonscriptions où les dépôts ont été supprimés. En vérité, si quelqu'un doit se plaindre, ce sont ceux que cette suppression touche de près, ceux dont l'industrie est atteinte par cette suppression, plus que les théoriciens qui se sont emparés de cette suppression parce qu'ils croient que l'industrie étalonnière est compromise.

« La vérité, la voici : A Abbeville, depuis longues années, le dépôt ne fonctionnait pas d'une manière utile. Il n'avait qu'un centre d'action important, c'était la Seine-Inférieure. En supprimant le dépôt d'Abbeville, on a rattaché la Seine-Inférieure à la circonscription d'un autre dépôt : tous les intérêts ont donc été sauvegardés. L'industrie privée est si féconde, que le lendemain de cette suppression, elle a créé deux écuries : l'une de trente étalons, l'autre de vingt, et qu'aujourd'hui le service étalonnier se fait de la manière la plus complète, la plus utile, et la mieux encouragée par les primes, qui puisse se produire dans le département de la Somme.

« Le dépôt de Charleville a été aussi supprimé ; il était de date récente, il remontait à 1852 et n'avait d'abord eu que le caractère d'un dépôt départemental, avant de devenir un dépôt de l'État. L'administration des Haras l'a supprimé, par cette raison qui est aujourd'hui devenue un axiome : que l'amélioration du cheval de trait n'a pas besoin d'être encouragée ; et cependant l'étalon de trait se vend trois, quatre ou cinq mille francs.

« Cette vérité, confessée par tous, n'a-t-elle pas été un peu lente à être reconnue ?

« Est-ce que du temps de l'honorable M. Boulay

de la Meurthe, on n'avait pas un profond dédain pour le cheval pur-sang, et au contraire une affection extrême pour l'étalon de trait? Mon honorable collègue n'a-t-il pas été appelé à faire les premiers pas dans cette voie de réforme, considérée aujourd'hui comme si légitime?

« M. LE COMTE BOULAY DE LA MEURTHE. Je vous demande pardon...

« M. LE PRÉSIDENT. N'interrompez pas, monsieur Boulay; vous répondrez tout à l'heure.

« M. LE COMTE BOULAY DE LA MEURTHE. Je ne voudrais répondre qu'un mot. Je répète que le système d'amélioration par le pur-sang a été exposé en 1829, dans un rapport de M. le duc des Cars; j'ajoute que l'application en a été prescrite par une ordonnance de 1833.

« Je n'ai dirigé l'administration des Haras qu'en 1837, 1838 et 1839. A cette époque, on était entré déjà dans l'application du système de 1833, qui consistait à ne s'occuper du cheval de gros trait que le moins possible, mais de faire accepter l'amélioration du cheval léger par l'emploi du pur-sang.

« M. LE MINISTRE D'ÉTAT. L'honorable M. Boulay de la Meurthe a raison, et je demande la permission de dire que je n'ai pas tort.

« En 1829, le pur-sang était considéré comme un danger. L'opinion de M. le duc des Cars ne fut pas adoptée; elle ne l'a été qu'en 1833.

« M. A. FOULD. Elle n'était pas pratiquée.

18.

« M. LE MINISTRE D'ÉTAT. Elle n'a été pratiquée d'une manière un peu sérieuse qu'en 1838 ou 1839. On comptait à peine dix, douze ou quinze chevaux pur-sang, à ce moment, en France, et en 1840, il y avait quatre ou cinq cents étalons de trait dans les Haras de l'État. En 1855, lorsque j'ai eu l'honneur d'être chargé du ministère de l'agriculture, il y avait dans les Haras trois ou quatre cents étalons de trait; nous avons été obligés de les éliminer graduellement, et ceux qui s'occupaient de cette question (lisez les documents de cette époque; vous trouverez la confirmation de ce que je vous dis) disaient, comme on dit aujourd'hui en supprimant les étalons de trait : « Vous « ruinez l'agriculture, au moins vous la compromet- « tez de la manière la plus grave ; de plus, en leur « substituant les étalons pur-sang, vous aggraverez le « mal, car vous produirez des chevaux maigres, hauts « sur jambes, efflanqués, des chevaux non étoffés, qui « n'ont ni force, ni énergie, ni durée, qui peuvent faire « une course sur un hippodrome, mais à la condition « d'arriver au but essouflés et impuissants. » Tel était le langage tenu en 1855, quand je me suis occupé de la question. La vérité économique s'est dégagée graduellement; il est aujourd'hui reconnu par tout le monde, plus tôt ou plus tard, soit avant la direction de l'honorable M. Boulay de la Meurthe, soit depuis, que l'intervention directe de l'État pour la reproduction des chevaux de gros trait est une erreur économique.

« Voilà pourquoi le dépôt de Charleville a été supprimé.

« Le dépôt de Saint-Maixent l'a été pour une autre raison.

« Dans le Poitou, l'industrie mulassière est très-développée; l'intervention directe de l'État s'est traduite par les efforts les plus incessants pour la production de l'élève du cheval ; on a donné la saillie à vil prix.

« Les propriétaires de juments ne sont pas venus davantage, et, à mon avis, ils ont eu parfaitement raison.

« On voulait, en effet, contrarier un courant économique, un courant industriel, sans profit pour l'industrie chevaline et au plus grand préjudice de l'industrie mulassière. Un mulet, au bout de six mois, se vend de 400 à 600 francs. Il n'a presque rien coûté à élever ; il est très-sobre; il vit tranquillement dans les pacages, et n'exige pas ces précautions si nécessaires pour les jeunes chevaux, sujets à des accidents fréquents qui les détériorent et leur font souvent perdre toute leur valeur.

« Un mulet, à l'âge de six mois, a, disais-je, une valeur de 4 à 600 francs ; aussi le cultivateur trouve-t-il ce produit très-avantageux, et il ne veut pas se jeter dans l'élève du cheval, qui l'expose à des risques très-graves. Pourquoi contrarier cette tendance? N'était-ce pas agir contre les intérêts généraux,

contre ceux de l'armée elle-même, qui a besoin de
mulets pour ses transports?

« On a enfin supprimé le dépôt de Saint-James;
cette suppression a été déterminée par une raison
étrangère à celles que je viens d'exposer. Les étalons
pur-sang, destinés à courir eux-mêmes ou à produire
des chevaux de course, n'ont plus besoin d'être encouragés.

« Cette industrie, comme celle des étalons de trait,
est assez forte pour être affranchie de toute protection. Le cheval de grand prix et celui de prix tout à
fait inférieur ne sont et ne doivent plus être encouragés. On s'est dit avec raison : Pourquoi conserver le
dépôt de Saint-James? Sans doute, en 1857 ou 1858,
je ne me rappelle pas la date précise, l'administration
des Haras avait acheté un cheval de 105,000 francs,
Flying-Dutchman, mais, depuis, elle a compris qu'elle
avait fait une très-mauvaise opération et qu'il ne fallait pas la recommencer. Quelle a été sa conduite? Il
y avait en même temps à Paris des chevaux achetés à
grand prix par de grandes écuries particulières, par
des hommes fort riches qui s'occupent du cheval pur-
sang. Ainsi je connais tel étalon qui a été acheté par
un simple particulier 80,000 francs. Eh bien, pendant que ce particulier, propriétaire de ce cheval de
80,000 francs, avait mis ses saillies à 500 francs, —
pardon de ces détails, mais ils touchent de très-près
à la question, — on venait demander à l'administra-

tion des Haras de mettre les saillies de *Flying-Dutch-man* à 300 ou 400 francs. N'était-ce pas là une concurrence bien directe ? Un propriétaire avait cru devoir mettre à la disposition de l'industrie privée un cheval de premier type, il avait consacré une forte somme à cette opération, et on se mettait en concurrence avec lui en donnant la marchandise à vil prix. Était-ce là de la liberté ?

« M. le général Fleury a reconnu qu'en présence du développement des courses, de l'ardeur qu'elles déterminent parmi les hommes qui s'occupent de chevaux, de l'empressement qui se manifeste sur tous les hippodromes, ce cheval d'une très-grande valeur, qui peut faire gagner à une écurie particulière le *Grand prix* en France ou le *Derby* en Angleterre, n'avait pas besoin d'encouragement, et qu'il y avait là un élément de jeu, d'intérêt et de passion, assez vif pour qu'on pût se passer de l'intervention de l'État. L'administration a donc demandé la suppression du dépôt de Saint-James. Du reste, ce dépôt, il faut lui rendre cette justice, n'avait qu'un cheval.

« Telles sont les quatre suppressions. Voilà le premier fait sur lequel on fonde une critique contre l'administration des Haras, critique assez singulière, car elle part exclusivement d'un habitant des Basses-Pyrénées, M. Courtiade. Les autres pétitionnaires ne se plaignent pas de ces suppressions.

« J'arrive au second fait, qui a motivé un plus

grand nombre de réclamations, une multiplicité plus grande de signatures et de plus vives appréhensions.

« Je le déclare, si j'étais partisan, comme l'honorable M. Boulay de la Meurthe, de l'intervention directe de l'État ou du maintien de l'administration des Haras, je remercierais le directeur général de l'essai prudent et sage qu'il veut tenter pour savoir où est la vérité ; car il n'est pas possible de procéder avec plus de circonspection, avec moins de hâte que ne le fait le directeur général de l'administration des Haras. Il pouvait se dire très-résolûment : « La richesse « mobilière s'est développée dans notre pays ; le che- « val de luxe a pris une valeur considérable ; on a déjà « décidé qu'il ne fallait plus encourager la production du « cheval pur-sang à type supérieur ; d'un autre côté, « l'étalon de trait est repoussé des dépôts ; pourquoi ne « pas repousser aussi l'étalon de pur sang, qui coûte de « 8 à 10,000 francs, ou l'étalon de demi-sang, qui « coûte de 2 à 4,000 francs?

« Le cheval de luxe est un objectif suffisant pour « l'industrie étalonnière privée, il a des destinations « multiples : il intéresse les gens riches qui le payent « très-cher, le commerce, qui l'utilise sous divers rap- « ports ; il sert à l'administration de la guerre, qui est « pour lui un client très-considérable. Le cheval de « luxe, qui se vendait, il y a dix ans, 6 à 800 francs, « se paye aujourd'hui 1,200, 1,500, 3,000 francs. « Voilà un intérêt énorme : mettre au bout de la car-

« rière une pareille chance de gains, une telle certitude
« de débouchés, c'est assurer de la manière la plus sé-
« rieuse la production de la race chevaline, car rien
« ne la développe comme la certitude des débouchés
« et la vente à des prix élevés. »

« L'honorable directeur général des Haras aurait
pu se dire tout cela ; il a été plus prudent ; il a pris
la résolution que je vais rappeler. Pour consentir à
vendre aux enchères un certain nombre d'étalons de
l'État, il a posé comme condition première que la
demande en serait faite par des hommes honorables
et spéciaux, souscrivant l'engagement de desservir
avec ces étalons les stations antérieurement exploitées
par l'administration.

« Ainsi les étalons ne sont pas vendus au hasard ;
il faut que quelqu'un, un homme honorable, présentant des garanties, vienne à l'administration des haras
et dise : « Je me charge de desservir votre station. »
Si cet homme ne se présente pas, il n'y a rien à faire,
le dépôt d'étalons reste dans sa plénitude et dans son
intégralité. Voilà la première condition : il faut que
l'industrie privée se manifeste, sollicite, vienne se
présenter pour remplir les fonctions qui incombent
aujourd'hui à l'administration des Haras. Ce n'est pas
par une appréciation *a priori* que le directeur se dé-
cide, mais sur une proposition déterminée.

« Cette demande faite, comment procède le directeur général ? Il dit : « Je consens à vendre un petit

« nombre de chevaux (en effet, il ne s'agit, dans ce
« singulier procès de tendance, que de 54 chevaux,
« et l'administration possède en France 1,140 éta-
« lons, je consens à vendre ce petit nombre aux en-
« chères, mais à la condition que les stations où les
« éleveurs conduisent les juments poulinières seront
« maintenues. Vous les desservirez à la place de l'ad-
« ministration, vous développerez même les stations,
« si vous le voulez, à l'aide d'autres étalons. » Ainsi
ce sont les étalons de l'Etat qui, vendus à un particulier, continuent à faire la même station.

« Quelle était autrefois l'objection faite à ceux qui
proposaient l'aliénation des étalons de l'État ; on leur
disait : « Ces étalons, une fois vendus, seront enlevés
« au pays, emportés à l'étranger, et la race chevaline
« dégénérera dans notre pays. » Eh bien, non ; le directeur général des Haras prend ses précautions ; il
dit aux acquéreurs qui se présentent : « Ces étalons,
« je vous les vends, mais vous ne pourrez les reven-
« dre sans mon autorisation ; vous les achèterez,
« mais vous les conserverez dans le pays, mais vous
« serez obligés de leur faire faire la monte dans une
« station déterminée. »

« Quelle précaution plus prudente voulez-vous pour
vérifier si l'industrie privée peut prendre la place de
l'intervention directe ? Au lieu de cet argument absolu et théorique que je formulais, il y a un instant,
on a recours à une vérification pratique ; on ne veut

se retirer qu'au moment où on sera convaincu, par les faits, par l'étude quotidienne des circonstances et de la situation de l'industrie, qu'on peut le faire sans inconvénient.

« Or, je le demande, si on admet, comme on l'a déclaré au début de cette discussion, que l'intervention directe de l'État doit cesser là où l'industrie privée offre des garanties et une vitalité suffisantes, est-il possible de vérifier le problème avec plus de soin et de sollicitude ?

« Car enfin qu'arriverait-il s'il était démontré que les intérêts de l'élevage sont compromis, le mal ne serait-il pas bien facilement réparable ? Cinquante-quatre nouveaux étalons ne seraient-ils pas bien facilement rachetés ? Mais les imaginations s'effrayent, les faits sont singulièrement exagérés ou travestis, et on ne parle de rien moins que de la suppression immédiate des Haras. En vérité, il n'en a jamais été question.

« J'interpellerai au besoin mon honorable collègue le ministre de la maison de l'Empereur; personne ne propose, au nom du gouvernement, cette suppression hâtive, violente, prématurée. (*M. le maréchal Vaillant fait un signe d'assentiment.*) On a simplement dit : « On va essayer; si cela réussit, on se re-« tirera graduellement, sinon on restera. »

« Combien cet essai durera-t-il ? Je ne sais ; mais on ne conclura pas de l'essai particulier à une mesure d'ensemble; on ira toujours graduellement.

« Si au Pin l'essai ne réussit pas, l'administration s'arrêtera; si l'essai réussit, elle persistera, parce que dans ce cas l'industrie privée aura prouvé qu'elle peut améliorer les types tout aussi bien que l'intervention directe.

« Si, au contraire, l'industrie privée tombe en défaillance, si elle est impuissante, l'intervention directe est là pour reprendre l'œuvre interrompue.

« Quels intérêts peuvent être mis en souffrance par cette expérimentation? Plus vous êtes convaincus que l'intervention directe est inévitable, plus vous devez désirer l'épreuve, car l'épreuve, si vous avez raison, tournera contre l'administration des Haras : elle prouvera l'inanité de l'essai, elle confirmera la règle.

« Mais au moins laissez essayer. Et quand je vois les pétitionnaires, avant même que les stations aient été ouvertes, avant même que le service soit établi, car il ne doit s'établir qu'au mois de mars, venir saisir un des grands corps de l'État, interpeller le Sénat, et lui demander de diriger contre l'administration, non pas un blâme, — l'honorable M. Boulay (de la Meurthe) a dit que ce n'était pas un blâme (Non, non !) — mais, pour me servir de l'expression d'un des plus spirituels interrupteurs du Sénat que je ne nomme pas, un *avertissement*. (On rit.)

« Eh bien, je demande à ne pas recevoir cet avertissement quand je ne le mérite pas.

« Un avertissement, pourquoi?

« Est-ce que les propriétaires de jeunes étalons qui veulent les vendre à l'administration peuvent avoir des inquiétudes? Le rapport qu'a lu M. Boulay (de la Meurthe) constate que l'on continue à acheter des étalons comme précédemment, sauf à les revendre si l'essai a réussi.

« Par conséquent l'industrie des jeunes étalons n'a rien à craindre.

« Sont-ce les propriétaires de poulinières?

« On leur conserve leurs stations, leurs étalons. On les multiplie en assez grand nombre pour éviter cette question des *berceaux*, et cette thèse de la consanguinité, qui a plus d'originalité que de vérité; — car, en effet, la consanguinité lointaine produit l'homogénéité et la perfection des races; la consanguinité directe et très-prochaine produit seule l'altération et l'imperfection, — mais elle est très-facile à éviter. Vous n'avez pas de bonnes races sans consanguinité lointaine, parce que si vous avez de faux croisements, vous détruisez votre race.

« Je reviens à ma thèse.

« L'industrie des poulinières ne peut être atteinte par la décision attaquée. Les stations sont maintenues, on leur conserve les mêmes emplacements, on garde le même nombre d'étalons; elle n'a donc à souffrir de rien.

« Mais j'arrive à la grande préoccupation des pétitionnaires, et c'est par là que je termine cette trop

longue discussion : « Le budget de l'État se trouve
« atteint, » et voilà les pétitionnaires qui viennent
dénoncer au Sénat un gaspillage d'argent au préjudice du trésor.

« Pourquoi donc? On achète des chevaux à un certain prix, et on les revend un peu meilleur marché ;
on leur donne des primes, primes qui varient de
500 à 1,200 fr. ; la moyenne est de 440 fr.

« Pour moi, je maintiens que c'est une excellente
affaire, et je suis convaincu que le trésor fait une
véritable économie. Oui, l'étalon est vendu un peu
moins cher qu'il n'a été acheté ; oui on paye une
prime. Mais si l'étalon est conservé dans le dépôt, il
dépérit graduellement. Il faut donc calculer un amortissement assez rapide. De plus, la dépense de
chaque cheval représente 2,000 francs par an ; je
suis prêt à vous en fournir le calcul. De telle sorte
qu'en perdant 500 francs sur la revente d'un étalon,
en lui donnant chaque année une prime de 800 francs,
on économise 6 ou 700 francs par an, et on est exonéré
du prix principal de l'acquisition.

« Or, dans ce système nouveau, les économies faites
ont pu servir à de nouveaux et utiles encouragements,
car au lieu de 240,000 francs, on a pu allouer, cette
année, 375,000 francs en primes aux types améliorateurs.

« Je me résume : les pétitionnaires se sont émus
beaucoup trop tôt, la mesure étant prise par un

homme intelligent et capable, qui a profondément
étudié ces matières et donné les gages les plus sérieux
de sympathie à l'industrie chevaline, et spécialement
à l'industrie normande ; par un administrateur qui a
multiplié sous toutes les formes les encouragements,
les primes, les autorisations, et qui essaye aujourd'hui
avec timidité, avec circonspection, un système dont il
étudiera avec sollicitude toutes les conséquences,
toute la portée.

« S'il s'est trompé, il aura le courage de l'avouer
sincèrement ; s'il a raison, ne le paralysez pas dans
ses efforts et ne jetez pas des incertitudes nouvelles
dans cette difficile question de l'élevage. Ne jetez pas,
à chaque instant, dans l'esprit de ceux qui cherchent
le progrès, des doutes, des troubles, des hésitations
de toute nature qui les empêchent de marcher droit
dans leurs convictions. » (Très-bien! très-bien!)

Après la lecture d'un plaidoyer d'une logique aussi
serrée, on est convaincu ; il devient dès-lors inutile
de répondre aux tristes raisonnements de M. le marquis de Croix ; et c'est à croire que l'honorable sénateur n'avait pas entendu la parole éloquente de M. Rouher. Il appartenait d'ailleurs au ministre promoteur
des idées libre-échangistes en France, de répondre
aux énormités économiques qu'on ne pouvait laisser
passer quoiqu'elles ne soient plus dangereuses, leur
application étant désormais impossible. Nous résu-

merons donc cette discussion, en transcrivant ce que nous disions le 4 mars, dans *la Presse* :

« L'État doit borner son rôle à encourager par des primes toute production qui, pour des causes diverses, ne répondrait pas aux besoins de la consommation ; mais cette intervention doit-elle encore être limitée, et cesser le jour où l'équilibre est rétabli, le jour où le producteur a retrouvé l'intérêt de son argent? Les primes doivent être considérées comme une sorte de prêt fait par l'État à l'agriculture quand elle manque d'un capital suffisant. Lorsque le gouvernement aura reconnu que son but a été atteint, que lui-même sera rentré dans ses avances par la plus-value de ses chevaux de cavalerie, par l'accroissement de la richesse publique, il devra à ses finances et à la logique de laisser l'industrie vivre de sa propre vie, à l'aide de ses seules ressources. Toute industrie qui ne peut pas se soutenir sous l'empire de la loi commune, lorsqu'on lui a fourni tout d'abord les éléments nécessaires pour se constituer, est une industrie destinée à périr. Eh bien! notre industrie chevaline possède en elle tous les germes de la prospérité, que cette industrie a conquis dans les autres pays de l'Europe. Les courses organisées par une Société intelligente et puissante en 1855, les encouragements donnés aux éleveurs dans ces derniers temps par la nouvelle administration des Haras, les progrès de la culture, toutes ces choses ont développé les germes d'amélioration qui n'étaient encore qu'à l'état latent il y a quelques années.

«Nous concluons donc que le gouvernement a bien agi en substituant le plus possible l'action indirecte à l'action directe; qu'à en juger par les progrès déjà accomplis, malgré bien des tiraillements, il est facile de prévoir qu'en persistant dans le système adopté maintenant et en précipitant encore le mouvement d'émancipation de l'industrie privée, on réalisera les vœux de tous — la prospérité de notre industrie chevaline. »

LA BROCHURE DE M. FOUCHER DE CAREIL.

A l'occasion des dernières pétitions adressées au Sénat, M. le comte Foucher de Careil, conseiller général du Calvados, publia une brochure dont le but évident est de gagner ou plutôt de conserver à son auteur les bonnes grâces des éleveurs de la plaine de Caen. L'intervention directe et très-étendue de l'État y est chaleureusement patronée, et les dernières mesures de l'administration vivement combattues. Voici d'ailleurs les principaux arguments évoqués par l'un des hommes les plus éclairés de la Normandie. On jugera d'après nos citations où en sont encore dans ce pays les idées économiques et zootechniques.

M. Foucher de Careil commence par déplorer la
suppression des jumenteries de l'État qui eut lieu en
1852, après un rapport de M. Fould, et qui entraîna,
dit-on, « la disparition des races améliorées par l'ad-
« ministration précédente. » Nous serions vraiment
curieux qu'on nous fît connaître ces races merveil-
leuses. Mais on va voir que le partisan si convaincu
de l'intervention directe blâme presque tout ce
qu'elle a fait, et que ses études en zootechnic ne
sont pas encore très-avancées. Ainsi, dit-il, « je crois
que l'abus du pur-sang a jeté l'éleveur normand dans
une crise décisive et dont il aura quelque peine à
sortir dans les circonstances actuelles. L'équilibre
est rompu : l'amaigrissement ou l'élongation des
formes est déjà sensible ; la force morale n'est plus
soutenue par la force physique, la vitesse par le fond,
et les hommes sérieux voient avec peine l'avenir
des races de demi-sang très-compromis par l'effet
de la mesure. » Qu'entendez-vous par des races de
demi-sang, et où avez-vous donc vu une race an-
gevine ? Quant à nous, qui sommes de l'Anjou, nous
ne la connaissons pas. Mais M. Foucher de Careil est
évidemment de l'école zootechnique de l'administration, qui dans l'un de ses programmes inscrivait :
« 1re classe, — race pure ; 2e classe, — *espèce* de
demi-sang. » Ainsi d'après l'administration, l'espèce
serait une subdivision de la race ! Eleveurs, voilà
ceux qui se disent vos maîtres !

« Toutes ces races vont succomber sous le coup du système destructeur qu'on inaugure, et dont l'inévitable effet sera de fournir à l'industrie privée des reproducteurs médiocres et insuffisants. » Pourquoi? parce que « les Haras sont le *véhicule* de la création des races et de leur amélioration. » Est-il possible de répondre d'une façon plus énigmatique? « L'étalonnage est un mauvais métier réputé sans profit. » Cela est vrai en ce qui concerne les chevaux de guerre, parce que l'industrie privée ne peut soutenir la concurrence de l'État qui donne à vil prix le service de ses chevaux, mais c'est faux pour les races de gros trait, où l'étalonnage est au contraire très-productif. La preuve en est que les races se soutiennent sans le concours de l'État.

M. Foucher de Careil regrette que les éleveurs n'aient pas été consultés à l'occasion de la vente récente de certains dépôts; il se plaint « de ce manque d'égards. » Mais où a-t-il vu une administration consulter sur toutes choses ses administrés? Serait-ce même possible matériellement? Vous voyez bien que malgré vous, vous faites le procès de l'intervention de l'État.

Voici un des principes économiques de l'auteur de la brochure : « Il faut que l'étalon soit cher et la saillie bon marché! » Nous donnons cet axiome au lecteur pour ce qu'il vaut. On jugera. Puis encore : « Du moment qu'au nom de la liberté commerciale, que

personne ne réclamerait dans le plan lointain de ses
applications, on vend les haras à l'industrie privée;
la loi de l'offre et de la demande exige que les prix
(cours des saillies) montent, les saillies d'étalons
étant une marchandise beaucoup plus *demandée
qu'offerte.* » M. Foucher de Careil n'admet pas l'équilibre; en revanche, il prône le monopole. Pas nous.

Vraiment c'est à n'y rien comprendre. D'une part,
on nous dit que l'élevage normand, qu'on nous représente comme le plus avancé, « est dans un état
de crise, » plus loin, que « nos races sont toutes meilleures chez nous que celles de nos voisins, » et enfin
dans un autre endroit qu'en Angleterre, « la qualité
des produits est supérieure. » On se demande comment on peut se laisser aller à de semblables contradictions? Il faudrait cependant opter, déclarer que
l'intervention directe a produit de bons ou de mauvais
effets. De deux choses l'une, ou l'administration a
atteint le but, celui de faire produire de bons chevaux
en quantité suffisante, et dans ce cas, elle fait bien de
se retirer, ou son système est mauvais et alors il est
tout simple que nous demandions qu'il soit remplacé
par la liberté. Mais le conseiller-général du Calvados
en a peur, le mot seul d'économie politique l'effraye,
il lui substitue « l'économie domestique qui ne
veut pas laisser au hasard les principaux éléments
de la puissance nationale. » Pour M. Foucher de
Careil, le hasard, c'est la liberté !

« La première condition de réussite pour notre
commerce, est la stabilité. La stabilité ! comment la
concilierait-elle avec les perpétuelles oscillations cau-
sées par les tâtonnements d'une administration, qui
à titre d'essai et sous un vain prétexte de liberté,
bouleverse tout à coup tout un système reconnu bon
par l'immense majorité des éleveurs ? » Il faut avouer
que l'administration a dans l'auteur de la brochure
un ami terrible. Ce dernier ne s'aperçoit-il pas qu'il
est dans la nature même des administrations en général, d'expérimenter, que les chefs qui s'y succèdent
apportent les uns après les autres des idées tout à
fait différentes qu'ils tiennent à pratiquer, car,
comme le disait naguère le prince Napoléon, « les
successeurs aiment peu à faire ce que faisaient leurs
prédécesseurs, ce n'est pas une critique, c'est l'histoire du monde. » C'est au nom du commerce qu'on
parle, et au moment même où un marchand de
chevaux, un homme dont la vie « déjà longue et
uniquement consacrée au commerce des chevaux, »
un homme qui fait des affaires énormes chaque
année en Normandie, M. E. Perrault, qui déclare,
dans une excellente brochure, que l'émancipation de
l'industrie chevaline fera « la fortune du pays.»

Quelle anarchie dans les idées des hommes du
passé ! Sait-on ce qui réellement fait peur aux éleveurs normands, ce qu'ils redoutent, non sans quelques raisons, c'est l'abandon de la Normandie par les

étalonniers. « Le commerce, dit-il, ne se laisse pas
ainsi mener. Il obéit à des lois fixes, spéciales, parfaitement définies. Trois choses l'attirent : la qualité,
la quantité et le bon marché. » Ceci est certain, et
l'on ne peut nier que le commerce, que les particuliers, que les étalonniers ne seront point aussi indulgents que l'administration des Haras l'a toujours été
pour la Normandie. Ils iront là où ils trouveront la
marchandise dans les conditions les plus favorables,
les plus profitables ; c'est élémentaire, il n'y a rien là
d'effrayant, sauf pour M. Foucher de Careil. Il prévoit
déjà le moment où « bientôt on ne voudra plus nulle
part des étalons anglo-normands ! » Pourquoi, en
effet, en voudrait-on s'ils sont mauvais ? Ou bien pourquoi n'en voudrait-on plus s'ils sont bons ?

Vous avez raison, « le commerce normand vivait
des Haras et de la Remonte. » L'aveu est complet, et
vient justifier ce que nous avons dit cent fois dans les
journaux. Eh bien, il faut que vous le sachiez, le con-
tribuable est fatigué de voir les millions s'enfouir depuis tant d'années dans un pays qui, jusqu'ici n'a
encore pu nous montrer, en fait de chevaux de commerce, que quelques rares carrossiers, conservés à
grand peine dans les écuries du Louvre, malgré le
vif désir du premier écuyer de l'Empereur de remonter son souverain avec des produits indigènes, et les
éternels chevaux de MM. Forinal, *Y. Mastrello*,
Witch et *Jason*, dont le plus beau vaut bien 2,000 fr.

sur un champ de foire, et dont le moindre serait peut-être refusé par la Remonte. L'heure de la justice a sonné ; les encouragements, le commerce, tous enfin, iront désormais, comme vous le dites, « *digniori*, au plus digne ! »

Il n'est pas une seule mesure de l'administration qui ne soit amèrement critiquée par M. Foucher de Careil. Les épreuves pour les pouliches saillies, épreuves qu'on a supprimées déjà, d'ailleurs, sont qualifiées dans la brochure que nous examinons de « *primes d'avortement !* » On y blâme les courses telles qu'elles sont organisées, les conditions imposées par l'administration pour les prix qu'elle donne. Les parcours de sept mille mètres y sont regardés comme insuffisants pour juger du fond d'un reproducteur ! Pauvres chevaux normands, ce serait cependant leur fin, si on leur imposait de plus longs parcours, et ce serait certes un moyen sûr de nous débarrasser de tout ce qu'il y a d'étalons en Normandie que de les faire courir dans des courses de longues distances contre les chevaux anglais, non de pur-sang, bien entendu. La façon dont les primes sont distribuées, toutes choses enfin sont blâmées par M. Foucher de Careil. C'est le procès en règle et sans ménagement aucun, non-seulement de l'intervention directe, mais encore de l'intervention indirecte. A ce point de vue, nous applaudissons à la brochure, si ce n'est à son esprit, du moins aux résultats qu'elle devrait avoir si elle était prise en considération. Nous le disons hautement, la Normandie doit être abandonnée à ses propres forces. Il y a assez longtemps qu'elle puise à pleines mains dans les coffres de l'État; continuer à l'aider artificiellement ne serait ni d'une sage économie, ni d'une bonne justice. Ce pays est celui de toute la France qui est le plus favorisé par le climat, par la richesse des pâturages, et s'il est une contrée qui puisse se passer des secours de l'État, c'est la Normandie. Elle en a profité largement depuis un demi-siècle, il est maintenant nécessaire que les encouragements aillent ailleurs, dans l'Ouest, dans le Midi où le capital manque encore sur beaucoup de points. Si l'agriculture normande est intelligente elle le prouvera en marchant désormais sans lisières. Si elle tombe avec les moyens qu'on lui a fournis pour marcher, c'est à désespérer d'assister jamais à son complet développement, c'est qu'elle est vouée à une enfance perpétuelle. Raison de plus alors pour que le gouvernement porte ailleurs les efforts. Si elle ne peut mieux faire en fait de production animale que de fournir chaque année aux parisiens le bœuf gras, elle s'en tiendra là, voilà tout. Il faut savoir borner son ambition à ses moyens.

LE BUDGET DES HARAS AU CORPS LÉGISLATIF.

(*Presse* du 24 mai 1864.)

Le Corps législatif a adopté samedi, à la majorité
de cent vingt-huit voix, la troisième section du ministère de la Maison de l'Empereur, service des Haras. La discussion a été longue et très-animée, puisqu'elle remplissait hier vingt colonnes du *Moniteur*.
Ce n'est donc point à tort que la *Presse*, depuis cinq
ans, a saisi chaque occasion d'éclairer la question,
cherchant à faire prévaloir là comme ailleurs ses
idées de liberté absolue. M. David Deschamps,
M. de Saint-Germain et M. Geoffroy-Villeneuve ont
longuement développé et soutenu leurs tendances au
monopole en matière d'industrie chevaline, demandant le renvoi de la section des Haras à la commission du budget. Ils n'ont été combattus que par les
orateurs du gouvernement, M. Cornudet, conseiller
d'État, et M. Rouher. M. le duc de Morny, qui se
trouvait à son banc, a clos la discussion, engageant
la Chambre à voter le budget des Haras, afin de ne
pas décourager M. le directeur général, qui, selon
l'honorable président, est déjà entré dans la bonne
voie, mais qui « veut faire mieux » qu'on ne fait aujourd'hui.

On connaît nos principes, nous les avons trop de
fois défendus pour qu'il soit encore nécessaire d'y re-

venir. D'ailleurs, la discussion de samedi n'a été que
la reproduction de celle du Sénat. Nos adversaires, et
pour cause, n'ont pas produit un argument nouveau.
Le fait à constater, c'est que, par son vote, la Chambre a reconnu qu'il ne pouvait être question de maintenir éternellement l'industrie chevaline dans les lisières de l'administration. Elle a soutenu le directeur
général des Haras dans ses timides essais d'émancipation, et c'est de bon augure. Espérons qu'à la prochaine session nous pourrons applaudir à un pas de
plus fait dans la voie de la liberté.

Il est à souhaiter que les promesses de M. le général Fleury, qui ont trouvé samedi dans M. le duc de
Morny, un nouvel interprète, se réalisent prochainement. La phase que nous traversons ne peut se pro-
longer sans danger. Un régime de liberté ne se peut
expérimenter dans les conditions actuelles. Qui pourrait en effet croire que c'est avec une diminution de
soixante-cinq étalons dans les dépôts impériaux qu'on
peut faire l'essai des forces de l'industrie privée?
Personne assurément, surtout lorsqu'on voit les res-
trictions et les réglementations qui accompagnent
cette transaction faite avec l'étalonnage privé. On l'a
dit, il est impossible de soutenir que le système mixte
suivi aujourd'hui soit un critérium sérieux de la valeur du système que nous voudrions voir adopté ; et
cela est si vrai que chaque jour des hommes considérables, que nous pourrions nommer, sont arrêtés

dans leurs velléités d'entrer en négociations avec
l'administration, justement à cause des entraves qu'ils
trouvent dès les premiers pas. Que le gouvernement
suive le conseil que donnait à Colbert le maréchal
Villars : « Commencez, disait le héros de Denain, par
épargner nos cent mille écus, et rendez aux peuples
la liberté qu'on leur a ôtée d'avoir des juments et des
étalons, et vous verrez que les choses reprendront
leur cours au lieu que, par vos précautions, la quantité de chevaux diminue tous les jours. » Voilà quel
était ce conseil, rappelé si à propos hier par M. le ministre d'État. Car si aujourd'hui nous pouvons posséder des poulinières, ce n'est pas sans chances de
faillite que nous entretenons des étalons, vu la concurrence faite par l'État aux chevaux des particuliers.

Nous ne pouvons mieux terminer ce coup d'œil
sur la discussion de samedi, qu'en rappelant cette
phrase du discours de M. Rouher : « Que disait
« l'Empereur Napoléon Ier? Disait-il que l'interven-
« tion directe était le dernier mot de la question?
« Non. Il disait, au contraire, que le principe de l'in-
« tervention directe de l'État était temporaire ; que
« le deuxième terme du progrès serait l'intervention
« indirecte, pour arriver à la liberté complète de
« l'industrie. » Eh bien, nous demandons qu'on en
arrive au second terme, prévu par le restaurateur des
Haras nationaux, et dans un temps où il n'était cependant pas encore question de libre échange.

Enfin, il s'est trouvé au Corps législatif quatre-vingt-dix-neuf voix pour voter le renvoi à la commission de la section du ministère de la Maison de l'Empereur concernant les Haras. Nous n'avons pas besoin de dire que les députés qui font profession de protectionnisme ont voté pour le renvoi à la commission, c'est-à-dire pour le maintien de l'intervention directe de l'État dans la production. Que M. Thiers se soit joint en cette circonstance à MM. Brame et Pouyer-Quertier, cela ne nous étonne ni ne nous attriste ; M. Thiers, en tout temps, s'est déclaré le défenseur ardent du système protecteur.

Nous comprenons moins le vote de la gauche. MM. Carnot, Dorian, Jules Favre, Garnier-Pagès, Glais-Bizoin, Havin, Hénon, Magnin, Marie, Pelletan, E. Picard et Jules Simon ont voté avec les quatre-vingt-dix-neuf, c'est-à-dire pour la protection, pour le maintien de l'action gouvernementale et contre l'économie. Il n'y a que MM. Darimon, Lanjuinais et E. Ollivier qui aient appuyé de leurs votes les premiers pas de l'administration dans le chemin de la liberté. M. Guéroult s'est abstenu.

Que signifie le vote de la gauche ? Il est fort difficile de le dire. Nous nous bornons à enregistrer cette énigme, mais nous ne nous chargeons pas de la déchiffrer.

LE PROJET ET LA PROPOSITION

DE

M. LE MARQUIS DE MORNAY.

A l'époque de ces discussions hippiques, nous reçûmes un jour une brochure ayant pour titre : *Du principe d'association appliqué à l'industrie chevaline*, par le marquis de Mornay, membre du conseil général de l'Oise. Nous nous empressâmes de lire cet écrit, et bientôt notre attention fut attirée par cette phrase : « ..... Un mémoire, contenant quelques réflexions suivies de propositions délicates, fut adressé par nous au gouvernement de l'Empereur. Ces propositions, — il nous sera permis de le dire, — parurent assez importantes au gouvernement pour qu'il demandât que le pays en fût saisi, et que l'opinion publique consultée donnât son avis en pleine connaissance de cause. C'est à ce désir, mais dans un esprit libéral et d'excellente pratique, qu'est due cette simple brochure. En la publiant, nous demandons à notre tour à la presse, aux publicistes et aux hommes spéciaux, de répondre à l'appel qui leur est fait ici. »

Sans savoir quel était au fond l'accueil fait par le ministre à la proposition de M. de Mornay, nous l'examinâmes attentivement; mais nous ne tardâmes pas à nous apercevoir que ce n'était autre chose qu'une demande d'un nouveau monopole. Aussi, tout en rendant justice aux intentions de l'auteur, nous combattîmes son projet dans l'une de nos chroniques agricoles. Ce qui nous fit voir que M. de Mornay se faisait illusion sur les tendances de son projet, et qu'il n'avait pas encore une idée bien nette de la liberté, c'est le passage suivant : « Le problème ainsi posé aurait pu rester sans solution satisfaisante et pratique, si une expression qui se trouve dans le dernier rapport de M. le directeur général des Haras, *ne nous avait révélé des aperçus demeurés jusqu'à présent dans une complète obscurité. Nous voulons parler du mot association*, énoncé dans ce rapport. »

L'idée d'association parut « neuve » à M. de Mornay; ce fut pour lui une révélation. Cet aveu naïf prouvait certes beaucoup en faveur des fossés et des murailles de Mont-Chevreuil, castel d'où la brochure est datée, mais il faisait voir que le membre du conseil général de l'Oise n'était point au courant de toutes les branches de l'industrie agricole, ou même exclusivement chevaline, les exemples d'association ne manquant pas dans ce genre d'industrie. Mais enfin, il faut le dire, M. de Mornay a été séduit par le principe, et sentant que son application allait devenir à la mode, il s'empressa de s'y rallier, comme il eût fait d'un habit de coupe nouvelle.

Voici d'ailleurs les principales dispositions du projet en question : « 1° Constituer une société anonyme au capital de 10,000,000 de francs, ayant pour but d'entretenir dans un certain nombre d'établissements désignés un effectif d'au moins 1,200 étalons. Cette société, dont la durée d'exercice serait de cinquante années, fonctionnerait à partir du 1er janvier 1865.

« 2° Après l'approbation impériale donnée aux statuts de la société, verser au trésor public, en un seul payement ou par annuités, une somme déterminée en échange de la cession qui serait faite des étalons présentement entretenus par l'État (1,050) et de cent-cinquante autres reproducteurs à acheter par l'administration des Haras sur les fonds de l'exercice 1864, ainsi que du matériel existant dans les dépôts.

« 3° Consacrer, à partir du mois d'octobre 1865, une somme annuelle de 540,000 francs au renouvellement de l'effectif.

« 4° Prendre à la charge de la société la liquidation du droit de la pension de retraite de tous les fonctionnaires et gagistes de l'administration des Haras qui, ayant moins de vingt années de services, seraient attachés à la société.

« A l'exécution des engagements pris par la société générale, et dont la teneur serait stipulée dans les actes officiels à intervenir, la société mettrait, entre autres, les conditions suivantes :

« 1° Cession, en temps opportun et déterminé, entre les parties contractantes, des 1,200 étalons dont il a été parlé.

« 2° Allocation annuelle à chacun des étalons de la société générale d'une prime d'approbation établie par période de cinq ans et par catégorie d'animaux :

PÉRIODE DE CINQ ANS.	ÉTALONS DE PUR SANG.	ÉTALONS DE DEMI-SANG.	MOYENNES.
1re période	1.800	1,500	1,404
2e —	1.500	1.100	1,183
3e —	1.200	900	963
4e —	900	700	742
5e —	600	500	521
6e —	500	500	500

Moyenne générale : 852 fr.

« Au commencement de la septième période, toute allocation cesserait d'être accordée. »

Comme on le voit par ce projet, la compagnie ne tendrait à rien moins qu'à se substituer entièrement à l'administration des Haras, en d'autres termes, à remplacer un monopole par un autre monopole. Il ne nous paraît pas possible que le gouvernement ne voie pas l'analogie, et qu'il songe à traiter dans les conditions que nous venons de faire connaître. Ce serait renouveler l'histoire des *petites voitures*, histoire trop désastreuse pour les actionnaires et trop funeste pour le public pour qu'on veuille la renouveler. Le monopole qu'exerce la compagnie des petites voitures est l'un des plus intolérables dont nous ayons à souffrir. La réglementation qui régit cette entreprise dépasse toutes les bornes de ce qu'on croirait possible au dix-neuvième siècle. L'allure même des chevaux y est l'objet d'un article spécial.

Le cocher qui vient de faire une longue course, par exemple de conduire un voyageur attardé à la gare d'un chemin de fer, et qui vient de traverser tout Paris, eh bien! ce cocher, disons-nous, n'a pas le droit de faire souffler son cheval sans être accusé de *maraude*. Plus encore, il n'a pas la permission de regagner sa station au pas; non, il faut qu'il trotte. Le cheval est fatigué, hors d'haleine : c'est égal, le règlement ne connaît pas d'obstacle. Si un cocher, comme il y en a malheureusement trop peu, soigneux pour son cheval, l'arrête après une course violente, même dans un endroit peu fréquenté, pour lui donner quelques soins, le sergent de ville *ad hoc* lui dresse un procès-verbal. Car, il faut qu'on le sache, il y a toute une brigade spécialement affectée au service des fiacres de Paris. Sait-on ce qui arrive par suite de ces réglementations tracassières? c'est que lorsque vous montez dans une de ces voitures qui rentrent à leur poste, vous n'êtes plus mené qu'à une sorte de *traquenard*, qui n'est ni le trot ni le pas, allure inventée par la compagnie des petites voitures, au détriment de vos affaires et de vos intérêts. Êtes-vous très-pressé, vous promettez un généreux *pourboire* au cocher, qui se met alors à frapper sur la malheureuse bête. Mais la compagnie, qui, d'ailleurs, ne lui fournit qu'une ration d'avoine très-insuffisante, n'ayant pas encore trouvé le moyen de donner au cheval le mouvement perpétuel, vous en

êtes réduit à manquer votre rendez-vous, après avoir
en vain laissé martyriser la pauvre bête, qui n'en
pouvait mais. Il y a bien, m'a-t-on dit, une Société
protectrice des animaux, mais une société protectrice
de l'homme contre le monopole et les réglementations est encore à fonder. Cette création devient cependant de jour en jour plus urgente.

Et des voitures, est-ce que vous en trouvez, le
dimanche, surtout à la porte des théâtres, ou à l'ar-
rivée des trains dans les gares? jamais. La brigade
des sergents de ville vous protége, en empêchant le
maraudeur d'approcher ! Et ceci se passe en France,
à Paris, en 1864 !!!

Le projet de M. le marquis de Mornay pouvant
entraîner à des inconvénients aussi fâcheux que ceux
que nous venons d'examiner, et n'étant que la réalisation d'un monopole déguisé, il faut espérer que
l'administration, bien que dans un état désespéré,
n'aura cependant pas recours à un remède qui serait
pour nous pire que le mal actuel. En conséquence,
nous votons donc un enterrement de première
classe à la proposition Mornay.

ENCORE L'ÉTAT ET L'INDUSTRIE DES CHEVAUX DE TRAIT.

Une circulaire de M. le Directeur général des Haras
à MM. les Préfets.

ET

Une lettre de M. le Directeur général à M. Moisant.

« Monsieur le préfet,

« Au milieu des profonds dissentiments d'opinions auxquels la question chevaline a donné lieu de tout temps, une vérité du moins est acceptée généralement, c'est que la production du cheval de trait par l'État est une erreur économique. Instrument précoce d'un travail qui compense les frais d'entretien, caractère docile et se pliant aux exigences parfois violentes des serviteurs ruraux, objet d'un commerce immense qui comprend même les exportations à l'étranger, le cheval de trait donne lieu à un élevage adapté aux ressources et aux mœurs hippiques des pays producteurs, s'obtient à un prix de revient relativement faible, et se vend facilement à un prix toujours avantageux. L'industrie qui se livre à cette production est donc placée dans les meilleures conditions pour se suffire à elle-même.

« Dès 1861, en prenant possession du service, la Direction générale des Haras, s'inspirant de cette vérité, a éliminé des établissements de l'État, par voie de réforme, un grand nombre d'étalons de trait. Plus récemment, elle a fait une place plus large

20

encore à l'industrie privée, en supprimant dans les contrées du nord de la France, adonnées à cette production spéciale, deux de ses dépôts d'étalons. La facilité avec laquelle l'activité industrielle des particuliers s'est substituée à l'intervention de l'administration, est venue consacrer d'une manière éclatante la justesse de ses prévisions.

« Fortifiée dans ses convictions par cette expérience concluante, en ce qui concerne la possession par l'État des étalons, le Service des haras a l'intention d'appliquer le même principe, c'est-à-dire la diminution graduelle de sa protection, à l'encouragement des chevaux de trait que les particuliers possèdent. Ces encouragements affectent deux formes principales, les primes attachées à l'approbation des étalons et celles qui sont distribuées aux poulinières. Il est nécessaire d'examiner séparément ces deux côtés de la question.

« L'étalonnier qui exploite le cheval de trait est celui qui retire incontestablement du prix de saillie le revenu le plus élevé, comparativement à la valeur vénale du reproducteur qu'il emploie. En deux ou trois années l'amortissement de cette valeur est obtenu, et l'on conçoit que, dans de telles conditions, il puisse se passer de subsides administratifs. Le Service des haras est donc décidé à restreindre de plus en plus ses primes d'approbation, en les réservant aux étalons d'un mérite supérieur et susceptibles de produire les chevaux propres aux services rapides.

« Ici se présente une question de détail : les étalons primés par l'administration dans cet ordre d'idées devront être, autant que possible, de robe foncée, c'est-à-dire offrant les diverses nuances du noir, du bai ou de l'alezan. En voici les motifs : les produits qui naîtront de ces étalons ne seront plus comme aujourd'hui spécialisés dans leur emploi pour les transports publics; ils cesseront d'être fatalement limités à un prix qui ne dépasse jamais 1,200 à 1,500 fr. pour les chevaux même les mieux réussis, excepté toutefois les étalons qui, je le reconnais, peuvent se vendre jusqu'à 5,000 francs. Ils pourront convenir, à leur tour, au petit luxe, à l'artillerie, au train, aussi bien qu'aux autres services qui demandent l'union de la force et de la vitesse. La robe grise, bien que prédominante parmi les chevaux de trait, est, on le sait, peu en faveur dans le commerce de petit luxe; elle a l'inconvénient, dans l'artillerie, d'offrir à l'ennemi un point de mire, et dans les autres transports, malgré un préjugé que rien n'explique et n'affirme, les entrepreneurs des grands services publics, d'après les assurances qu'ils m'ont données eux-mêmes, n'ont aucune préférence pour elle. Il résultera donc de cette différence de couleur ce double avantage, d'ouvrir au cheval de trait trotteur un plus large débouché, en augmentant sa clientèle, et de préparer des sujets se prêtant au croisement bien entendu du cheval de pur sang ou de demi-sang, lorsque les éleveurs en possession de pouliches baies, noires ou alezanes, bien conformées, douées de bonnes allures, voudront eux-mêmes entrer dans la voie d'amélioration ou de transformation de leurs produits.

« J'examine maintenant la situation des possesseurs de poulinières de trait. La vente avantageuse des poulains est, pour cette classe d'éleveurs, une rémunération satisfaisante. La mère n'interrompt son travail qu'une quinzaine de jours pour mettre bas, et paye elle-même son entretien. La vente du produit, toujours assurée, toujours facile, dédommage infailliblement le producteur. Ici encore l'administration peut s'effacer, ou du moins intervenir seulement dans la limite restreinte que je viens d'indiquer pour les étalons, c'est-à-dire favoriser uniquement la production des chevaux propres aux services rapides et de robe foncée. Les allocations de l'État accordées aux poulinières dans les berceaux de production du cheval de trait seront donc réservées, désormais, aux juments suitées d'un poulain issu d'un étalon de pur sang ou de demi-sang, soit appartenant à l'État, soit approuvé, soit autorisé.

« Cette formule, au reste, convient à tous les genres de production que l'administration a mission d'encourager, et sera uniformément appliquée, dans tous les départements, à l'emploi des subventions ministérielles, suivant le principe général posé dans ma circulaire n° 87.

« Je vous serai obligé, monsieur le préfet, de vouloir bien m'accuser réception de cette circulaire, et de la porter à la connaissance des éleveurs par tous les moyens de publicité dont vous disposez. »

Suivait la signature de l'aide de camp, premier écuyer de l'Empereur, Directeur général des Haras.

––––––––––

M. le Directeur général des Haras, comme on vient de le voir par la circulaire que nous venons de reproduire, veut abandonner complétement son action directe et indirecte sur les races de chevaux de trait. L'industrie à laquelle elles donnent lieu n'ayant plus besoin d'être aidée, il est en effet d'une bonne économie de la retirer, et ce n'est pas nous qui blâmerons l'administration d'en agir ainsi. Mais, dirons-nous, pourquoi ne pas l'annoncer plus franchement, plus catégoriquement, en deux mots? Pourquoi n'avoir pas dit tout simplement : « Considérant que l'industrie des chevaux de trait est florissante, l'État lui retire les encouragements qu'il lui allouait jusqu'ici. » Pourquoi dire que « l'étalonnier qui exploite le cheval de trait est celui qui retire *incontestablement* du prix de saillie le revenu le plus élevé, comparativement à la valeur vénale du reproducteur qu'il

20.

emploie? » Cela est si peu inconstestable, que nous contestons la justesse de cette affirmation, par la raison qu'un bon étalon de trait coûte en moyenne tout aussi cher qu'un étalon de pur sang, dont l'origine ou les *performances* ne le destinent qu'à faire un étalon de croisement. Le prix d'un de ces chevaux peut être évalué de deux à trois mille francs, et on peut en dire autant des étalons percherons ou bourbonnais de quelque mérite. Pourquoi dire que le service des Haras est décidé à réserver ses primes d'approbation « aux étalons *d'un mérite supérieur* et susceptibles de produire des chevaux propres aux services rapides? » Pourquoi comparer des races qui ne remplissent point le même but, et si on le reconnaît, pourquoi dire que l'une est supérieure à l'autre? En quoi les chevaux de tel éleveur normand, pour lesquels nous réclamions l'autre jour, dans *la Presse*, l'intervention d'un nouveau Crokett, leur propriétaire ayant déclaré, au dernier concours d'Évreux, qu'il était dangereux de les exhiber à la longe devant le public, animaux qu'en conséquence on a dû laisser dans leurs cages, comme des bêtes féroces, en quoi, disons-nous, ces chevaux sont-ils supérieurs aux admirables, doux et braves percherons qui, au même concours d'Évreux, étaient inscrits sous les noms de MM. Mesnil, comte Lecouteulx de Cantelen, Dreux-Linget, Chéradame, Bourget, etc.? Pourquoi encore dire que les chevaux de trait français ne sont pas susceptibles d'un service rapide? Car, enfin, rapide veut dire au trot, ce nous semble. Le service de la malle-poste et celui de la marée se faisaient à raison de quatre lieues à l'heure, ce qui a toujours été considéré comme une bonne vitesse. De plus, nous affirmons qu'il serait encore aujourd'hui fort difficile de remonter ce service, dans de bonnes conditions, avec des chevaux normands, c'est-à-dire sans avoir recours aux percherons ou aux boulonnais. Donc, il n'est pas plus juste de dire que nos races de trait ne sont pas propres aux services rapides, qu'il n'est juste de vouloir placer ces races sur un degré inférieur de l'échelle.

Toutes ces considérations étaient parfaitement inutiles, puisque la pensée qui les dictait se résumait ainsi : « Les allocations de l'État accordées aux poulinières dans les bureaux de production du cheval de trait seront donc réservées, désormais, aux juments suitées d'un poulain issu d'un étalon de pur-sang ou de demi-sang, soit appartenant à l'État, soit approuvé, soit autorisé. »

Il ne faut pas qu'on s'abuse, ce n'est point à proprement parler aux chevaux gris que les Haras s'attaquent ; sans les rechercher, ils les primeraient quand même, pensons-nous, s'ils s'appelaient *Grey-Momus* ou *Abdani-Blanc*. Cela est si vrai que presque tous les étalons de la race Orloff achetés l'an dernier par le Directeur général des Haras étaient gris. Le Directeur général sait très-bien qu'en interdisant à ses

agents de primer les chevaux gris, il leur interdit de
primer des reproducteurs des races de trait, dont le
caractère principal, permanent, est justement la robe
grise. Aussi, nous ne comprenons pas comment la Société centrale et impériale d'agriculture a pu prendre le
change sur cette matière. Toutefois, et nous en félicitons M. de Kergorlay, le rapport fait par cet honorable membre, au nom de la section d'économie des
animaux, blâme la proscription qui frappe les reproducteurs de couleur grise. M. le marquis de Vogué
s'est rallié à cette opinion, qui est aussi celle de la
majorité, nous nous plaisons à le reconnaître. Nous
nous étonnons que M. Magne ait donné raison à
l'administration, et cela sous prétexte que les chevaux
gris sont sujets à une affection connue sous le nom de
mélanose. Mais, comme l'a très-bien fait remarquer
M. Eugène Marie, dans l'*Écho agricole*, « la médecine n'aurait-elle d'autre ressource que de tuer le
malade pour guérir la maladie? » Toutefois, si la
maladie est incurable, on peut dire qu'elle ne sévit pas
d'une manière bien meurtrière, puisque les races de
chevaux gris, telle que la race arabe, dont plusieurs
familles sont exclusivement de robe grise, et les races
percheronne et boulonnaise, sont très-prospères.

On nous demande pourquoi nous tenons à conserver la
robe grise chez nos percherons, dit M. le docteur Jonquet,
secrétaire de la Société des courses de Mondoubleau.

« Pourquoi? c'est uniquement parce que nos éleveurs

vendent plus cher leurs poulains de cette nuance que ceux
d'un autre pelage. Ce n'est de leur part ni obstination ni routine, c'est le résultat d'une entente judicieuse de leurs intérêts. Dans nos foires, une bête grise vaut, à mérite égal, de
60 à 100 francs de plus que celle qui a le poil bai.

« L'année dernière, une commission prussienne est venus
acheter des juments à Mondoubleau ; elle refusait net toutes
celles qui n'avaient pas une robe grise. Plusieurs marchande
belges, qui firent également dans notre contrée d'importants
achats à la même époque, se montrèrent aussi absolus. Il y a
quelques semaines un médecin vétérinaire de l'Alsace, M. Grad,
recherchait dans les environs de Mondoubleau de bonnes juments percheronnes, pour quelques propriétaires de Stras-
bourg. Nous lui en montrâmes deux de conformation admirable, l'une baie et l'autre noire : « Ce n'est pas cela qu'il me
faut, nous dit-il, je veux du gris. Savez-vous comment certains hippiâtres d'outre-Rhin définissent votre race? « Le
« cheval percheron est un cheval blanc ; celui qui est gris
« n'est pas de race pure, c'est un produit de la métisation. »
« Si j'emmenais chez moi des juments noires ou baies, si
percheronnes qu'elles fussent, on ne les accepterait jamais
comme telles. »

« Voilà la raison d'être de la robe grise des chevaux percherons. »

Si nous applaudissons à la mesure qui a fait supprimer dans les dépôts tous les étalons de races de trait,
nous n'admettons pas que l'administration cherche à
détourner les éleveurs d'une production avantageuse.
Non-seulement elle les encourage à abandonner l'élevage du cheval de trait, qui fait leur fortune, et encore là il n'y a que demi-mal, car les éleveurs resteront
toujours libres de fabriquer le produit le plus avantageux, mais encore, dans la lettre de M. Moisant,

directeur de la Société hippique du Perche et de la
Beauce, M. le général Fleury voudrait prouver qu'en
alliant la race percheronne à l'une des races anglaises,
celle du Norfolk, on ne fait point, à proprement parler, du croisement. Voici le passage de la lettre à laquelle nous faisons allusion, où cette doctrine est prè-
chée : « ... Puisque, dans la race elle-même, les
bons reproducteurs font défaut ou ne sont pas en
assez grand nombre, il faut les chercher ailleurs. Il
existe un cheval qu'on peut appeler similaire du cheval percheron, et qui possède justement ce qui manque
à celui-ci : c'est le cheval du Norfolk. Cherchez là des
étalons, et la protection de l'administration vous est
acquise. En suivant cette voie, vous ne renoncerez à
la sélection que dans une faible mesure, puisque, pour
commencer, vous ne pourrez posséder que quelques
étalons de cette race... »

Puis plus loin : « Je sais que beaucoup de bons
esprits ont horreur des croisements comme moyen
d'améliorer l'espèce percheronne; mais importer le
Norfolk, suivant moi, ce n'est pas croiser, c'est assi-
miler. Le croisement n'est autre chose, en effet, que
l'alliance de deux races essentiellement différentes
pour former une race mixte. C'est tout le contraire
que je propose, c'est l'accouplement, c'est-à-dire
l'assimilation, l'appareillement homogène de deux
espèces de chevaux ayant de grandes analogies de
volume, de conformation, d'aptitudes, d'éducation,

d'allures, mais dont l'une est douée de qualités supérieures qu'il peut transmettre à l'autre. »

Cette doctrine fort singulière est aussi tout à fait nouvelle. Elle n'a été émise, à notre connaissance, que par M. le général Fleury, et encore tout récemment par M. Sanson dans le *Livre de la Ferme*. C'est ainsi que pendant que M. Sanson déclare qu'il faut « une grande attention et beaucoup d'habitude pour distinguer dès maintenant à première vue, par exemple, tel charolais amélioré par la sélection, et tel durham au pelage blanc comme lui..., » et que conséquemment « le mariage entre le charolais amélioré et le durham n'est point à proprement parler un croisement...; » d'un autre côté, M. le Directeur général des Haras assimile le percheron au cheval du Norfolk. Cependant nous soutenons, et là-dessus nous faisons sans crainte appel à la contradiction, que les deux races bovines n'ont pas plus d'analogie entre elles que les deux races chevalines. Il est aisé de voir, en réfléchissant un tant soit peu, que l'administrateur, tout aussi bien que l'écrivain, ont eu recours à des exemples malheureux pour le soutien de causes perdues à l'avance. L'exemple et l'argument se valent, et l'un détruirait l'autre, s'il était nécessaire.

« Au surplus, dit encore M. Jonquet, la race percheronne n'est-elle pas suffisamment livrée à toutes sortes de croisements dans les nombreuses contrées qui tentent de se l'approprier? Et dans quels pays les produits métisés valent-ils

ceux de sang-pur? Nulle part. Il est donc essentiel que le
Perche conserve précieusement sa race mère, qui fait sa principale richesse, ne fût-ce que pour doter les autres contrées
de types reproducteurs véritablement percherons; mais, en la
conservant, il doit l'améliorer, et la prendre elle-même pour
base des améliorations, c'est-à-dire n'admettre à la reproduction que l'élite progressive et continue de ses produits, avec
exclusion des sujets défectueux.

Que les éleveurs de chevaux de trait soient donc
bien avertis. Ceux qui opéreront le croisement seront soutenus par les primes de l'administration ;
ceux qui, au contraire, persisteront à faire des chevaux de trait avec des chevaux de trait, seront réduits à leurs propres ressources. Maintenant il reste à
savoir lequel l'emportera ou l'encouragement toujours
très-modique et fort aléatoire de l'État ou le bénéfice
certain d'un immense commerce qui ne peut cesser,
tant qu'il y aura des voyageurs ou un ballot de marchandises à transporter au chemin de fer et une
charrue et un tombereau à traîner dans les champs.

UNE CONCLUSION RÉSUMÉE PAR UN MOT.

« Au milieu des profonds dissentiments d'opinions
auxquels la question chevaline a donné lieu de tout
temps, une vérité du moins acceptée généralement,
c'est que la production du cheval de trait par l'État
est *une erreur économique.* »

La solution de la question chevaline se trouve tout
entière résolue dans ces lignes du général Fleury. En
effet, pourquoi la production du cheval de trait est-
elle regardée comme une erreur économique ? C'est
que l'industrie à laquelle elle donne lieu est florissante. Pourquoi cette industrie, entièrement l'œuvre
des particuliers, est-elle si prospère ? C'est qu'elle
n'est point le fruit de moyens artificiels, c'est qu'elle
est le résultat d'un besoin économique. C'est, qu'en
effet, toute production obtenue par le monopole ne
pourra être considérée comme une industrie définitivement établie. C'est que toute production dont le prix
ne pourra s'établir en bénéfice, sous l'empire de la
loi de l'offre et de la demande, ne pourra vivre longtemps ; véritable anomalie, véritable produit factice,
elle est destinée à subir toutes les fluctuations des
opinions, les chances des régimes politiques différents,
à disparaître même le jour où les caisses de l'État lui
seront fermées.

Qu'on ne vienne pas nous dire que la réduction
dans l'effectif des dépôts d'étalons n'est qu'un essai,
qu'une expérience propre à éclairer le gouvernement
sur la marche qu'il devra adopter plus tard. Non,
car tout résultat obtenu par une demi-mesure ne
peut en aucun cas faire apprécier le bien ou le danger d'un système. De deux choses l'une : ou il faut
que l'État couvre le pays de ses étalons, ou qu'il les
supprime partout. Il n'y a pas d'autre moyen de s'é-

clairer sur les effets de l'intervention directe de l'État dans la production. Cependant le *Sport* du 23 mai dernier, journal devenu l'organe semi-officiel de l'administration des Haras, semble croire que son chef regarde ses derniers arrêtés comme une expérimentation. Nous citons : « On peut croire aujourd'hui que l'administration s'arrêtera aux limites qu'elle vient d'atteindre, et qu'avant de songer à les dépasser, elle attendra prudemment de pouvoir juger, par des résultats significatifs, la valeur de ce qui a été fait. »

Quoi qu'il en soit, le temps n'est pas loin, suivant nous, où le Directeur général des Haras, qui paraît bien décidé à mener son œuvre à bonne fin, où le général Fleury, disons-nous, s'apercevra qu'il faut opter définitivement entre le monopole et la liberté, et quand nous parlons de liberté, nous ne disons pas la liberté limitée ou graduelle, nous disons simplement LA LIBERTÉ !

LETTRES

SUR

L'EXPOSITION AGRICOLE ET INTERNATIONALE

DE HAMBOURG[1]

— — —

I

« C'est aujourd'hui même que ferme l'exposition
agricole internationale de Hambourg, ouverte depuis
le 14 de ce mois, et je veux de suite, suivant ma pro-
messe, vous envoyer mes impressions. Le Français,
d'humeur et d'habitude peu voyageuses, lorsque par
hasard il entreprend une excursion si peu éloignée
qu'elle soit, a généralement la prétention de découvrir le premier le pays qu'il visite. Aussi que de
descriptions de mœurs et de lieux, qui ne diffèrent
guère de celles qu'on lit dans les *Guides* du voyageur.

[1] Ces deux lettres furent adressées au journal *la Presse*, les 22
et 23 juillet 1863. Le lecteur nous pardonnera sans doute de lui
avoir donné cette esquisse qui se rattache directement aux matières
traitées dans ce volume.

Quoique Hambourg ne se trouve pas sur le chemin de beaucoup de gens, je n'entreprendrai cependant pas l'historique et le tableau de cette ville originale, traversée par une foule de canaux, dont les eaux charrient chaque jour un monde de marchandises. Du reste, pas un monument, l'art n'habite pas ces lieux. Hambourg ne ressemble point à une ville ordinaire; les habitants eux-mêmes n'ont pas l'air de se trouver chez eux. Non, c'est un immense dock, comme qui dirait l'entrepôt général des produits des deux mondes. Aussi, parle-t-on toutes les langues dans la ville libre, qui, ces jours-ci, recevait, non pas dans ses murs, car la Baltique et l'Elbe lui tiennent plus que suffisamment lieu de ces fortifications spirituellement caractérisées encore ces jours passés par le célèbre orateur de Manchester, mais bien, dis-je, dans ses vastes hôtels, tout ce que l'Allemagne possède d'agriculteurs, grands et petits.

« Malgré les habitudes essentiellement mercantiles du peuple hambourgeois, si toutefois on peut donner ce nom à une population qui m'a semblé cosmopolite, l'hospitalité ne me paraît pas devoir être l'un des traits de son caractère. Si le ballot de marchandises amené par la vapeur se transborde sans difficulté, le voyageur, au contraire, est plutôt considéré comme un intrus dans la ville anséatique, si bien gardée, protégée, par la nature, de toute fantaisie du touriste. Point d'abords faciles, point de chemin de fer, et c'est

à deux lieues de la ville, à Harburg, qu'est placée la
gare. Là, vous montez soit dans un omnibus, soit
dans un fiacre qui, moyennant quatre thalers (ni plus
ni moins), vous traîne péniblement jusqu'à l'Elbe.
Quel n'est pas votre étonnement, en arrivant sur le
bord du fleuve peuplé de bateaux de toutes grandeurs
et déjà tourmenté par la vague houleuse de la mer,
de n'apercevoir aucun pont! Bientôt votre stupéfac-
tion redouble en vous trouvant dans un bac, oui,
dans un bac à l'instar de ceux de la dernière bourgade
française. Cependant, il faut être juste, le nautonier est
un mécanicien dont la machine à vapeur vous donne
le mal de mer, pour peu que vous y soyez disposé.
A peine êtes-vous sorti de ce premier bac, qu'il vous
faut rentrer dans un autre pour traverser le second
bras de l'Elbe. N'allez pas croire que ces opérations
s'accompliront toujours pour vous aussi promptement
que la traversée de la rivière de votre village. Non,
car enfin le bac hambourgeois ne contient que quatre
voitures, et, ces jours passés, il fallait faire la queue,
comme à l'entrée d'un ministère un jour de bal. Enfin, l'entrée dans la cité peut être considérée comme
une conquête : c'est un assaut en règle qu'il faut donner, et cela au prix que vous savez.

« Je ne vous dirai pas les divers *étranglements* auxquels le visiteur imprudent de l'exposition de Hambourg a été soumis. Qu'il vous suffise de savoir que
le thaler est pris pour l'unité, et calculez d'après cela

ce que peut coûter un lit, un dîner, une voiture, un billet d'entrée. Quant aux journalistes, habitués aux gracieusetés des expositions anglaises et françaises, ils avaient le privilége de payer le prix commun ! Les exposants n'étaient pas beaucoup mieux traités, et ils savent à quel prix leur revient leur fantaisie. A ce propos, je me suis laissé dire qu'un Américain avait dû payer deux cents thalers pour l'essai de sa moissonneuse devant le jury, le blé n'étant probablement pas assez mûr ! Les nombreuses doléances que j'ai entendu formuler en idiome germanique finissaient toutes par ces mots : « Si M. Merk eût été là, les choses se fussent passées tout autrement ! » J'ai fini par découvrir que M. Merck, syndic de la ville, je crois, était mort peu de jours avant l'exposition, et que, seul parmi ses concitoyens, il pensait que Hambourg, en l'an de grâce 1863, devrait avoir son chemin de fer et des mœurs rappelant un peu moins celles des pirates. A présent que M. Merck est mort, il n'est plus question de ces réformes, qui cependant paraîtraient urgentes aux moins civilisés.

« Maintenant, entrons dans l'enceinte de l'Exposition, installée sur une prairie, non loin de la promenade à la mode de la ville, sorte de jardin planté d'assez beaux arbres et traversé par un canal aux bords verts et sinueux. Les drapeaux de presque toutes les nations flottent au-dessus des baraques en planches qui abritent tant bien que mal animaux et

produits : car, hélas ! pendant les trois derniers jours,
exposants et exposés n'ont pu se préserver complète-
ment d'une pluie torrentielle et inaccoutumée dans
ces temps de canicule. Aussi, un grand nombre de
chevaux principalement ont-ils été malades ; je ne
parle pas de leurs maîtres ni de leurs palefreniers,
c'est moins intéressant et l'on s'en souciait peu.

« En parcourant les longues travées occupées par
les différentes espèces d'animaux, on avait plutôt
l'impression qu'on éprouve au milieu d'une foire que
celle que je ressentais l'année dernière dans le parc
de Battersea. En effet, à part quelques exceptions,
l'ensemble était peu remarquable. Il ne saurait guère
en être autrement, et tout exposant lointain, en en-
treprenant un voyage aussi dispendieux, ne pouvait
avoir en vue que le placement de sa marchandise.
Ainsi donc, peu de reproducteurs hors ligne. En revanche beaucoup de machines et de produits agricoles. Cette dernière catégorie surtout offrait un
grand intérêt. Chaque pays brillait, non pas toujours par le côté qui lui est propre, mais par certaines
productions plus transportables, en raison du plus ou
moins d'éloignement. Un catalogue parfaitement clair
facilitait beaucoup la tâche du visiteur. L'espèce
chevaline, qui ne comptait pas moins de 512 têtes,
était ainsi divisée : Chevaux de pur-sang, chevaux
orientaux, chevaux de selle, de chasse et de guerre
nés sur le continent ; une seconde catégorie semblable

pour l'Angleterre et l'Irlande ; les chevaux d'attelage et de gros trait étaient également divisés de la sorte.

« L'Allemagne, qui fournissait tout naturellement le contingent le plus important, se distinguait aussi par la qualité, quoique plusieurs contrées manquassent à l'appel. Ainsi la Prusse n'avait pas envoyé ses *trakener*, magnifiques chevaux, issus, dans l'origine, d'un croisement d'une race indigène et de l'étalon arabe, ni l'Autriche ses ravissants et excellents chevaux hongrois et transylvains. Le roi de Prusse avait cependant exposé deux juments assez distinguées, mais sans grands moyens, et provenant de son haras de Neustadt. En revanche, le Hanovre, le Holstein, le Wurtemberg, le pays d'Oldembourg avaient envoyé de nombreux échantillons de leurs races, toutes aujourd'hui améliorées par l'étalon de pur-sang anglais, ou par les trotteurs du Norfolk, mais ceux-ci en minorité.

« La race dite de pur-sang n'offrait rien de très-remarquable ; deux étalons seulement méritent d'être cités autant pour leur bonne origine que pour leur construction ; ce sont : *Vortex*, par *Voltaire*, et une jument ayant du sang de *Mulato* et de *Filho da Puta*, au prince Lippe, qui a obtenu le premier prix, et un fils de *Flying-Dutchmann*, à M. Crisp de Suffolk.

« La race arabe, très-estimée en Allemagne, puisque c'est à elle qu'on doit les premières améliorations constatées dans ce pays, comptait plusieurs sujets

d'une grande beauté. Le premier prix est échu à un
Saklavi du comte Schlieffen, du Mecklenbourg; le second, à un étalon de la même race, à M. Bamberger,
de Berlin. Les deux juments Nedjed de M. Henkel
sont assurément les plus accomplies que j'aie jamais
vues, et m'ont rappelé le fameux Abdani-Blanc. Celle
qui a obtenu le premier prix n'a que quatre ans et est
née en Allemagne. C'est l'idéal du genre, et la jument du Prophète ne pouvait être autrement.

« J'ai pu constater que depuis quinze ans les Allemands avaient fait de grands progrès dans l'élevage
du cheval. Le Wurtemberg mérite d'être cité en première ligne : les chevaux envoyés par cet État à Hambourg étaient les plus distingués, ceux qui se rappro-
chaient davantage des produits anglais. Le grand-duc
et le comte de Henkel avaient exposé des étalons de
mérite; avec de la taille et du gros ; mais le plus remarquable appartient à M. Ahrens. C'est un produit
d'un croisement *à l'envers*, c'est-à-dire d'un cheval
du pays amélioré et d'une jument de pur-sang. Cet
étalon m'a semblé avoir de grandes allures, qualité
que je n'ai pu constater que trop rarement dans les
chevaux exposés à Hambourg.

« Les Hanovriens le cédaient peu aux précédents :
un peu moins distingués peut-être que ceux-ci, les étalons de ce pays sont plus membrés, plus étoffés, et trot-
tent généralement bien. C'est en 1732 que Georges II
fondait dans son pays, à Celle, le premier haras. Il

envoya un de ses écuyers acheter des étalons en Angleterre et dans le Holstein. Pendant la saison de la
monte, ces chevaux furent distribués dans les contrées où on avait reconnu que se trouvaient les meilleures juments. Le prix de la saillie était d'un thaler
(3 fr. 75 c.), plus une mesure d'avoine. La guerre de
Sept-Ans fut fa'ale à la production, qui se releva
néanmoins plus tard assez promptement, grâce aux
soins dont on l'entoura. En 1763, on comptait à
Celle soixante-trois étalons anglais, espagnols ou napolitains, mais les plus goûtés des éleveurs étaient
ceux qui venaient d'Angleterre. En Hanovre comme
en France à cette époque, on exigeait que les étalons
n'eussent aucune tache blanche à la tête et aux
jambes, et que la tête fût busquée, en allemand, tête
de bélier. Les chevaux du pays ayant de la propen-
sion aux éparvins et à écarter les jambes de derrière
en trottant, il était spécialement recommandé aux
officiers des Haras de n'acheter que des étalons qui
n'avaient pas ces défauts. Aujourd'hui le haras de
Celle compte 56 étalons de pur-sang, 178 issus de
croisements et 214 chevaux de trait. Le prix de la
saillie est de 1 thaler si la jument reste vide, et de
5 thalers s'il naît un poulain vivant. Pour les étalons
de pur-sang il varie comme chez nous suivant le mérite des chevaux.

« Le Holstein avait également envoyé quelques
bons chevaux; un cheval gris très-près du sang, ap-

partenant à M. Schwerdfetger, m'a particulièrement frappé.

« Le pays d'Oldenbourg fournit aussi d'excellents chevaux, principalement pour le trait. Ils furent améliorés dès l'année 1603, par le comte Gunther, qui avait fait venir des étalons napolitains, d'Espagne, de Turquie, de Tartarie, de Pologne et d'Angleterre. Il fit si bien que ce petit pays de 50 mille carrés exportait annuellement 5,000 chevaux de prix, qui portèrent au loin la réputation de la race chevaline d'Oldenbourg. L'histoire rapporte que l'empereur Léopold, après son mariage avec une princesse espagnole, fit son entrée dans Vienne, monté sur un cheval noir d'Oldenbourg, et que le carrosse de la jeune impératrice était traîné par six chevaux pie-noirs de ce pays. Vers 1781, la race avait dégénéré par suite de la suppression des Haras et des inondations des Marches, dues à la rupture des digues. On avisa donc de nouveau au rétablissement des Haras, et pendant la guerre de l'Empire on trouva, dans le pays, de bons chevaux d'armes. Cependant la production ne tarda pas à s'épuiser là comme ailleurs. On en arriva à se servir d'étalons de deux ans et de juments tarées, qui amenèrent les résultats qu'on devait attendre de semblables pratiques. A partir de 1820, la race s'améliora de nouveau sous l'influence de fortes primes, fixées d'abord de 50 à 100 écus d'or, et qui s'élevèrent bientôt à 180 et à 300 écus d'or. Un étalon imporé

par un certain Stave de Brunswick est le père d'une
famille de chevaux qui jouissent encore dans le pays
d'une grande réputation, et dont les plus célèbres
sont : *Neptune*, *Toréador Ier*, *Alcibiade*, *Héros* et
Stammtafel. Dans un temps plus rapproché, on s'est
servi avec succès de reproducteurs anglais, achetés
dans le Yorkshire et dans le Cleveland. Aucun étalon
particulier ne peut faire la monte dans ce pays sans
être autorisé par une commission nommée *ad hoc*.
Toutefois, il est à remarquer que tout éleveur a le
droit d'en appeler à une nouvelle commission du jugement porté contre son cheval.

« L'Angleterre n'avait envoyé qu'un petit nombre
de chevaux, sauf dans la catégorie des chevaux de
trait, dont la race célèbre du Suffolk a eu, et à juste
titre, tous les honneurs. On le sait, je l'ai déjà dit
ici, le cheval de ce comté généralement alezan doré
est un excellent laboureur. Il a un caractère docile
et un pas allongé. Les fermiers anglais n'ont point
l'habitude des éleveurs français qui ne font point
castrer leurs chevaux de service. Ceux qui servent à
la culture et aux tombereaux dans les villes d'Outre-
Manche sont tous des chevaux hongres ou des
juments. Cette différence dans l'industrie chevaline
des deux pays tient à ce que les services publics en
Angleterre, tels que ceux des Mail-Coatch et des omnibus, ne sont point faits comme chez nous par des
chevaux de gros trait. Le Suffolk et le Clydes dale

ne marchent qu'au pas. Deux bons trotteurs représentaient la race du Norfolk. Quant à la France, il eût été à souhaiter qu'elle se fût abstenue complétement. Deux ou trois très-mauvais étalons normands m'ont forcé de détourner la tête, et j'ai dû manifester tout haut l'opinion que j'avais d'eux, afin qu'on ne crût pas que les tristes échantillons de la plaine de Caen fussent l'élite de notre production. Encore cette fois le percheron a sauvé l'honneur national. Six étalons, dont deux appartenaient à des éleveurs saxons et qui les tenaient de M. Cheradame, éleveur distingué du Perche, faisaient bonne contenance au milieu de tant de bons chevaux anglais ou allemands, quoiqu'ils nous eussent paru très-médiocres dans un concours français. »

II

« J'ai passé en revue, dans ma première lettre sur l'exposition de Hambourg, les différentes races de chevaux qui y figuraient. Je m'aperçois que ce ne sont pas deux ou trois colonnes de journal qui suffiraient pour vous présenter un tableau complet de tout ce que j'ai vu. Aussi vais-je me contenter d'une simple esquisse qui donnera du moins aux lecteurs une idée de cette immense collection de produits agricoles de toute sorte.

« Commençons par l'espèce bovine, dans laquelle on comptait neuf cent quatre têtes de bétail.

« L'Allemagne possède trois ou quatre races bovines assez distinctes, d'où sont sorties un grand nombre de variétés. Les races inscrites au catalogue sont celles du Marsch, du Jutland, de la Frise, d'Oldenbourg, du Tyrol, d'Angeln et de Hongrie. A l'exception de cette dernière, toutes sont élevées pour la production du lait. Cependant les agriculteurs allemands commencent à sentir le besoin de donner à leur bétail une plus grande aptitude à l'engraissement. C'est ainsi que plusieurs éleveurs, appartenant à différentes contrées, ont commencé à pratiquer le croisement de leurs races les moins laitières avec le durham. Les échantillons très-médiocres que j'ai vus de ces essais prouvent qu'on n'en est encore qu'au début. La race qui m'a le plus frappé est celle connue sous le nom d'Angeln, qui n'est qu'une variété du bétail du Holstein. La vache est de taille moyenne, d'une couleur rouge-brun et s'engraisse assez facilement. Elle passe pour la race la plus avantageuse à entretenir, donnant un produit laitier considérable, eu égard surtout à la nourriture consommée. L'agriculture avancée d'Angeln, les soins tout particuliers qu'on y donne à l'élevage, font rechercher les vaches de ce pays, qui ont acquis dans l'Allemagne une grande réputation. Aussi l'exportation en est-elle assez considérable. J'en ai vu vendre 120 thalers. Les fermiers du Holstein sont renommés pour la façon dont ils fabriquent le beurre. Un éleveur français, lauréat habituel de nos concours, M. de la Vallette, fils d'un ancien député de la Mayenne et auquel nous devons un volume de fables, qui sont autant de petits chefs-d'œuvre, M. de la Valette, dis-je, ayant acquis à l'exposition universelle de Paris, en 1860, une vache du Holstein, en a obtenu d'excellents produits avec le taureau durham.

« La race de la Frise et d'Oldenbourg est aussi de taille moyenne et passe pour être bonne laitière. La race du Jutland était très-estimée autrefois en Allemagne; elle me semble avoir dans ses aptitudes quelque analogie avec notre vache bretonne. Elle est petite, quoique plus grande que cette dernière, dont elle a le pelage pie-noir. Elle engraisse assez facilement et fournit une viande de bonne qualité. C'est la race des pays pauvres, dont elle fait la richesse en donnant, relativement, beaucoup de lait sur de maigres pâturages.

« La race du Tyrol offre à l'œil une conformation qui donne lieu de croire qu'elle est disposée à un prompt engraissement. Elle est rouge-foncé, aux formes massives, au corps trapu et près de terre. La vache, comme le taureau, a le cou très-chargé; le dos est large et la hanche longue. Ce n'est ni une race laitière ni une race très-propre au travail. D'un aspect très-commun, elle pourrait, ce me semble, être très-avantageusement améliorée par le croisement durham.

« Je remarque aussi, et cela dans des provinces très-différentes, une race qui, quoique en variant cependant de couleur, est le plus généralement gris-argenté et blanc. Elle rappelle, par sa construction, cette race normande moyenne, élevée principalement sur les confins de la Mayenne et de l'Orne. C'est principalement aux environs des villes que je remarque ces vaches, qui paraissent bonnes laitières. On m'a dit que ce bétail était originaire des bords de la mer du Nord.

« Dans la catégorie des croisements divers, un Prussien avait exposé une vache et une génisse de la race zébu, croisées avec un durham. Singulière idée, me direz-vous, que d'amener à un concours agricole de semblables produits ! Eh bien, le plus fantaisiste du propriétaire ou du jury est bien certainement ce dernier, puisqu'il a décerné un prix à l'éleveur silésien. Le zébu est, comme vous le savez, originaire de l'Inde, où il est encore employé aux usages les plus divers, mais c'est surtout comme bête de trait qu'il est apprécié. On prétend même que, monté, il acquiert une certaine vitesse à la course. Le zébu est de très-petite taille et d'un rouge-brun. Il se distingue par une bosse sur le garrot, quelquefois même il en a deux. Ces excroissances n'ont pas disparu chez les métis que j'ai vus à Hambourg.

« L'Autriche n'était représentée que par ses bœufs hongrois, originaires de ce royaume. Cette race s'est conservée dans toute sa pureté, et n'a jamais subi aucun croisement. Il en existe deux variétés : celle d'un blanc pur et celle d'un blanc mêlé de gris. De haute stature, le bétail hongrois se fait remarquer par ses longues cornes évasées qui atteignent trois et quatre pieds. Le bétail blanc est le plus estimé. Le bœuf hongrois fournit une viande de bonne qualité et peut être cité comme le meilleur laboureur, sa force et sa vitesse au pas égalant celle du cheval. Un des bœufs exposés à Hambourg portait sur le front un joug court et léger en cuir recouvert de cuivre, qui m'a paru bon à recommander. Un fait curieux à noter, c'est que la viande atteint souvent, chez les hongrois, la proportion de 68 à 70 pour 100 de l'animal en vie. C'est là, certes, un avantage que présentent assez peu de races. Quant aux qualités lactifères, il n'en faut pas parler : la vache ne donne de lait que ce qu'il en faut pour nourrir son veau, puis elle tarit, sitôt le sevrage. La viande du bœuf hongrois est très-estimée à Vienne. Cette ville consomme 2,000 de ces bœufs par semaine.

« La Hollande se distinguait entre tous les pays par sa magnifique exposition bovine, composée de 1,200 vaches et de quelques taureaux. C'était un ensemble magnifique et d'une parfaite homogénéité. A Hambourg, comme dans le parc de Battersea, le tinte-

ment des clochettes annonçait la présence des vaches de plusieurs cantons de la Suisse. J'ai souvent
parlé ici même du bétail de ces deux pays, je n'y
reviendrai pas.

« Les éleveurs anglais avaient envoyé 50 taureaux
et 17 vaches de la race durham. Le but des exposants était bien certainement de laisser en Allemagne
ces reproducteurs dont bien peu étaient dignes de
figurer à une exposition. Je m'abstiendrai donc de citer leurs noms. Jamais je n'ai vu ces incomparables
short-horned si mal représentés.

« Je vous ai dit dans ma première lettre la triste
figure que faisaient les deux ou trois étalons normands
à côté des produits anglais et allemands. Eh bien!
l'échec de la Normandie n'a pas été moindre dans l'espèce bovine. Bien des fois j'ai expliqué les raisons
qui militaient en faveur de l'amélioration de ces animaux si chers à entretenir. Tous les ans, à l'occasion
du concours de Poissy, j'ai montré leur infériorité, et
cette année encore j'ai dit l'impression qu'on avait
ressentie à la vue de ces colosses osseux indignes
d'un pays agricole comme la France. Je dois me hâter
de dire que l'exposant normand de deux taureaux et
de deux vaches, dont la vue n'excitait que l'hilarité
des visiteurs, tant leurs qualités étaient cachées et
leurs défauts apparents, avait dissimulé son nom en
les inscrivant sous celui d'un marchand de chevaux
de la ville. Hélas! le monstre inscrit sous le n° 738

avait été primé cette année même au concours régional de Chartres; la vache 741 avait obtenu le
1er prix à Laval en 1862, et le nº 742 le 5e prix à
Caen, en 1860. Combien j'eusse voulu que les juges
trop indulgents de ces tristes animaux fussent venus
à Hambourg. Ils eussent pu juger par eux-mêmes de
leur imprudence. Dans ce temps d'expositions uni-
verselles, on doit regarder à deux fois à imprimer le
cachet national sur des produits indignes de notre
pays, et qui vont ensuite étaler au loin, et à la risée
de tous, leurs imperfections et leurs tristes cou-
ronnes.

« L'exposition ovine, qui ne comptait pas moins de
dix-sept cent soixante et onzes têtes, était fort intéressante. A côté des magnifiques races de l'Angleterre,
dont les divers appareils sont si bien construits pour
la production économique de la viande, les mérinos
de l'Allemagne et de la France attiraient les regards
du marchand de laine. *Viande et laine,* tel était le
texte d'un article publié par moi dans ces colonnes
en revenant de Londres l'année dernière; aussi ne re-
viendrai-je pas sur cette discussion, de laquelle il res-
sortait que la plus grande partie de l'Europe ne pourrait soutenir la concurrence avec les pays transocéaniques pour la reproduction des laines fines.

« Les mérinos étaient divisés en plusieurs catégories : 1º races élevées au point de vue exclusif de la
laine la plus fine (*edle volle*); 2º races élevées au

point de vue de la plus grande quantité de laine ; 3° races élevées en vue de la meilleure conformation et de l'entretien le plus facile ; 4° races élevées au point de vue de la réunion de ces différentes aptitudes.

« C'est dans cette dernière catégorie que figuraient les moutons envoyés par la bergerie impériale de Rambouillet. La liste des prix n'étant pas encore publiée le jour de mon départ, quoique la dernière heure de l'exposition fût sur le point de sonner, je ne puis vous dire exactement quelle distinction ils ont obtenue. Mais ce que je puis vous affirmer, c'est que ces béliers ont été vendus, l'un au prix de 7,000 fr., et les autres au prix de 4,000 francs ! Ceux qui pensent que le succès justifie toutes choses pourront certes applaudir ; quant à moi, je déplore profondément que le gouvernement favorise la production des laines fines et l'élevage de ces métis-mérinos qui couvrent les plaines de la Beauce, de l'Aisne et de la Brie, et qui sont le fléau de l'agriculture de ces riches contrées.

Le voisinage des moutons de l'État de Vermont, en Amérique, qui, amenés tondus à une foire, eussent bien valu 25 francs, sont pour nous le meilleur des arguments. Cette contrée peut produire à bénéfice de semblables animaux ; mais les intérêts de la France, pour bien des raisons trop longues à énumérer, et que nous avons d'ailleurs données ici même, s'y refusent absolument.

« La Saxe, la Silésie, la Poméranie et l'Autriche rivalisent pour la finesse de la laine de leurs troupeaux. La Hesse-Électorale, qui si longtemps a occupé le premier rang sur le marché, tend à perdre de sa réputation : c'est à cette heure celle de Silésie qui prend sa place.

« On sait que les mérinos furent amenés en Espagne par les Maures. Là ils prirent différents noms, tantôt ceux des pays qu'ils habitaient, tantôt ceux des grands propriétaires qui avaient le privilége d'entretenir des bergeries. C'est ainsi qu'on avait les moutons de Léon et de Ségovie, ou bien ceux dits d'Escurial, d'Infantado, de Negretti, etc. C'est en 1723 que les mérinos ont été introduits en Saxe; puis en 1770 en Autriche, en 1776 en Prusse, et en 1786 en France. Le mouton saxon est le negretti. Voici les noms des principaux éleveurs de mérinos allemands : MM. le comte Sauermer, Thaer, le comte Sprinzenstein, Lubbert, le comte Sternberg, le major de Raven, de Silésie; madame de Ritzenberg, MM. Steiger, Lummotzsch, Delios, Kind, Muller, en Saxe; MM. Ristow, Kannenberg, Below, Ristow, Cleve, Lehman, Homeyer, de Behr, en Poméranie; M. le comte Wallis, le prince Kinsky, le comte Zichy-Ferrari, le comte Thun, le comte Schœnborn, le comte Clam-Martinitz, le grand-duc Ernest, le prince Lubkowitz et M. Walner, en Autriche.

« Il y a en outre, en Allemagne, plusieurs races

qui n'ont point été améliorées jusqu'ici. Les grandes
races qui vivent dans les pays les plus fertiles se distinguent par une très-grande taille, une tête énorme,
un dos étroit et un flanc large. Quelques éleveurs ont
commencé le croisement avec les races anglaises, et
c'est le mieux qu'ils puissent faire. J'ai aussi remarqué de petits moutons à la tête noire et ornée de
longues cornes, couverts d'une laine grossière. Leur
rusticité les fait rechercher par les pays pauvres, par
les habitants des montagnes, où ils vont chercher
leur nourriture sous la neige elle-même.

« Les différentes races de l'Angleterre étaient assez
bien représentées à Hambourg, quoiqu'on n'y vît cependant pas de reproducteurs remarquables. Lord
Walshingham, qui, décidément, est destiné à remplacer le célèbre Jonas Webb, avait envoyé une grande
quantité de béliers et de brebis *southdown*, qui presque tous ont été vendus à d'assez bons prix.

« Les 280 animaux de l'espèce porcine appartenaient la plupart aux races anglaises. Les Allemands
commencent à apprécier, comme nous le faisons
nous-mêmes, les races porcines de nos voisins. Ils
ont grandement raison de chercher à améliorer les
leurs, car celles qui figurent à Hambourg ne le cédaient en rien à nos plus mauvaises, quoique à nos
plus fortes races.

« L'espèce galline étalait sous le soleil des premiers
jours ses plumages brillants et variés. Jamais je n'a-

vais vu semblable collection de types divers, échantillons envoyés par les pays les plus lointains. Nos
poules de Crèvecœur et de la Flèche faisaient bonne
figure au milieu de leurs pareilles, venues des contrées
exotiques, et plus d'une ménagère de la Germanie
jetait son dévolu sur les hôtes de nos poulaillers.

« Il me resterait à vous parler des produits divers,
mais l'espace me manque. Quelles caves j'ai vues
étalant les crus les plus fameux de France, de Hongrie et du Rhin, et quelle revanche la France prenait
dans ce genre de produits!

« La machinerie agricole des deux mondes était là
au grand complet. C'est la charrue à vapeur de Fow-
ler, qui a obtenu le 1er prix. La mécanique allemande
se borne généralement à imiter les fabrications anglaises et françaises. Les herses a chaînes et les rou-
leaux brise-mottes à dents de la maison J. Philip's
IronWorks, à Bristol, la moisonneuse Mac Cornik, attiraient principalement les regards des cultivateurs.
La machine à traire les vaches, et surtout la nouvelle
invention de M. Hartleys, de Londres, pour laver le
linge, excitaient vivement la curiosité.

« Je veux aussi signaler l'appareil pour rafraîchir
le beurre, l'eau, la viande, et cela sans glace, de
M. Thorschmidt et Cᵉ, de Pirna (Saxe). Ce système
économique est, m'a-t-on dit, très-répandu et très-
apprécié maintenant en Allemagne. Il serait à désirer
qu'il s'établît à Paris un dépôt de ces vases, qui, selon

leur destination, affectent les formes les plus diverses
et les plus heureuses. Ils sont recouverts par des couvercles à double fond, qui contiennent l'eau, que la fraîcheur de la terre avec laquelle ils sont faits, conserve toujours très-froide. Les beurriers, dont j'ai voulu rapporter un échantillon, se vendaient par douzaines à Hambourg, et à des prix très-modérés (2 et 4 fr.).

« J'en ai fini avec l'esquisse de cette exposition internationale, très-mal placée certainement à Hambourg, ville lointaine de marchands et de matelots, qui ne possède aucun territoire, et qui par cela même n'aurait pas dû être choisie pour le théâtre d'un concours agricole. Mais les écus de la ville libre l'avaient emporté sur d'autres considérations dans le tournoi auquel se sont livrées les cités de l'Allemagne, pour obtenir le privilége de recevoir les soldats et les produits de l'agriculture universelle. La ville par excellence du négoce avait compris qu'il y avait dans cette exposition une mine d'argent à exploiter, et ses habitants, transformés en mineurs, ont bien fait leur devoir, je vous en réponds. »

FIN

ANCIENNE LIBRAIRIE CROCHARD, 1804.

PUBLICATIONS

DE

VICTOR MASSON ET FILS

MÉDECINE ET SCIENCES

INDEFESSVS AGENDO

PARIS

PLACE DE L'ÉCOLE DE MÉDECINE

—

1er Mars 1864

Tous les ouvrages portés dans ce Catalogue sont expédiés par la poste, dans les départements et en Algérie, *franco* et sans augmentation sur les prix désignés. — Joindre à la demande des *timbres-poste* ou un *mandat* sur Paris.

VICTOR MASSON ET FILS se chargent de faire venir, dans les 15 jours de la commande, soit d'Allemagne, soit d'Angleterre, les ouvrages de toute nature publiés dans ces pays.

Par une décision en date du 28 octobre 1858, VICTOR MASSON ET FILS ont été nommés commissionnaires de la Société impériale des naturalistes de Moscou. On peut déposer à leur librairie ou chez leurs agents tout ce que l'on désire adresser à cette Société.

AGENTS DE VICTOR MASSON ET FILS

CHEZ LESQUELS ON EST INVITÉ A DÉPOSER TOUT CE QU'ON DÉSIRE LEUR ADRESSER.

A LEIPZIG ,

M. FRANZ WAGNER, *Poststrasse.*

A LONDRES ,

MM. WILLIAMS ET NORGATE, *Henrietta Street, Covent-Garden.*

On trouvera chez M. FRANZ WAGNER le Catalogue avec le prix en Thalers, et un assortiment des publications de VICTOR MASSON ET FILS.

PUBLICATIONS

DE

VICTOR MASSON ET FILS

ACTON (W.). — **Fonctions et désordres des organes de la gé-nération** chez l'enfant, le jeune homme, l'adulte et le vieillard, sous le rapport physiologique, social et moral, traduit de l'anglais sur la troisième édition. Paris, 1863, 1 vol. in-8.. 6 fr.

AGARDH (J.). — **Algæ maris Mediterranei et Adriatici**, obser-vationes in diagnosin specierum et dispositionem generum. Parisiis, 1841, grand in-8.. 3 fr. 50

AGARDH (J.) — **Species, genera et ordines Algarum :** — volu-men primum, Algas fucoideas complectens. Lundæ, 1848, 1 v. in-8. 12 fr.
— Volumen secundum, Algas florideas complectens, publié en cinq fasci-cules. Lundæ, 1851-1863.. 39 fr.

AGARDH (J.). — **Theoria systematis Plantarum ;** accedit familia-rum phanerogamarum in series naturales dispositio secundum stucturæ normas et evolutionis gradus instituta. Lundæ, 1858, 1 vol. in-8, avec atlas de 28 planches.. 24 fr.

AGASSIZ. — **Système glaciaire**, ou Recherches sur les glaciers, leur mécanisme, leur ancienne extension, et le rôle qu'ils ont joué dans l'his-toire de la terre. Paris, 1847, 1 vol. grand in-8, avec un atlas de 3 cartes et 9 planches en partie coloriées.. 50 fr.

ALIBERT (C.). — **Des eaux minérales dans leurs rapports avec l'économie publique,** la médecine et la législation. Paris, 1852, in-8.. 1 fr. 50

ANDRAL. — **Clinique médicale,** ou Choix d'observations recueillies à l'hôpital de la Charité ; 4e édition, revue, corrigée et augmentée. Paris, 1840, 5 volumes in-8.. 40 fr.

ANDRAL. — **Essai d'hématologie pathologique.** Paris, 1843, in-8.. 4 fr.

Annales de chimie et de physique.

Annales des sciences naturelles.

Annales médico-psychologiques.

Pour ces trois recueils, voyez *Publications périodiques*, pages 27 et suivantes.

Annuaire de la Société impériale zoologique d'acclimatation et du jardin d'acclimatation du bois de Boulogne. 1ʳᵉ année, 1863. 1 vol. in-18. 1 fr.

AUDOUIN (V.) ET MILNE-EDWARDS. — Recherches pour servir à l'histoire naturelle du littoral de la France, ou Recueil de mémoires sur l'anatomie, la physiologie, la classification et le mœurs des animaux de nos côtes. 2 volumes grand in-8, ornés de planches gravées et coloriées... 34 fr.

AUVERT (ALEX.). — Selecta Praxis medico-chirurgicæ quam Mosquæ exercet ; typis et figuris expressa Parisiis, moderante *Amb. Tardieu.* 2ᵉ édition. Paris, 1856, 2 vol. gr. in-folio, cartonnés. 500 fr.
Les mêmes, reliés en demi-maroquin, tranche supérieure dorée. 540 fr.

Cette magnifique clinique iconographique du docteur *Alex. Auvert,* de Moscou, comprend 120 planches grand in-folio demi-colombier, gravées en taille-douce, tirées en couleur et retouchées au pinceau.

Chaque sujet est accompagné d'un texte explicatif imprimé dans le même format et placé en regard de la planche.

BACCALAURÉAT ÈS SCIENCES (le). — **Résumé des connaissances** exigées par le programme officiel. Paris, 1864, 3 forts vol. in-18, de 2,700 pag. avec 1773 figures dans le texte................... 23 fr.

Chaque volume est vendu séparément :

PREMIER VOLUME :

— **Littérature,** par O. GRÉARD, professeur au lycée Bonaparte.
— **Philosophie et Logique,** par BRISBARRE, professeur au collège Rollin.
— **Histoire de France et Géographie,** par E. LEVASSEUR, professeur au lycée Napoléon.
1 vol. de 760 pages, avec 116 figures........................... 7 fr.

DEUXIÈME VOLUME :

— **Arithmétique et Algèbre,** par MAUDUIT, professeur au lycée Bonaparte.
— **Géométrie et Trigonométrie,** par CH. VACQUANT, professeur de mathématiques spéciales au lycée Napoléon.
— **Applications de la Géométrie et Cosmographie,** par A. TISSOT, professeur au lycée Saint-Louis.
— **Mécanique,** par E. BURAT, professeur au lycée Louis-le-Grand.
1 vol. de près de 1000 pages, avec 888 figures dans le texte ...... 8 fr.

TROISIÈME VOLUME :

— **Physique,** par EM. FERNET, professeur au lycée Bonaparte.
— **Chimie,** par L. TROOST, professeur au lycée Bonaparte.
— **Histoire naturelle,** par ALPH. MILNE-EDWARDS, docteur ès sciences.
1 vol. de près de 1000 pages, avec 834 figures dans le texte....... 8 fr.

BAILLON. — Étude générale du groupe des Euphorbiacées. Recherche des types. — Organographie. — Organogénie. — Distribution géographique. — Affinités. — Classification. — Description des genres. Paris, 1858, 1 vol. grand in-8, avec atlas cartonné............ 36 fr.

BAILLON. — Monographie des Buxacées et des Stylocérées. Paris, 1859, 1 vol. grand in-8, avec 3 planches gravées........... 5 fr.

BASSET (N.). — Traité théorique et pratique de la fermentation, considérée dans ses rapports généraux avec les sciences naturelles et l'industrie. Paris, 1858, 1 vol. gr. in-18.................. 3 fr. 50

BATTAILLE (Ch.). — Nouvelles Recherches sur la phonation. Paris, 1860, 1 vol. in-8, avec 7 planches...................... 4 fr.

BATTAILLE (Ch.). — De l'Enseignement du Chant. 2e partie, de la Physiologie appliquée à l'étude du mécanisme animal. Paris, 1863. in-8.. 2 fr.

BAYARD (Th.). — Traité pratique des maladies de l'estomac. Paris, 1862, 1 vol. in-8.................................. 7 fr. 50

BERNE et DELORE. — Influence de la physiologie sur la médecine pratique. Paris, 1864, 1 beau vol. in-8........... 7 fr.

BERTILLON (A.).—Conclusions statistiques contre les détracteurs de la vaccine, ou Essai sur la durée comparative de la vie humaine au XVIIIe et au XIXe siècle ; précédées d'une introduction sur l'application de la méthode statistique à l'étude de l'homme. Paris, 1857, 1 vol. gr. in-18.. 2 fr.

BEUDANT. — Cours élémentaire de minéralogie et de géologie. 10e édition. Paris, 1863, 1 vol. in-18, avec 800 figures..... 6 fr.

BICHAT. — Recherches physiologiques sur la vie et la mort, suivies de notes par M. le doct. Cerise. 4e éd. Paris, 1 vol. gr. in-18. 3 fr.

BLANCHARD (Émile). — Organisation du règne animal publiée par livraisons grand in-4, contenant chacune deux planches gravées et une feuille et demie de texte. Prix de chaque livraison............. 6 fr.
40 livraisons sont en vente.

BOINET. —Iodothérapie, ou De l'emploi médico-chirurgical de l'iode et de ses composés, et particulièrement des injections iodées. Paris, 1855, 1 vol. in-8 .... 9 fr.

BOITEL. — Mise en valeur des terres pauvres par le pin maritime, culture et exploitation de cette essence en Gascogne et en Sologne ; 2e édition. Paris, 1857, 1 vol. grand in-8, avec une planche et vignettes dans le texte .... 3 fr.

BONAMY, BROCA et BEAU. — Atlas d'anatomie descriptive du corps humain, ouvrage pouvant servir d'atlas à tous les traités d'anatomie.
L'Anatomie descriptive du corps humain est publiée par livraisons de 4 planches in-8 jésus, dessinées d'après nature et lithographiées avec un texte explicatif et raisonné en regard de chaque planche.
Prix de chaque livraison : Avec planches noires................ 2 fr.
—   Avec planches coloriées............. 4 fr.

Chaque partie de l'ouvrage est vendue séparément, savoir :

1° **APPAREIL DE LA LOCOMOTION**. Complet en 84 planches dont 2 sont doubles.

	Prix, broché.	Avec demi-reliure
Figures noires.	44 fr.	47 fr.
— coloriées	88	92

2° **APPAREIL DE LA CIRCULATION**. Complet en 64 planches. Prix, broché. Demi-reliure.

Figures noires	32 fr.	35 fr.
— coloriées	64	68

3° **APPAREILS DE LA DIGESTION, DE LA RESPIRATION, GÉNITO-URINAIRE**. Première partie, comprenant les appareils de la digestion et ses annexes, l'appareil surrénal et le rein. 50 planches.   Prix, broché.   Avec demi-reliure.

Figures noires	25 fr.	28 fr.
— coloriées	50	54

51 livraisons sont en vente.

BORSIERI (J. B.), DE KANILFELD. — Instituts de médecine pratique. Des Fièvres et des Maladies exanthématiques fébriles, traduits par le docteur P. E. CHAUFFARD. Paris, 1855, 2 vol. grand in-8..... 16 fr.

BOUQUET (J. P.). — Histoire chimique des eaux minérales et thermales de Vichy, Cusset, Vaisse, Hauterive et Saint-Yorre ; analyses chimiques des eaux minérales de Médague, Châteldon, Brugheas et Seuillet. Paris, 1855, 1 vol. in-8, avec 2 cartes et 1 planche.... 7 fr. 50

BOURGAREL (E.). — Conseils aux mères concernant l'hygiène et les maladies les plus communes de l'enfance. 1863, 1 vol. in-18. 3 fr. 50

BOUTIGNY (d'Évreux). **— Études sur les corps à l'état sphéroïdal** ; nouvelle branche de physique. 3e édition. Paris, 1857, 1 vol. in-8, avec 26 figures intercalées dans le texte .... 7 fr.

BOUTRON ET F. BOUDET. — Hydrotimétrie. Nouvelle méthode pour déterminer les proportions des matières en dissolution dans les eaux de sources et de rivières. 3e édition. Paris, 1862, grand in-8... 2 fr. 50

BRIQUET (P.). — Recherches expérimentales sur les propriétés du quinquina et de ses composés, ouvrage couronné par l'Académie des sciences. 2e édition. Paris, 1855, 1 vol. in-8...... 4 fr.

BRISBARRE (J.). Voyez le Baccalauréat ès sciences, page 4.

BROCA (P.). — De l'étranglement dans les hernies abdominales et des affections qui peuvent le simuler. 2e édition. Paris, 1857, 1 vol. in-8.................................... 5 fr.

BROWN-SÉQUARD. — Journal de la physiologie de l'Homme et des Animaux. Ce recueil, publié sous la direction du docteur BROWN-SÉQUARD, de 1858 à 1863, comprend 6 volumes grand in-8 avec planches et figures dans le texte... 108 fr.

BULLETIN de la Société anatomique de Paris. — Anatomie normale. — Anatomie pathologique. — Clinique. IIe série, de 1856 à 1862, 7 vol. in-8............ .... 30 fr.

Chaque volume séparément................................ 6 fr.

TABLE analytique générale des matières contenues dans les Bulletins de la SOCIÉTÉ ANATOMIQUE DE PARIS pour les trente premières années (1826-1855), suivie d'une table alphabétique des membres de la Société et des présentateurs de pièces ou observations mentionnées dans la première série des *Bulletins*. Paris, 1857, 1 vol. in-8..................... 7 fr.

BULLETIN de la Société impériale zoologique d'acclimatation.

Pour ce Bulletin, et celui de diverses autres Sociétés savantes, voyez aux *Publications périodiques*, pages 29 et suiv.

BUEK. — **Index Candolleanus**. (Voy. DE CANDOLLE.)

BUNSEN (ROBERT). — **Méthodes gazométriques**. Traduit de l'allemand, sous les yeux de l'auteur et avec son concours, par M. TH. SCHNEIDER. Paris, 1858. 1 vol. in-8, avec 60 gravures intercalées dans le texte. 5 fr.

BURDEL. — **Des fièvres paludéennes**, Recherches sur leur véritable cause, suivies d'études physiologiques et médicales sur la Sologne. Paris, 1858, 1 vol. grand in-18............................. 3 fr. 50

BURAT (E.). Voyez le Baccalauréat ès sciences, page 4.

CABANIS. — **Rapports du physique et du moral de l'homme**, nouvelle édition publiée par le docteur CERISE. 1855, 2 vol. in-18. 6 fr.

CAHIERS d'histoire naturelle, par MM. MILNE-EDWARDS et ACHILLE COMTE. Ouvrage adopté par le Conseil de l'instruction publique; nouvelle édition mise en concordance avec le programme du 22 avril 1852, pour l'enseignement des sciences dans les lycées. 3 vol. in-12.

Zoologie, avec 15 planches................... 2 fr.
Botanique, avec 9 planches.................. 2 fr.
Géologie, avec 10 cartes gravées sur acier....... 2 fr.

CARRIÈRE. — **Les Cures de petit-lait et de raisin**, en Allemagne et en Suisse, dans le traitement des principales maladies chroniques et particulièrement de la phthisie pulmonaire. Paris,1860, 1 vol. in-8. 4 fr. 50

CHANCEL. — **Analyse chimique.** (Voy. GERHARDT.)

CHASSAIGNAC. — **Traité clinique et pratique des opérations chirurgicales**, ou Traité de thérapeutique chirurgicale. Paris, 1861-1862, 2 vol. grand in-8, avec figures dans le texte. Prix...... 28 fr.

CHASSAIGNAC. — **Traité pratique de la suppuration et du drainage chirurgical.** Paris, 1859, 2 vol. grand in-8..... 18 fr.

CHENU. — **Manuel de Conchyliologie et de Paléontologie conchyliologique**, contenant la description et la représentation de près de 5,000 coquilles. Pnris, 1862, 2 vol. in-4 avec 4943 figures dans le texte, dont les principales coloriées............................ 32 fr.

CHOMEL (A. F.). — **Éléments de pathologie générale.** 5e édition. Paris, 1863, 1 vol. in-8................................. 9 fr.

CHOMEL (A. F.). — **Des dyspepsies.** Paris, 1857, 1 vol. in-8. 6 fr.

CHURCHILL (J. F.). — **De la cause immédiate de la phthisie pulmonaire et des maladies tuberculeuses et de leur traitement spécifique par les hypophosphites**, d'après les principes de la médecine stœchiologique. 2e édition. Paris, 1864, 1 vol. in-8, de 1000 pages...................................... 17 fr.

CLAVEL. — **Traité d'éducation physique et morale**, accompagné de plans d'ensemble indiquant la disposition principale des établissements d'instruction publique, par E. MULLER, ingénieur civil. Paris, 1855, 2 vol. grand in-18, avec 2 cartes....................... 3 fr.

CLOQUET (H.). — **Atlas d'anatomie**, comprenant 241 planches gravées en taille-douce, 5 vol. in-4.

Parties.	Planches.	Prix.
1re Ostéologie et Syndesmologie..................	66	9 fr.
2e Myologie.....................................	36	5 fr.
3e Névrologie..................................	36	5 fr.
4e Angéiologie.................................	60	9 fr.
5e Splanchnologie et Embryologie...............	43	7 fr.
Prix de l'ouvrage complet...........	241	35 fr.

COMTE (A.). — **Introduction au règne végétal** de A. L. DE JUSSIEU, disposée en tableau méthodique; une feuille gr. colombier.... 1 fr. 25

COMTE (A.) — **Le Règne animal,** disposé en tableaux méthodiques. Quatre-vingt-onze tableaux, sur grand colombier, représentant environ *cinq mille figures* d'animaux............................... 114 fr.

COMTE (ACHILLE). — **Structure et physiologie de l'homme**, démontrées à l'aide de figures coloriées, découpées et superposées; 8e édition. Paris, 1861, 1 vol. grand in-18, avec atlas de 8 planches gravées en taille-douce et figures dans le texte.................. 4 fr. 50

COSSON (E.) ET GERMAIN (E.). — **Flore des environs de Paris**, ou Description des plantes qui croissent spontanément dans cette région et de celles qui y sont généralement cultivées, accompagnée de tableaux synoptiques et d'une carte des environs de Paris. 2e édition, 1861, 1 très-fort vol. in-8.. 15 fr.

COSSON (E.) ET GERMAIN (E.). — **Atlas de la Flore des environs de Paris**, ou Illustrations de la plupart des espèces litigieuses de cette région, accompagnées d'un texte explicatif. Paris, 1845, 1 vol. grand in-18, cartonné, contenant 42 pl. grav. en taille-douce.......... 9 fr.

COSSON (E.) ET GERMAIN (E.). — Synopsis de la Flore des environs de Paris, destiné aux herborisations, contenant la description des familles et des genres, celle des espèces et des variétés sous la forme analytique, avec leur synonymie et leurs noms français, l'indication des propriétés des plantes employées en médecine, dans l'industrie ou dans l'économie domestique, et une table des noms vulgaires. 2ᵉ édition, Paris, 1859, 1 vol. in-18...................................... 4 fr.

COSTE. — Histoire générale et particulière du développement des corps organisés, publiée sous les auspices du Ministre de l'instruction publique. Paris, 1848-1860, 3 volumes in-4, avec 50 planches grand in-plano, gravées en taille-douce, imprimées en couleur et accompagnées de contre-épreuves portant la lettre. Prix de la livraison : 52 fr.

4 livraisons sont en vente, texte et planches.

COURS ÉLÉMENTAIRE d'histoire naturelle, adopté par le Conseil supérieur de l'instruction publique et approuvé par Mgr. l'Archevêque de Paris. 3 vol. gr. in-18.

Zoologie, par M. MILNE-EDWARDS, 9ᵉ édition, 1863, avec 484 fig. 6 fr.

Botanique, par M. A. DE JUSSIEU, 9ᵉ édition, 1862, avec 812 fig. 6 fr.

Minéralogie et Géologie, par M. BEUDANT, 10ᵉ édition, 1863, avec 800 figures... 6 fr.

Géologie, séparément. 1 vol........................... 4 fr.

CUVIER. — Lettres de Georges Cuvier sur la politique et sur l'histoire naturelle, écrites en allemand, à son ami Pfaff, de 1788 à 1792; publiées pour la première fois en français. Traduction du docteur MARCHANT. Paris, 1858, 1 vol. grand in-18, avec 1 planche.... 1 fr.

CUVIER (GEORGES). — Le Règne animal distribué d'après son organisation. 2ᵉ édit. Paris, 1829-1830, 5 vol. in-8................. 36 fr.

CUVIER (GEORGES). — Le Règne animal distribué d'après son organisation, pour servir de base à l'Histoire naturelle des animaux et d'introduction à l'Anatomie comparée; nouvelle édition, accompagnée de planches gravées, représentant les types de tous les genres, les caractères distinctifs des divers groupes, et les modifications de structure sur lesquelles repose cette classification, publiée par une réunion de professeurs; 11 volumes de texte, et 11 atlas formant un ensemble de 993 planches, dont 13 sont doubles, dessinées d'après nature et gravées en taille-douce.

PRIX DE L'OUVRAGE COMPLET :

Les 11 tomes du texte, brochés en 10 volumes, les 993 planches et leurs explications réunis en 39 étuis :

Avec planches en noir.................. 590 fr.

Avec planches coloriées............... 1,310 fr.

Prix d'une demi-reliure de luxe en 10 volumes de texte et 10 atlas montés sur onglets, ensemble 20 volumes, dos et coins en maroquin, tranche supérieure dorée....... 170 fr.

*

Chaque division du *Règne animal* est vendue séparément comme suit :

INDICATION DE CHAQUE DIVISION.	NOMBRE de planches.	PRIX en couleur.	en noir.
		fr.	fr.
Les MAMMIFÈRES et les RACES HUMAINES, avec Atlas, par MILNE-EDWARDS, LAURILLARD et ROULIN...	121	155	70
Les OISEAUX, avec Atlas, par A. d'ORBIGNY...........	102	135	60
Les REPTILES, avec Atlas, par DUVERNOY...........	46	65	30
Les POISSONS, avec Atlas, par VALENCIENNES........	122	160	72
Les MOLLUSQUES, avec Atlas, par DESHAYES..........	152	195	88
Les INSECTES, avec Atlas, par AUDOUIN, BLANCHARD, DOYÈRE et MILNE-EDWARDS.................	202	275	124
Les ARACHNIDES, avec Atlas, par DUGÈS et MILNE-EDWARDS.................	31	45	20
Les CRUSTACÉS, avec Atlas, par MILNE-EDWARDS....	87	115	52
Les ANNÉLIDES, avec Atlas, par MILNE-EDWARDS et DE QUATREFAGES.................	30	40	18
Les ZOOPHYTES, avec Atlas, par MILNE-EDWARDS et BLANCHARD.................	100	125	56

DARWIN (CH.). — **De l'origine des espèces** ou des lois du progrès chez les êtres organisés. Traduit en français par Mlle Clémence-Aug. ROYER. Paris, 1862, 1 vol. in-18. Prix........................... **5 fr.**

DAURIAC. — **De la production du froid**, applications industrielles, *appareils Carré.* Paris, 1863, 1 vol. in-18, avec figures.......... **2 fr.**

DE CANDOLLE (A.). — **Géographie botanique raisonnée.** Paris, 1855, 1 tome grand in-8 de 1,300 pages, divisé en 2 volumes compactes, avec 2 cartes coloriées............................. **25 fr.**

DE CANDOLLE. — **Prodromus systematis naturalis regni vegetabilis,** *sive Enumeratio contracta ordinum, generum, specierumque plantarum hucusque cognitarum.* Paris, 1824-1862, in-8.
— En vente, les tomes I à XV, 1re partie.................. **204 fr.**
Chacun des tomes I à VII se vend séparément.................. **13 fr.**
Chaque partie du tome VII séparément........................ **8 fr.**
Chacun des volumes depuis le tome VIII se vend............... **16 fr.**
Le tome XIII a une deuxième partie vendue................... **12 fr.**
Le tome XV, 1re partie....................................... **4 fr.**

DE CANDOLLE. — **Index Candolleanus,** par BUEK, contenant la table des genres, espèces et synonymes des vol. I à XIII inclusivement du *Prodromus.* 2 vol. in-8............................... **30 fr.**

DELABARRE. — **Des accidents de la dentition** chez les enfants en bas âge, et des moyens de les combattre. Paris, 1851, 1 vol. in-8, avec fig. dans le texte... **1 fr.**

DELASIAUVE. — **Traité de l'épilepsie.** — Histoire. — Traitement. — Médecine légale. Paris, 1854, 1 vol. in-8.......... 7 fr. 50
Voir aux *Recueils périodiques.*

DELAUNAY. — **Cours élémentaire de mécanique.** 5ᵉ édit. Paris,
1862, 1 vol. grand in-18, avec 548 fig. dans le texte............ 8 fr.

DELAUNAY. — **Cours élémentaire d'astronomie,** concordant
avec tous les articles du nouveau Programme officiel pour l'enseignement
de la Cosmographie dans les lycées. 3ᵉ édition. Paris, 1860, 1 vol. grand
in-18, avec 389 figures dans le texte...................... 7 fr. 50

DELAUNAY. — **Traité de mécanique rationnelle,** contenant les
éléments de mécanique exigés pour l'admission à l'École polytechnique
et toute la partie théorique du cours de mécanique et machines de cette
école. 3ᵉ édit. Paris, 1862, 1 vol. in-8, avec 127 fig. dans le texte. 8 fr.

DELAUNAY. — **Trattato elementario d'astronomia atto all'
insegnamento** della Cosmografia ; unica versione italiana autorizzata,
diretta dall' autore. Paris, 1855, 1 vol. in-18, avec 389 figures.... 8 fr.

DELIOUX DE SAVIGNAC. — **Principes de la doctrine et de la
méthode en médecine.** Introduction à l'étude de la pathologie et de
la thérapeutique. Paris, 1861, 1 vol. in-8. Prix................. 10 fr.

DELIOUX DE SAVIGNAC. — **Traité de la dysentérie.** Paris,
1863, 1 vol. in-8... 8 fr.

DEMARQUAY (M.). — **Traité des tumeurs de l'orbite.** Paris,
1860, 1 vol. in-8... 7 fr.

DES ETANGS. — **Du Suicide politique en France,** depuis 1789
jusqu'à nos jours. Paris, 1860, 1 vol. in-8.................... 3 fr.

DESHAYES (V.). — **Atlas de conchyliologie,** représentant 1800 coquilles vivantes ou fossiles. 1 atlas grand in-8 de 130 planches avec texte
explicatif. Prix, en étuis, avec figures en noir................. 30 fr.
— *Le même,* fig. coloriées................................. 72 fr.
Prix d'un cartonnage, dos en toile........................... 3 fr.
— d'une demi-reliure, dos et coins en maroquin.............. 6 fr.

DEVAY (Francis). — **Du danger des mariages entre consanguins sous le rapport sanitaire.** 2ᵉ édition. 1 vol. in-18. 2 fr. 50

DEVERGIE (A.). — **Traité pratique des maladies de la peau.**
3ᵉ édition, Paris, 1863, 1 vol. in-8, avec fig. dans le texte....... 10 fr.
— *Le même,* avec atlas de planches coloriées.................. 14 fr.
On vend séparément l'atlas. Prix............................. 4 fr.

DICTIONNAIRE encyclopédique des sciences médicales ;
publié sous la direction des docteurs Raige-Delorme et Dechambre, par
une réunion de médecins civils et militaires, membres des académies, professeurs, agrégés, médecins et chirurgiens des hôpitaux, écrivains de la

presse médicale, etc., etc. — Le dictionnaire comprendra environ 20 volumes grand in-8 compactes, avec figures, et sera publié par demi-volumes qui paraî·tront à époques rapprochées. Prix de chaque demi-volume.. **6 fr.**

DICTIONNAIRE général de médecine et de chirurgie vétérinaires et des sciences qui s'y rattachent, par MM. Lecoq, Rey, Tisserant et Tabourin, professeurs à l'École impériale vétérinaire de Lyon. — Ouvrage adopté par les écoles vétérinaires de France. Paris, 1850, 1 fort volume grand in-8, à 2 colonnes.................. **15 fr.**

DICTIONNAIRE général des Sciences, théoriques et appliquées, comprenant : les mathématiques, la physique et la chimie, la mécanique et la technologie, l'histoire naturelle et la médecine, l'économie rurale et l'art vétérinaire, par MM. les professeurs Privat-Deschanel et Ad. Focillon, avec la collaboration d'une réunion de savants, d'ingénieurs et de professeurs. Paris, 1864, t. 1, 1re partie (A-C). 1 volume grand in-8 sur deux colonnes, de 660 pages et avec 753 figures dans le texte. Prix de cette 1re partie..................................·.... **7 fr. 50**
L'ouvrage formera deux volumes du prix de 30 fr.

DIDAY (F.). — **De la syphilis** des nouveau-nés et des enfants à la mamelle. Paris, 1854, 1 vol. in-8........................... **7 fr.**

DIEU (S.). — **Traité de matière médicale et de thérapeutique** précédé de Considérations générales sur la zoologie, et suivi de l'Histoire des eaux naturelles. Paris, 1847-1854, 4 vol. in-8.............. **10 fr.**

DINAN. — **Construction des formules de transport pour l'exécution des terrassements.** Paris, 1859, 1 vol. in-8... **3 fr.**

D'ORBIGNY (Alcide). — **Cours élémentaire de paléontologie et de géologie stratigraphiques.** Paris, 1852, 2 tomes publiés en 3 volumes in-18, avec 1,046 gravures dans le texte et accompagnés d'un atlas in-4o de 17 tableaux; cartonné...................... **15 fr.**

D'ORBIGNY (Alcide). — **Prodrome de paléontologie stratigraphique universelle,** faisant suite au Cours élémentaire de paléontologie et de géologie stratigraphiques. 3 vol. gr. in-18 jésus...... **12 fr.**

D'ORBIGNY (Alcide). — **Paléontologie française.** Description de tous les animaux mollusques et rayonnés fossiles de France, avec des figures de toutes les espèces, lithographiées d'après nature.
— TERRAIN CRÉTACÉ publié en 260 livraisons à 1 fr. 25, et comprenant : Céphalopodes, Gastéropodes, Lamellibranches, Brachiopodes, Bryozoaires, Échinoïdes irréguliers. Paris, 1840-1860, 6 vol. in-8 de texte et 1,018 planches en 6 atlas cartonnés...................... **325 fr.**
— TERRAIN JURASSIQUE publié en 110 livraisons à 1 fr. 25 et comprenant : Céphalopodes, Gastéropodes. Paris, 1842-1860, 2 vol. in-8 de texte et 432 planches en 2 atlas cartonnés....................... **140 fr.**

— **PALÉONTOLOGIE FRANÇAISE**. — Continuation de l'ouvrage de D'Orbigny par une réunion de paléontologistes, sous la direction d'un comité spécial, composé de membres de la Société géologique de France.

Cette suite paraît pour les *terrains Crétacés* et pour les *terrains Jurassiques* par livraisons de douze planches avec le texte correspondant.

Prix de la livraison. . . . . 6 fr.

14 livraisons sont en vente du Terrain Crétacé et 4 du Terrain Jurassique.

DORVILLE. — **Monographie de la pile électrique,** ses dispositions actuelles, ses applications diverses et ses perfectionnements les plus récents. Paris, 1857, in-8. . . . . 1 fr. 25

DRION (Ch.) ET **FERNET** (Em.). — **Traité de physique élémentaire,** suivi de problèmes. 2e édition. Paris, 1862, 1 vol. grand in-18, avec 673 figures dans le texte. . . . . 7 fr.

L'introduction de cet ouvrage dans les écoles publiques est autorisée par décision de S. Exc. M. le Ministre de l'Instruction publique et des Cultes, en date du 5 août 1862.

DU BREUIL (A.). — **Instruction élémentaire sur la conduite des arbres fruitiers.** Greffe, — taille, — restauration des arbres mal taillés ou épuisés par la vieillesse, — culture, — récolte et conservation des fruits. 5e édition. Paris, 1863, 1 vol. in-18, avec 191 fig. 2 fr. 50

DU BREUIL (A.). — **Cours élémentaire théorique et pratique d'arboriculture.** 5e édition. Paris, 1862, 1 vol. grand in-18, publié en 2 parties, avec 4 vignettes gravées sur acier, environ 900 figures intercalées dans le texte et de nombreux tableaux. . . . . 12 fr.

DU BREUIL (A.). — **Manuel d'arboriculture des Ingénieurs.** Plantations d'alignement forestières et d'ornement, boisement des dunes, des talus, haies vives, des parcelles excédantes des chemins de fer. 1 vol. in-18 avec 234 figures dans le texte. . . . . 3 fr. 50

DU BREUIL (A.). — **Culture perfectionnée** et moins coûteuse du vignoble. Paris, 1863, 1 vol. in-18, avec 144 figures. . . . . 3 fr. 50

EDWARDS (Milne-). — **Cours élémentaire d'histoire naturelle,** Zoologie. 9e édition. Paris, 1863, 1 vol. in-18 avec 484 figures. 6 fr.

EDWARDS (Milne-). — **Introduction à la zoologie générale,** ou Considérations sur les tendances de la nature dans la constitution du règne animal. Première partie. 1 vol. grand in-18. . . . . 2 fr. 25

EDWARDS (Milne-). — **Notions préliminaires de zoologie.** 1 vol. grand in-18, avec 352 figures. . . . . 3 fr.

EDWARDS (Milne-). — **Leçons sur la physiologie et l'anatomie comparée de l'homme et des animaux.** L'ouvrage comprendra environ dix volumes grand in-8 du prix de 9 fr. En vente, les volumes I à VII. . . . . 63 fr.

**

Le tome VIII, première partie............................... 5 fr.
Le complément de l'ouvrage sera publié par demi-volumes de 6 mois
en 6 mois.

EDWARDS-MILNE (A.). Voyez le Baccalauréat ès sciences, page 4.

ETTINGSHAUSEN (Constantin d') **et ALOIS POKORNY. — Physiotypia plantarum austriacarum.** L'*Impression naturelle* appliquée à la représentation des plantes vasculaires et particulièrement à celle de leur nervation. 500 planches in-folio et 30 planches in-4. Imprimé aux frais de l'État par l'Imprimerie impériale et royale d'Autriche. Vienne, 1856, 5 vol. in-folio et 1 vol. in-4......................... 700 fr.

FERNET (E.). Voyez Baccalauréat ès sciences, page 4.

FIGUIER (L.). — Découvertes scientifiques modernes (Exposition et histoire des). 6e édition. Paris, 1862, 4 volumes grand in-18, avec figures.. 14 fr.

FOLLIN. — Traité élémentaire de pathologie externe. Paris, 1861, 3 vol. grand in-8, avec figures dans le texte.
En vente, le tome I, 800 pages, 80 figures.................... 10 fr.
Le tome II, 1re partie....................................... 8 fr.

FONTERET (A. L.). — Hygiène physique et morale de l'ouvrier dans les grandes villes en général, et dans la ville de Lyon en particulier. Paris, 1858, 1 vol. grand in-18.................... 3 fr.

FORGET (A. M.). — Des anomalies dentaires et de leur influence sur la production des maladies des os maxillaires. 1 vol. in-4, avec 6 planches.. 3 fr.

FORGET. — Étude histologique d'une tumeur fibreuse non décrite de la mâchoire inférieure. 1861, in-4, avec une planche...... 1 fr. 50

GAUTIER (A.). — Introduction philosophique à l'étude de la géologie. Paris, 1853, 1 vol. in-8.............................. 3 fr.

GAVARRET. — Physique médicale. De la chaleur produite par les êtres vivants. Paris, 1855, 1 vol. gr. in-18, avec figures dans le texte... 6 fr.

GAVARRET. — Traité d'électricité. Paris, 1857-1858, 2 vol. in-18, avec 448 figures...................................... 16 fr.

GAVARRET. — Télégraphie électrique. 1 vol. in-18, avec 100 fig. dans le texte. Paris, 1861.................................... 5 fr.

GAZETTE HEBDOMADAIRE de médecine et de chirurgie. 1re série, publiée de 1854 à 1863, par le docteur Dechambre. 10 vol. grand in-8... 250 fr.
    Voir aux publications périodiques.

GEOFFROY SAINT-HILAIRE (Isidore). — **Histoire naturelle générale des règnes organiques,** principalement étudiée chez l'homme et les animaux. Paris, 1854 à 1862, 3 vol. in-8°........ 24 fr.

GEOFFROY SAINT-HILAIRE (Isidore).— **Lettres sur les substances alimentaires, et particulièrement sur la viande du cheval**. Paris, 1856, 1 vol. grand in-18...................... 1 fr.

GERHARDT (C.) et **CHANCEL**. — **Précis d'analyse chimique qualitative**. Ouvrage contenant : les opérations et les manipulations générales do l'analyse, la préparation et l'usage des réactifs, les caractères des acides et des bases. — Les essais au chalumeau. — La marche de l'analyse qualitative, la détermination des sels, l'analyse des mélanges gazeux, l'analyse immédiate des matières végétales et animales, la recherche des poisons, l'exposition de l'analyse spectrométrique. 2e édition. 1862, 1 vol. grand in-18, avec figures dans le texte........... 7 fr. 50

GERHARDT (C.) et **CHANCEL**. — **Précis d'analyse chimique quantitative;** ouvrage contenant : la description des appareils et des opérations générales de l'analyse quantitative, les méthodes de dosage et de séparation des acides et des bases, l'analyse par les liqueurs titrées, l'analyse organique, l'analyse des gaz, l'analyse des eaux minérales, des cendres, des terres arables, l'exposition du calcul des analyses, à l'usage des Médecins, des Pharmaciens, des Aspirants aux grades universitaires et des Élèves de laboratoire de chimie. 2e édition. Paris, 1864, 1 vol. grand in-18, avec figures................................. 7 fr. 50

GIRARD DE CAILLEUX. — **Spécimen du budget d'un asile d'aliénés** et possibilité de couvrir la subvention départementale au moyen d'un excédant équivalent de recette. Paris, 1855, 1 vol. in-4, cartonné avec tableaux... 8 fr.

GIRARDIN. — **Leçons de chimie élémentaire appliquée aux arts industriels**. 4e édition entièrement refondue. Paris, 1860-1861, 2 vol. grand in-8, avec figures et échantillons dans le texte.... 30 fr.
Cet ouvrage, admis à l'Exposition universelle de Londres, section de l'enseignement, a été honoré de la médaille.
Le 1er volume (*Chimie inorganique*) et le 2e volume (*Chimie organique*) sont vendus chacun séparément........................... 15 fr.

GIRARDIN. — **Des Fumiers et autres engrais animaux**. Sixième édition, revue, corrigée et augmentée. Paris, 1864. 1 vol. in-16 avec 62 figures dans le texte............................ 2 fr, 50

GIRARDIN et **DU BREUIL**. — **Traité élémentaire d'agriculture**. Paris, 1863, deuxième édition. 2 vol. in-18, avec 955 figures dans le texte... 16 fr.

GLOGER. — **De la nécessité de protéger les animaux utiles** pour prévenir naturellement les dégâts causés par les souris et les insectes. Paris, 1863, 1 brochure in-18...................... 80 cent.

GOLDING BIRD. — **De l'urine et des dépôts urinaires,** considérés sous le rapport de l'analyse chimique, de la physiologie,

de la pathologie et des indications thérapeutiques. Traduit et annoté
par le docteur O'Rorke. Paris, 1861, 1 vol. in-8, avec figures dans le
texte.. 8 fr.

GOUREAU (C.). — **Les Insectes nuisibles aux arbres fruitiers, aux plantes potagères, aux céréales et aux plantes fourragères.** Paris, 1862. 1 vol. in-8...................... 5 fr.

GRÉARD (O.). Voyez le Baccalauréat ès sciences, page 4.

GRIMAUD DE **CAUX** ET **MARTIN SAINT-ANGE.** — **Histoire de la génération** de l'homme, précédée de l'étude comparative de cette fonction dans les divisions principales du règne animal. Paris, 1 vol. in-4, avec un magnifique atlas de 12 pl. gravées en taille-douce et color. 18 fr.

GRISOLLE. — **Traité de pathologie interne.** 8e édition, considérablement augmentée. Paris, 1862, 2 forts volumes compactes, grand in-8... 18 fr.

GUENEAU DE MUSSY (N.). — **Traité de l'angine glanduleuse** et observations sur l'action des Eaux-Bonnes dans cette affection, précédé de considérations sur les diathèses. Paris, 1857, 1 vol. in-8, avec 1 planche... 4 fr. 50

HAY (D. R.). — **La Beauté géométrique de la forme humaine,** précédée d'un système de proportion esthétique applicable à l'architecture et aux autres arts plastiques ; édition française imprimée sous les yeux de l'auteur. Édimbourg, 1851, 1 vol. in-4, avec 16 planches gravées en taille-douce, et une figure dans le texte...................... 20 fr.

HEISER. — **Traité de gymnastique raisonnée au point de vue orthopédique, hygiénique et médical,** ou Cours d'exercices appropriés à l'éducation physique des deux sexes. Paris, 1854, 1 vol. in-8, avec 123 figures... 6 fr.

HERCZEGHY. — **La Femme,** au point de vue physiologique, pathologique et moral. — Étude médico-philosophique et littéraire. Paris, 1864, 1 vol. grand in-18.................................... 5 fr.

HERPIN (de Metz). — **Études médicales et statistiques** sur les principales sources de France, d'Angleterre et d'Allemagne; avec des tableaux synoptiques et comparatifs d'analyses chimiques des eaux classées d'après les analogies de leur composition et de leurs effets thérapeutiques. Paris, 1856, 1 vol. grand in-18, avec tableaux................. 2 fr.

JACQUOT (F.). — **Du typhus de l'armée d'Orient.** Paris, 1858, 1 vol. in-8... 7 fr.

JAMES (CONSTANTIN). — **Guide pratique** aux eaux minérales françaises et étrangères, 5e édition, avec une carte itinéraire des eaux et les principaux établissements thermaux. Paris, 1861, 1 fort volume grand in-18 de 600 pages, broché.................................. 7 fr. 50
— *Le même,* cartonné... 9 fr.

JOIGNEAUX (P.).— **La Chimie du cultivateur.** Paris, 1850, 1 vol. grand in-18... 2 fr.

JOIGNEAUX (P.). — **Instructions agricoles.** Paris, 1857, 1 vol. in-18... 1 fr.

JOIGNEAUX (P.). — **Conseils à la jeune fermière.** Paris, 1861. 2e édition, 1 vol. grand in-18, avec figures dans le texte........ 1 fr.

JOIGNEAUX (P.). — **L'Art de produire les bonnes graines.** Paris, 1860. 1 vol. grand in-18, avec 57 figures................. 2 fr.

JOIGNEAUX (P.) sous le pseudonyme de P. J. de VARENNES. — **Les Veillées de la ferme de Tourne-Bride,** ou Entretiens sur l'agriculture, l'exploitation des produits agricoles et l'arboriculture. Paris, 1861, 1 vol. in-12, cartonné, avec figures dans le texte............. 1 fr. 25

JOIGNEAUX (P.). — **Le Livre de la ferme et des maisons de campagne,** publié sous la direction de M. P. JOIGNEAUX, avec la collaboration des principaux agronomes. 1 vol. grand in-8 jésus, imprimé sur deux colonnes, avec figures intercalées dans le texte.

L'ouvrage sera publié en 12 livraisons chacune de 160 pages. Prix de la livraison...................................... 2 fr. 50
En vente, les livraisons 1 à 6, formant le tome premier et les livraisons 7 à 11 (1re à 5e du tome II).

JOIRE (A.) — **Introduction à l'étude de la physiologie.** Examen des questions fondamentales sur la vie dans l'organisation animale. Paris, 1864. 1 vol. in-18........................... 3 fr.

JOURDIER (A.). — **Catéchisme d'agriculture de Masson-Four.** 2e édition. Paris, 1857, 1 volume grand in-18, avec 96 figures intercalées dans le texte................................. 1 fr.

JOURDIER (A.). — **L'agriculture à l'exposition universelle de Londres en 1862.** Paris, 1863, 1 volume in-18.......... 1 fr.

Journal de pharmacie et de chimie.
Voyez les *Publications périodiques*, p. 31.

JUSSIEU (DE). — **Cours élémentaire d'histoire naturelle.** — **Botanique.** Paris, 1862, 9e édition. 1 vol. avec 812 fig. dans le texte. 6 fr.

KOELLIKER. — **Éléments d'histologie humaine;** traduction de MM. J. BÉCLARD et M. SÉE, revue par l'auteur. Paris, 1856, 1 vol. gr. in-8, avec 334 figures dans le texte............................ 16 fr.

KUHLMANN (FRÉD.). — **Expériences chimiques et agronomiques.** Paris, 1847, 1 vol. in-8............................. 3 fr. 50

KUHLMANN (FRÉD.). — **Silicatisation ou Application des silicates alcalins solubles** au durcissement des pierres poreuses, des ciments et des plâtrages, à la peinture, à l'impression, aux apprêts, etc. 3e édition, suivie de rapports du jury de l'Exposition universelle de 1855 et d'une commission spéciale. Paris, 1858, in-8.............. 2 fr. 50

KUHLMANN (FRÉD.). — **Instruction pratique sur l'application des silicates alcalins solubles au durcissement des pierres,** etc. Lille, 1859, in-8............................. 75 c.

LACAZE-DUTHIERS. — **Histoire de l'organisation, du développement, des mœurs et des rapports zoologiques du dentale.** Paris, 1858. 1 vol. in-4, accompagné de 11 planches gravées et de 3 planches en chromo-lithographie.................... 25 fr.

LAPASSE (VICOMTE DE). — **Essai sur la conservation de la vie,** suivi d'un formulaire et d'observations cliniques. Paris, 1860, 1 vol. in-8... 7 fr. 50

LAPASSE (VICOMTE DE). — **Hygiène de longévité,** 1re série : guérison des migraines, maux d'estomac, maux de nerfs et vapeurs. Suite à l'Essai sur la conservation de la vie. Paris, 1861, 1 vol. in-18... 2 fr.

LAURENT. — **Précis de cristallographie,** suivi d'une Méthode simple d'analyse au chalumeau. Paris, 1847, 1 vol. grand in-18, avec 175 figures dans le texte................................. 2 fr. 50

LEFORT (J.). — **Chimie des couleurs** pour la peinture à l'eau et à l'huile, comprenant l'historique, les propriétés physiques et chimiques, la préparation, la falsification, l'action toxique et l'emploi des couleurs anciennes et nouvelles. Paris, 1855, 1 vol. gr. in-18............... 4 fr.

LEFORT (J.). — **Traité de Chimie hydrologique,** comprenant des notions générales d'hydrologie, l'analyse qualitative et quantitative des eaux douces et des eaux minérales. Paris, 1859, 1 vol. grand in-8, avec figures dans le texte...................................... 8 fr.

LEHMANN. — **Précis de chimie physiologique animale,** traduction du professeur DRION. Paris, 1855, 1 vol. in-18, avec 26 figures dans le texte... 2 fr.

LE MAOUT (E.). — **Leçons élémentaires de botanique** fondées sur l'analyse de 50 plantes vulgaires et formant un traité complet d'organographie et de physiologie végétales. Deuxième édition. Paris, 1857, 1 vol. grand in-8, avec l'atlas des 50 plantes vulgaires et plus de 700 fig. dessinées par J. DECAISNE. Prix, avec l'atlas colorié............. 16 fr.
— *Le même,* avec atlas en noir.............................. 10 fr.

LENOIR (A.). — **Atlas complémentaire de tous les traités de l'art des accouchements,** contenant 120 planches dessinées d'après nature, et lithographiées par M. E. BEAU, avec texte. 1 beau vol. grand in-8 jésus, cartonné .... 60 fr.
L'ouvrage sera publié en 4 fascicules.
En vente : le premier fascicule, contenant 31 planches......... 15 fr.
Le deuxième fascicule, contenant 21 planches................. 15 fr.
Le troisième fascicule, contenant 28 planches,.............. 15 fr.

LEROY (Em.). — **De l'éducation des enfants**. Conseils aux parents pour l'hygiène à suivre. Paris, 1862, 1 vol. in-18.............. 2 fr.

LEVASSEUR (E.). Voyez le Baccalauréat ès sciences, page 4.

LEYMERIE (A.). — **Cours de minéralogie** (histoire naturelle). Paris, 1857, 1 vol. in-8, publié en deux parties, avec 352 figures..... 12 fr.

LEYMERIE (A.). — **Éléments de minéralogie et de géologie.** Ouvrage destiné aux établissements d'instruction secondaire (baccalauréat ès sciences) et aux gens du monde. Paris, 1861, 1 vol. in-12, avec fig. 6 fr.

LIEBIG (J.). — **Traité de chimie organique ;** édit. française, revue et considérablement augmentée par l'auteur, et publiée par Ch. Gerhardt, Paris, 1841-1844, 3 vol. in-8............................. 25 fr.

LIÉTARD (G.). — **Lettres historiques sur la médecine chez les Hindous.** Brochure in-8, extrait de la *Gazette hebdomadaire de médecine*. Paris, 1863................................... 2 fr. 50

L'IMITATION DE JÉSUS-CHRIST, suivie de la traduction en vers par P. Corneille. 1 volume grand in-folio de 872 pages. Imprimerie impériale, 1855 (Exposition universelle).

Prix de l'exemplaire.................................... 4,000 fr.

Prix d'une reliure en maroquin plein exactement semblable à celle faite pour S. M. l'Empereur....................................... 1,000 fr.

L'*Imitation de Jésus-Christ* n'a été tirée qu'à *cent trois* exemplaires et *deux* exemplaires de passe. — Chaque exemplaire est numéroté.

L'Empereur a disposé des exemplaires numérotés de 1 à 73.

Nous nous sommes rendus acquéreurs du reste des exemplaires numérotés de 74 à 103.

LIVRET DU MUSÉE D'ANATOMIE NORMALE de la Faculté de médecine de Paris (Musée Orfila). Paris, 1863, 1 vol. in-18. 50 cent.

LONGET. — **Traité de physiologie.** Deuxième édition, Paris, 1859-1861 ; 2 vol. grand in-8 compactes, avec 3 planches en taille-douce, dont 2 sont coloriées et 109 figures dans le texte.................. 30 fr.

MACKENZIE (W.). — **Traité pratique des maladies de l'œil,** traduit sur la quatrième édition et augmenté d'annotations, par MM. les docteurs Warlomont et Testelin. Paris, 1857, 2 volumes grand in-8 compactes de 1830 pages, avec 257 figures........................ 30 fr.

MARIE-DAVY. — **Recherches théoriques et expérimentales sur l'électricité considérée au point de vue mécanique.** fascicules 1 et 2. Prix de chaque fascicule...................... 3 fr.

MARSHALL-HALL. — **Aperçu du système spinal diastaltique,** ou Système des actions reflexes dans ses applications à la physiologie et à la pathologie. Paris, 1855, 1 vol. grand in-18, avec figures et tableaux.. 2 fr.

MATTEUCCI. — Leçons sur les phénomènes physiques des corps vivants. Paris, 1847, 1 vol. gr. in-18, avec 18 fig..... **3 fr. 50**

MAUDUIT. Voyez le Baccalauréat ès-sciences, page 4.

MAUMENÉ (E. J.). — Indications théoriques et pratiques sur le travail des vins, et en particulier des vins mousseux. Paris, 1858, 1 vol. grand in-8, avec 100 figures dans le texte.................... **12 fr.**

MIALHE. — Chimie appliquée à la physiologie et à la thérapeutique. Paris, 1856, 1 vol. in-8.......................... **9 fr.**

MIGNOT (A.). — Traité de quelques maladies pendant le premier âge. Paris, 1859, 1 vol. in-8..................... **5 fr.**

MOLESCHOTT. — De l'alimentation et du régime. Traité populaire. Paris, 1858, 1 vol. grand in-18.................... **1 fr.**

MONCKHOVEN (V.). Traité général de photographie comprenant tous les procédés connus jusqu'à ce jour, suivi de la théorie de la photographie et de son application aux sciences d'observation. 4ᵉ édition. Paris, 1863, 1 vol. grand in-8, avec 225 figures dans le texte.......... **10 fr.**

MOREAU (de Tours). **— La Psychologie morbide dans ses rapports avec la philosophie de l'histoire.** Paris, 1859, 1 vol. in-8, avec une planche.. **8 fr.**

MOREL (A.). — Traité des maladies mentales. Paris, 1860, 1 vol. grand in-8 compacte................................... **13 fr.**

MOREL (A.). — Le Non-Restraint, ou De l'abolition des moyens coercitifs dans le traitement de la folie, suivi de considérations sur les causes de la progression dans le nombre des aliénés admis dans les asiles. Paris, 1860, 1 vol. in-8............................... **2 fr. 50**

MOURE (A.) ET MARTIN. — Vade-mecum du médecin praticien, précis de thérapeutique spéciale, de pharmaceutique, de pharmacologie. Paris, 1845, 1 beau vol. grand in-18, compacte........ **3 fr. 50**
— *Le même,* demi-reliure................................. **4 fr. 50**

NIEPCE DE SAINT-VICTOR. — Traité pratique de gravure héliographique sur acier et sur verre, avec un portrait de l'auteur gravé par ses procédés. Paris, 1856, petit in-4.................. **5 fr.**

NOIROT. — Formules favorites des praticiens américains vivants les plus distingués, recueillies et publiées par le docteur Horace GREEN. Paris, 1860, 1 vol. in-16..................... **1 fr. 50**

NORMANDY (A.). — Tableaux d'analyse chimique; ouvrage présentant toutes les opérations de l'analyse qualitative, accompagné de nombreuses observations pratiques. Paris, 1858, 1 vol. in-4, avec figures, relié en toile.. **25 fr.**

OGÉRIEN. — Histoire naturelle du Jura et des départe-

ments voisins. Tome III , Zoologie vivante. 1 volume in-8 , avec
210 figures dans le texte.. 7 fr.

L'ouvrage formera trois volumes. — Prix................................ 21 fr.

PALÉONTOLOGIE FRANÇAISE. (Voy. D'ORBIGNY, pag. 11.)

PARCHAPPE (MAX.). — **Du cœur, de sa structure et de ses
mouvements,** ou Traité anatomique, physiologique et pathologique des
mouvements du cœur de l'homme ; contenant des recherches anatomiques
et physiologiques sur le cœur dès animaux vertébrés. Paris, 1848, 1 vol.
in-8, avec un atlas de 10 planches in-4........................ 12 fr.

PARCHAPPE (MAX.). — **Des principes à suivre dans la fondation et dans la construction des asiles d'aliénés.** Paris,
1853, 1 vol. grand in-8, avec 20 plans des principaux asiles d'aliénés en
France et à l'étranger................................... 20 fr.

PARCHAPPE (MAX.). — **Du siége commun de l'intelligence,**
de la volonté et de la sensibilité chez l'homme. 1re partie : *Preuve pathologique.* Paris, 1856, in-8.............................. 2 fr. 50

PARISEL (L. V.). — **L'Année pharmaceutique,** ou Revue des
travaux les plus importants en pharmacie, chimie, histoire naturelle médicale qui ont paru en 1860. 1 vol. grand in-8.................... 3 fr.

Deuxième année, 1861. 1 vol. grand in-8........................ 3 fr.

Troisième année, 1862. 1 vol. grand in-8........................ 3 fr.

Quatrième année, 1863, grand in-8.......................... 1 fr. 50

PAUL D'EGINE (Chirurgie de), texte grec, restitué et collationné sur
tous les manuscrits de la Bibliothèque impériale, accompagné de variantes
de ces manuscrits et de celles des deux éditions de Venise et de Bâle, ainsi
que de notes philologiques et médicales, avec traduction française en regard, précédé d'une introduction par le docteur *René Briau.* Paris, 1855,
1 vol. grand in-8... 9 fr.

PAYER (J.). — **Éléments de botanique.** Paris, 1857, première partie, *Organographie.* 1 volume grand in-18, avec 600 figures intercalées
dans le texte... 5 fr.

L'ouvrage sera continué par M. le professeur Baillon.

PAYER (J.). — **Botanique cryptogamique,** ou Histoire des familles
naturelles des plantes inférieures. Paris, 1850, 1 vol. grand in-8, avec
1,105 figures représentant les principaux caractères des genres... 20 fr.

PAYER (J.). — **Traité d'organogénie comparée de la fleur.**
Paris, 1857, 1 vol. grand in-8, avec un atlas de 154 planches gravées en
taille-douce. 2 volumes, demi-reliure maroquin, les planches montées
sur onglets... 160 fr.

PECLET (E.). — **Traité de la chaleur considérée dans ses applications.** 3e édition, entièrement refondue et accompagnée de 650 fi

gures dans le texte. Paris, 1860-1861, 3 vol. grand in-8....... 42 fr.

Le tome III, qui contient tout ce qui a rapport au chauffage et à la ventilation des édifices publics et des maisons particulières, est vendu séparément. **12 fr.**

PELOUZE et **FREMY.** — **Abrégé de chimie.** Quatrième édition, conforme aux nouveaux programmes de l'enseignement scientifique des lycées. Paris, 1859, 3 vol. grand in-18, avec 174 figures intercalées dans le texte.. **5 fr.**

On peut avoir séparément:

1re partie. GÉNÉRALITÉS. — CORPS SIMPLES NON MÉTALLIQUES. 1 vol. avec 96 figures .... **2 fr.**

2e partie. MÉTAUX ET MÉTALLURGIE. 1 vol. avec 46 figures.......... **2 fr.**

3e partie. CHIMIE ORGANIQUE. 1 vol. avec 32 figures.............. **2 fr.**

PELOUZE et **FREMY.** — **Traité de chimie générale, analytique, industrielle et agricole.** 3e édition, entièrement refondue, avec nombreuses figures dans le texte. Cette troisième édition comprendra six volumes grand in-8 compactes. Les tomes I à III sont consacrés à la *Chimie inorganique*, et les tomes IV à VI à la *Chimie organique*. Les deux parties sont publiées simultanément.

En vente, les tomes I, II, IV, V.

Prix de chaque volume................................ **15 fr.**

L'ouvrage sera complet dans le courant de l'année 1864.

PELOUZE et **FREMY.** — **Notions générales de chimie.** Paris, 1858. Un beau volume imprimé avec luxe, accompagné d'un Atlas de 24 planches en couleur, cartonné........................ **10 fr.**

— *Le même ouvrage*, édition classique, avec 24 planches en noir... **5 fr.**

PERIER (J. A. N.). — **Fragments ethnologiques**; études sur les vestiges des peuples gaélique et cymrique dans quelques contrées de l'Europe occidentale, etc. Paris, 1857. Une brochure grand in-8... **3 fr. 50**

PERSOZ. — **Traité théorique et pratique de l'impression des tissus.** Paris, 1846, 4 beaux vol. in-8, avec 165 figures et 429 échantillons d'étoffes, intercalés dans le texte, et accompagnés d'un atlas de 10 planches in-4 gravées en taille-douce, dont 4 sont coloriées. Ouvrage auquel la Société d'encouragement a accordé une médaille de 3,000 fr... **70 fr.**

PERSOZ (J.). — **Nouveau Procédé de culture de la vigne.** Paris, 1849, brochure grand in-8, avec deux planches in-4 gravées en taille-douce par WORMSER................................ **1 fr. 50**

PETREQUIN (J. E.). — **Traité d'anatomie topographique médico-chirurgicale,** considérée spécialement dans ses applications à la pathologie, à la médecine légale, à l'art obstétrical et à la chirurgie opératoire. 2e édition. Paris, 1857, 1 vol. grand in-8................. **9 fr.**

POUCHET (F. A.). — **Nouvelles expériences sur la génération**

spontanée et la résistance vitale. Paris, 1864, 1 vol. in-8, avec 20 fig. dans le texte et une planche coloriée.................. 7 fr. 50

POUCHET. (G.) — **Précis d'histologie humaine** d'après les travaux de l'École française. Paris, 1864, 1 vol. in-8, avec figures dans le texte.. 6 fr.

QUATREFAGES (A. DE). — **Souvenirs d'un naturaliste**. Paris, 1854, 2 vol. in-18... 4 fr.

QUATREFAGES (A. DE). — **Études sur les maladies actuelles du ver à soie**. Paris, 1859, 1 vol. in-4, avec 6 planches imprimées en couleur et retouchées au pinceau...................... 16 fr.

— **Nouvelles Recherches faites en 1859** sur les maladies actuelles du ver à soie. Paris, 1860, 1 vol. in-4..................... 3 fr. 50

REGNAULT. — **Cours élémentaire de chimie.** 5e édition. Paris, 1859-60, 4 vol. grand in-18, avec 2 pl. en taille-douce et 700 figures dans le texte.. 20 fr.

REGNAULT. — **Premiers Éléments de chimie.** 4e édition. Paris, 1861, 1 vol. grand in-18, avec 142 figures dans le texte......... 5 fr.

RENDU (VICTOR). — **Ampélographie française,** comprenant la statistique, la description des meilleurs cépages, l'analyse chimique du sol et les procédés de culture et de vinification des principaux vignobles de la France. Ouvrage publié sous les auspices de M. le ministre de l'agriculture, du commerce et des travaux publics. Paris, 1857, 1 vol. de texte in-folio et un atlas de 70 planches magnifiquement coloriées... 150 fr.

— *Le même ouvrage*, 2e tirage. Paris, 1857, 1 beau vol. grand in-8, avec une carte... 6 fr.

RESBECQ (DE FONTAINE DE). — **Guide administratif et scolaire** dans les Facultés de médecine, les Écoles supérieures de pharmacie et les Écoles préparatoires du même ordre. Agrégation, professorat, études, grades de docteur en médecine, d'officier de santé, de pharmacien, de sage-femme et d'herboriste; suivi d'une analyse chronologique des lois, statuts, décrets, règlements et circulaires relatifs à l'enseignement de la médecine et de la pharmacie de 1791 à 1860. Paris, 1860, 1 vol. in-18. 3 fr.

ROBINEAU. — **Histoire naturelle des Diptères des environs de Paris.** Ouvrage posthume publié par M. Monceaux. 2 vol. in-8. 30 fr.

ROCCAS. — **Traité pratique des bains de mer** et de l'hydrothérapie marine fondé sur de nombreuses observations. 2e édition. Paris, 1862, 1 vol. in-18.. 3 fr. 50

ROQUES (J.). **Atlas des Champignons comestibles et vénéneux,** représentant les cent espèces ou variétés les plus répandues, avec un texte explicatif contenant la description détaillée des cent espèces, l'indication des lieux où elles croissent, leurs qualités alimentaires ou nuisibles. Extrait de la 2ᵉ édition. Paris, 1864. 1 atlas gr. in-4º de 24 planches coloriées .... 15 fr.

ROSE (II.). — **Traité complet de chimie analytique;** édition française originale. Paris, 1859-1862, 2 volumes grand in-8 ...... 24 fr. Le premier volume est consacré à la chimie qualitative; le second à la chimie quantitative. Chacun est vendu séparément............ 12 fr.

ROSE-CHARMEUX. — **Culture du chasselas à Thomery.** Paris, 1862. 1 vol. in-18, avec 41 figures........................... 2 fr.

ROTUREAU (A.). — **Des principales eaux minérales de l'Europe.** Paris, 1857-1864, 3 vol. in-8..................... 25 fr.

On peut avoir séparément :

— ALLEMAGNE ET HONGRIE. Paris, 1858, 1 vol. in-8........ 7 fr. 50
— FRANCE; ouvrage suivi de la législation sur les Eaux minérales. Paris, 1859, 1 vol. in-8.. 10 fr.
— FRANCE (supplément), Angleterre, Belgique, Espagne et Portugal, Italie et Suisse. Paris, 1864, 1 vol. in-8......................... 7 fr. 50

ROUSSEL. — **Système physique et moral de la femme;** nouvelle édition, contenant une notice biographique sur ROUSSEL et des notes, par le docteur CERISE. Paris, 1860, 1 vol. grand in-18........... 8 fr.

SACC. — **Essai sur la garance.** Paris, 1861, 1 brochure gr. in-8. 3 fr. 50

SAUCEROTTE. — **L'histoire et la philosophie** dans leurs rapports avec la médecine. Paris, 1863, 1 vol. in-18............. 4 fr. 50

SAUSSURE (II. DE). — **Études sur la famille des Vespides.** 3 vol. et atlas divisés comme suit :

MONOGRAPHIE DES GUÊPES SOLITAIRES, ou de la tribu des Euméniens. Paris, 1852, 1 vol. grand in-8, avec atlas colorié de 22 planches........ 36 fr.

MONOGRAPHIE DES GUÊPES SOCIALES. Paris, 1860, 1 vol. grand in-8, avec atlas colorié de 39 planches.................................... 66 fr.

MONOGRAPHIE DES MASARIENS. Paris, 1856, 1 vol. grand in-8, avec atlas colorié de 16 planches.................................... 42 fr.

— **Mémoires pour servir à l'histoire naturelle du Mexique, des Antilles et des États-Unis.**

1ʳᵉ livraison. CRUSTACÉS. 1858, in-4, avec 6 planches.............. 9 fr.
2ᵉ livraison. MYRIAPODES. 1860, in-4, avec 7 pl., dont 1 coloriée..... 16 fr.

SAUZE (ALFRED). — **Études médico psychologiques sur la folie.** Paris, 1862, 1 vol. in-8................................. 5 fr.

SCANZONI. — **Précis théorique et pratique de l'art des accouchements,** traduit par le docteur P. PICARD. Paris, 1859, 1 vol. grand in-18, avec 111 figures dans le texte..................... 5 fr.

SCHREBER. — **Système de gymnastique de chambre, médicale et hygiénique,** ou Représentation et description de mouvements

gymnastiques n'exigeant aucun appareil ni aide. Paris, 1855, in-8, avec
45 figures.. 2 fr. 50

**SCHUTZENBERGER (P.)—Chimie appliquée à la physiologie
animale, à la pathologie et au diagnostic médical.** Paris,
1864, 1 vol. in-8..................................... 6 fr.

**SCRIVE. — Relation médico-chirurgicale de la campagne
d'Orient,** de 1854 à 1856. Paris, 1857, 1 vol. in-8............ 3 fr.

SCROPE (Poulett). — **Les Volcans,** leurs caractères et leurs phénomènes, avec un catalogue descriptif de toutes les formations volcaniques
aujourd'hui connues ; ouvrage traduit de l'anglais par E. Pieraggi. Paris,
1864, 1 vol. in-8, avec deux planches coloriées et figures dans le texte.
                                                           14 fr.

**SÉDILLOT. — Traité de médecine opératoire, bandages et
appareils.** 2e édition, augmentée. Paris, 1855, 2 volumes grand in-18,
publiés en 4 parties, avec 604 figures dans le texte.............. 16 fr.

SÉDILLOT. — De l'évidement des os. Paris, 1860, 1 vol. in-8, avec
2 planches coloriées...................................... 5 fr.

SEGOND (L. A.). — Traité d'anatomie générale, théorie de la
structure, embrassant les substances organiques et les éléments, les tissus,
les membranes et les parenchymes. Paris, 1854, in-8............ 7 fr.

SEGOND (L. A.). — Programme de morphologie contenant une
classification nouvelle des mammifères. 1862, 1 vol. in-8......... 3 fr.

SERINGE (N. C.).—Description, culture et taille des mûriers,
leurs espèces et leurs variétés. Paris, 1855, 1 vol. grand in-8, avec figures
dans le texte, accompagné d'un atlas in-4 de 27 planches........ 9 fr.

SILBERT (d'Aix). — **Traité pratique de l'accouchement pré-
maturé artificiel,** comprenant son histoire, ses indications, l'époque
à laquelle on doit le pratiquer, et le meilleur moyen de le déterminer.
Paris, 1855, 1 vol. in-8................................. 2 fr. 75

SILBERT (d'Aix). — **De la saignée dans la grossesse.** Ouvrage
couronné par l'Académie impériale de médecine. Paris, 1857, 1 vol.
in-8.. 4 fr. 50

SOCIÉTÉ d'anthropologie (Mémoires de la), publiés dans le format
grand in-8. Le tome I avec 14 planches, 1 carte et 4 portraits est en
vente ; le tome II est en cours de publication. Prix de chaque volume avec
planches... 12 fr.
— *Franco* par la poste.................................. 13 fr.

Le volume est fourni aux souscripteurs en quatre fascicules qui paraissent à des intervalles indéterminés. Le prix de chaque volume est payable en retirant le premier fascicule.

Bulletin de la Société. Voir aux *Publications périodiques*, page 30.

SOCIÉTÉ de chirurgie de Paris (Mémoires de la), publiés dans le format in-4. Prix de chaque vol. avec planches.................. **20 fr.**
— *Franco* par la poste.. **23 fr.**
Les tomes I à V sont en vente. Le tome VI est en cours de publication.

Le volume est fourni aux souscripteurs en cinq ou six fascicules qui paraissent à des intervalles indéterminés. Le prix de chaque volume est payable en retirant le premier fascicule.

Bulletin de la Société. Voyez aux *Publications périodiques*, page 30.

SOUBEIRAN. — Traité de pharmacie théorique et pratique. 6e édit. Paris, 1863, 2 forts vol. in-8, avec figures dans le texte. **17 fr.**

SOUBEIRAN. — Précis élémentaire de physique, 2e édit., augmentée. Paris, 1844, 1 vol. in-8, avec 13 planches in-4.......... **5 fr.**

TABOURIN (F.). — Nouveau Traité de matière médicale, de thérapeutique et de pharmacie vétérinaires, Paris, 1853, 1 vol. grand in-8 compacte, avec 82 figures................. **10 fr.**

THIBIERGE (A.) ET REMILLY. — De l'amidon du marron d'Inde et des fécules amylacées d'autres substances végétales non alimentaires aux points de vue économique, chimique, agricole et technique. 2e édition. Paris, 1857, 1 vol. in-18, avec planches gravées. **1 fr.**

TISSOT. — La Vie dans l'homme; ses manifestations diverses, leurs rapports, leurs conditions organiques. Paris, 1861, 1 vol. in-8... **7 fr. 50**

TISSOT. — La Vie dans l'homme ; existence, fonction, nature, condition présente, forme, origine et destinée future du principe de la vie; esquisse historique de l'animisme, pour faire suite à l'ouvrage précédent. Paris, 1861, 1 vol. in-8.................................. **7 fr. 50**

TISSOT (A.). Voyez le Baccalauréat ès sciences, page 4.

TRACY (VICTOR DE). — Lettres sur la vie rurale. 2e édition, 1 vol. in-18. Paris, 1861... **1 fr.**

TRAITÉ DE BOTANIQUE comprenant : 1o l'anatomie et la physiologie végétales ; 2o la classification des végétaux selon la méthode de Jussieu; 3o l'herborisation, avec l'indication des plantes médicinales les plus usuelles, de leurs différentes propriétés et de leur emploi particulier. 2e édition. Paris, 1853, 1 vol. in-18, avec 27 pl. et 3 tableaux.. **3 fr.**

TROOST (L.). Voyez le Baccalauréat ès-sciences, page 4.

UNGER (F.). — Le Monde primitif à ses différentes époques de formation. Seize gravures avec texte explicatif. 2e édition, revue et augmentée de deux gravures. Leipzig et Paris, 1860, gr. in-plano.... **86 fr.**

VACQUANT (Tn.). Voyez le Baccalauréat ès sciences, page 4.

VARENNES (P. J. DE). — Les **Veillées de la ferme du Tourne-Bride,** ou Entretiens sur l'agriculture, l'exploitation des produits agricoles et l'arboriculture. Paris, 1861, 1 vol. in-12, cartonné, avec figures dans le texte.. 1 fr. 05

VELPEAU. — **Traité des maladies du sein et de la région mammaire.** 2e édition. Paris, 1858, 1 vol. in-8, avec figures dans le texte et 8 planches gravées............................... 12 fr.

VERDEIL. — **De l'industrie moderne.** Paris, 1861, 1 vol. in-8.
7 fr. 50

VERDO. — **Précis sur les eaux minérales des Pyrénées.** 2e édition. Paris, 1855, 1 vol. grand in-18, avec une carte.... 3 fr. 50

VILLE (GEORGES). — **Recherches expérimentales sur la végétation.** Paris, 1854, 1 vol. gr. in-4 cartonné, avec figures dans le texte et 2 planches gravées en taille-douce par WORMSER................ 25 fr.

VILLE (GEORGES). — **Recherches expérimentales sur la végétation.** Paris, 1857, 1 vol. grand in-8, avec planch. photographiées. 7 fr. 50

WALPERS (G. G.). — **Repertorium botanices systematicæ.** Lipsiæ, 1842-1848, 6 volumes in-8 .... 140 fr.

WALPERS (G. G.). — **Annales botanices systematicæ.** Lipsiæ, 1848-1858, in-8. Tomes I à V............................. 150 fr.

WEBB (P. B.). — **Otia hispanica,** seu Delectus plantarum rariorum aut nondum rite notarum per Hispanias sponte nascentium. Paris, 1853, 1 vol. petit in-folio, avec 45 planches gravées en taille-douce..... 30 fr.

WECKHERLIN (A. DE). — **Zootechnie générale,** Reproduction, amélioration, élevage des animaux domestiques. Traduit de l'allemand par M. VERHEYEN. Paris, 1857, 1 vol. grand in-18.............. 2 fr.

ZIMMERMANN. — **La Solitude.** Traduction nouvelle par X. MARMIER. Paris, 1855, 1 vol. grand in-18............................. 3 fr.

PUBLICATIONS PÉRIODIQUES.

(Voir, à la fin du Catalogue, les conditions d'abonnements pour l'étranger.)

Annales de chimie, par MM. GUYTON DE MORVEAU, LAVOISIER, MONGE, BERTHOLLET, FOURCROY, etc. Paris, 1789 à 1815 inclusivement, 96 volumes in-8, figures, et 3 vol. de tables.

Les collections complètes de cette première série sont excessivement rares.

Les 3 volumes de table séparément.......................... 24 fr.

Annales de chimie et de physique, IIe série; par MM. GAY-LUSSAC et ARAGO. Paris, 1816 à 1840, 25 années, formant avec les tables 78 vol. in-8, accompagnés d'un grand nombre de planches gravées.... 400 fr.

— Table générale raisonnée des matières comprises dans les tomes I à LXXV (1816 à 1840). 3 vol. in-8, pris séparément................... 20 fr.

Annales de chimie et de physique, IIIe série, commencée en 1841, rédigée par MM. CHEVREUL, DUMAS, PELOUZE, BOUSSINGAULT, REGNAULT et DE SÉNARMONT, avec une revue des travaux de chimie et de physique publiés à l'étranger par MM. WURTZ et VERDET. Paris, 1841 à 1863, 23 années en 69 vol., avec figures dans le texte et planches gravées... 690 fr.

— Table générale raisonnée des matières contenues dans les tomes I à XXX de la IIIe série. Paris, 1851, 1 vol. in-8...................... 5 fr.

En préparation, la table des vol. XXXI à LIX.

Annales de chimie et de physique, IVe sérée, commencée en 1864, par MM. CHEVREUL, DUMAS, PELOUZE, BOUSSINGAULT, REGNAULT, avec la collaboration de MM. WURTZ et VERDET.

Il paraît chaque année 12 cahiers qui forment 3 volumes et sont accompagnés de planches en taille-douce et de figures intercalées dans le texte.

Prix { Pour Paris..................................... 30 fr.
de l'année: { Pour les départements (*par la poste*) .... 34 fr.

Annales des sciences naturelles. Ire série, 1824 à 1833 inclusivement, publiée par MM. AUDOUIN, AD. BRONGNIART et DUMAS. 30 vol. in-8, 600 planches environ................................... 300 fr.

Toutes les années séparément (*moins* 1830)..................... 30 f r

— Table générale des matières des 30 vol. qui composent cette série. Paris, 1841, 1 vol. in-8... 8 fr.

Annales des sciences naturelles, comprenant la zoologie, la botanique, l'anatomie et la physiologie comparées des deux règnes et l'histoire des corps organisés fossiles.

— IIe SÉRIE (1834 à 1843), rédigée, pour la zoologie, par MM. AUDOUIN et MILNE-EDWARDS; pour la botanique, par MM. AD. BRONGNIART, GUILLEMIN et DECAISNE.

— IIIe série (1844 à 1853), rédigée, pour la zoologie, par M. MILNE-EDWARDS; et pour la botanique, par MM. AD. BRONGNIART et DECAISNE.

— IVe SÉRIE (1854 à 1863), rédigée pour la zoologie, par M. MILNE-EDWARDS, et pour la botanique, par MM. AD. BRONGNIART et DECAISNE.

Chacune des IIe, IIIe et IVe séries comprend 20 volumes pour la ZOOLOGIE, et 20 volumes pour la BOTANIQUE.

Prix des 20 volumes de l'une ou de l'autre série complète, format grand in-octavo, avec 350 planches.............................. 200 fr.

La plupart des années sont vendues séparément. Prix des deux volumes... 25 fr.

Annales des sciences naturelles, Ve SÉRIE, commençant le 1er janvier 1864.

— ZOOLOGIE ET PALÉONTOLOGIE, comprenant l'Anatomie, la Physiologie, la Classification et l'Histoire naturelle des animaux; publiées sous la direction de M. MILNE-EDWARDS.

Il est publié chaque année 2 volumes gr. in-8, avec environ 35 planches.

Prix de l'abonnement { Paris............. 20 fr.
{ Départements..... 21 fr.

— BOTANIQUE, comprenant l'Anatomie, la Physiologie, la Classification et l'Histoire naturelle des végétaux, publiée sous la direction de MM. AD. BRONGNIART et J. DECAISNE.

Il est publié chaque année 2 volumes gr. in-8, avec 35 planches environ.

Prix de l'abonnement { Paris............. 20 fr.
{ Départements .... 21 fr.

NOTA. — Dans cette Ve série des Annales des sciences naturelles, la ZOOLOGIE et la BOTANIQUE forment chacune une publication distincte. Chaque partie est l'objet d'un abonnement séparé, indépendant de l'abonnement à l'autre partie.

Annales médico-psychologiques, journal de l'Anatomie, de la Physiologie et de la Pathologie du système nerveux, destiné particulièrement à recueillir tous les documents relatifs à la science des rapports du physique et du moral, à l'aliénation mentale et à la médecine légale des aliénés; publiées par MM. les docteurs BAILLARGER, médecin des aliénés à l'hospice de la Salpêtrière, CERISE et LONGET.

— Ire SÉRIE, de 1843 à 1848, 12 volumes in-8, avec planches...,   120 fr.

— IIe SÉRIE, 1849 à 1854, par BAILLARGER, BRIÈRE DE BOISMONT et CERISE. 6 vol. in-8... 72 fr.

— IIIe SÉRIE, 1855-1862, journal destiné à recueillir tous les documents relatifs à l'aliénation mentale, aux névroses, et à la médecine légale des aliénés, par MM. BAILLARGER, MOREAU (de Tours) et CERISE.

8 vol. in-8 .... 96 fr.

— IVe SÉRIE, commençant en 1863; cette série paraît par cahiers bimensuels qui forment, à la fin de l'année, deux volumes in-8.

Prix   ⎧ Pour Paris.................................... 20 fr.
de l'année : ⎨ Pour les départements (par la poste)............ 23 fr.

Bulletin mensuel de la Société impériale zoologique d'Acclimatation, fondée le 10 février 1854. IIe série, commencée en 1864.

Il paraît chaque année 12 cahiers formant un volume grand in-8 de 700 pages.

Le bulletin est envoyé sans rétribution à tous les membres de la Société à partir du commencement de l'année où ils sont reçus.

Prix de l'abonnement pour les personnes qui ne font pas partie de la Société :

Paris............. 12 fr. | Départements....... 14 fr.

Bulletin de la Société d'anthropologie de Paris ; comprenant les procès-verbaux des séances, des notices, rapports, etc.

Il paraît chaque année, depuis 1860, 4 fascicules formant un volume in-8.

Paris..................... 7 fr.—Départements.............. 8 fr.

Voyez page 24, **Mémoires de la Société d'anthropologie.**

Bulletin de la Société de chirurgie de Paris.

Ire séric, 1851 à 1860. 10 volumes in-8..................... 70 fr.

IIe série, commencée en 1861. Le tome IV correspond à l'année 1864.

Paris................. 7 fr. | Départements.......... 8 fr.

Gazette hebdomadaire de médecine et de chirurgie. Rédacteur en chef : le docteur A. DECHAMBRE. II série, commencée en 1864.

La GAZETTE HEBDOMADAIRE, publiée dans le format in-4, paraît, depuis le 7 octobre 1853, le vendredi de chaque semaine. Elle contient régulièrement, par numéro, 32 colonnes. Au bout de l'année, elle forme un beau tome, de plus de 950 pages, avec figures.

Prix de l'abonnement : Paris et départements,

Un an, 24 francs. — Six mois, 13 francs. — Trois mois, 7 francs.

Prix de chaque volume, comprenant les 52 numéros de l'année, avec titre et table alphabétique, broché, 25 fr.; avec une demi-reliure maroquin, 30 fr.

Pour la Iᵣₑ série, voir page 14.

Journal de médecine mentale, résumant au point de vue médico-psychologique, hygiénique et légal toutes les questions relatives à la folie, aux névroses, et aux défectuosités intellectuelles et morales, avec le concours des principaux aliénistes ; par M. le docteur DELASIAUVE.

Le *Journal de médecine mentale* paraît mensuellement depuis 1861. Il forme chaque année 1 volume in-8.

Prix pour la France, 5 fr.; pour l'étranger, 6 fr.

Journal de pharmacie et de chimie, par MM. BOULLAY, BUSSY, HENRY, F. BOUDET, CAP, BOUTRON-CHARLARD, FREMY, GUIBOURT, BUIGNET, GOBLEY, LÉON SOUBEIRAN et POGGIALE ; contenant une Revue médicale, par le Dʳ VIGLA, le Bulletin des travaux de la Société de pharmacie de Paris, et une Revue des travaux chimiques publiés à l'étranger par M. J. NICKLÈS, IIIᵉ série, ayant été commencée en janvier 1842.

Le *Journal de pharmacie et de chimie* paraît tous les mois par cahiers de 5 feuilles. Il forme chaque année deux volumes in-8 ; des planches sont jointes au texte toutes les fois qu'elles sont nécessaires.

Prix de l'abonnement pour Paris et les départements........... 15 fr.

ACADÉMIE ROYALE DE MÉDECINE DE BELGIQUE (Publications de l').

Mémoires de l'Académie royale de médecine de Belgique. Tomes I à IV, grand in-4, avec planches. Chaque volume......... 10 fr.

Mémoires des concours et des savants étrangers. Tomes I à IV et 1ᵉʳ fascicule du tome V, grand in-4. Chaque volume...... 10 fr.

Bulletin de l'Académie royale de médecine de Belgique. La première série comprend 16 volumes et une table. Prix de chaque volume.. 6 fr.

La seconde série, commencée en 1858, est à son sixième volume. Prix des volumes de la seconde série et de l'abonnement à l'année courante. 10 fr.

PRIX DE L'ABONNEMENT AUX JOURNAUX

Publiés par la librairie VICTOR MASSON ET FILS.

NOMS DES PAYS.	ANNALES des Sciences Naturelles. Chaque partie.	ANNALES de Chimie et de Physique.	GAZETTE Hebdomadaire.	JOURNAL de Pharmacie.	ANNALES Médico-Psychologiques	Société d'Acclimatation.
France et Algérie..........	21	34	24	15	23	14
Portugal, Suisse	22	36	25	16	26	15
Italie.	22	36	26	16	26	15
Angleterre, Espagne, Egypte, Turquie, Grèce, Pays-Bas.	23	36	27	17	26	15
Autriche, Bade, Bavière, Belgique, Danemark, Hanovre, Hesse, Villes libres, Pologne, Prusse, Russie, Saxe, Suède............... ...	23	36	28	17	26	15
Australie, Canada, Colonies. Cuba, États-Unis, Mexique, Nouvelle-Grenade (voie anglaise)..........	24	37	29	18	26	16
Asie, Brésil, Chine, Cochinchine, Inde, Réunion, Moldavie.	25	38	31	20	28	16
États Romains........	28	40	34	20	28	16
Bolivie, Californie, Chili, Pérou......	28	40	36	21	28	17

Corbeil. — Typographie de CRÉTÉ.

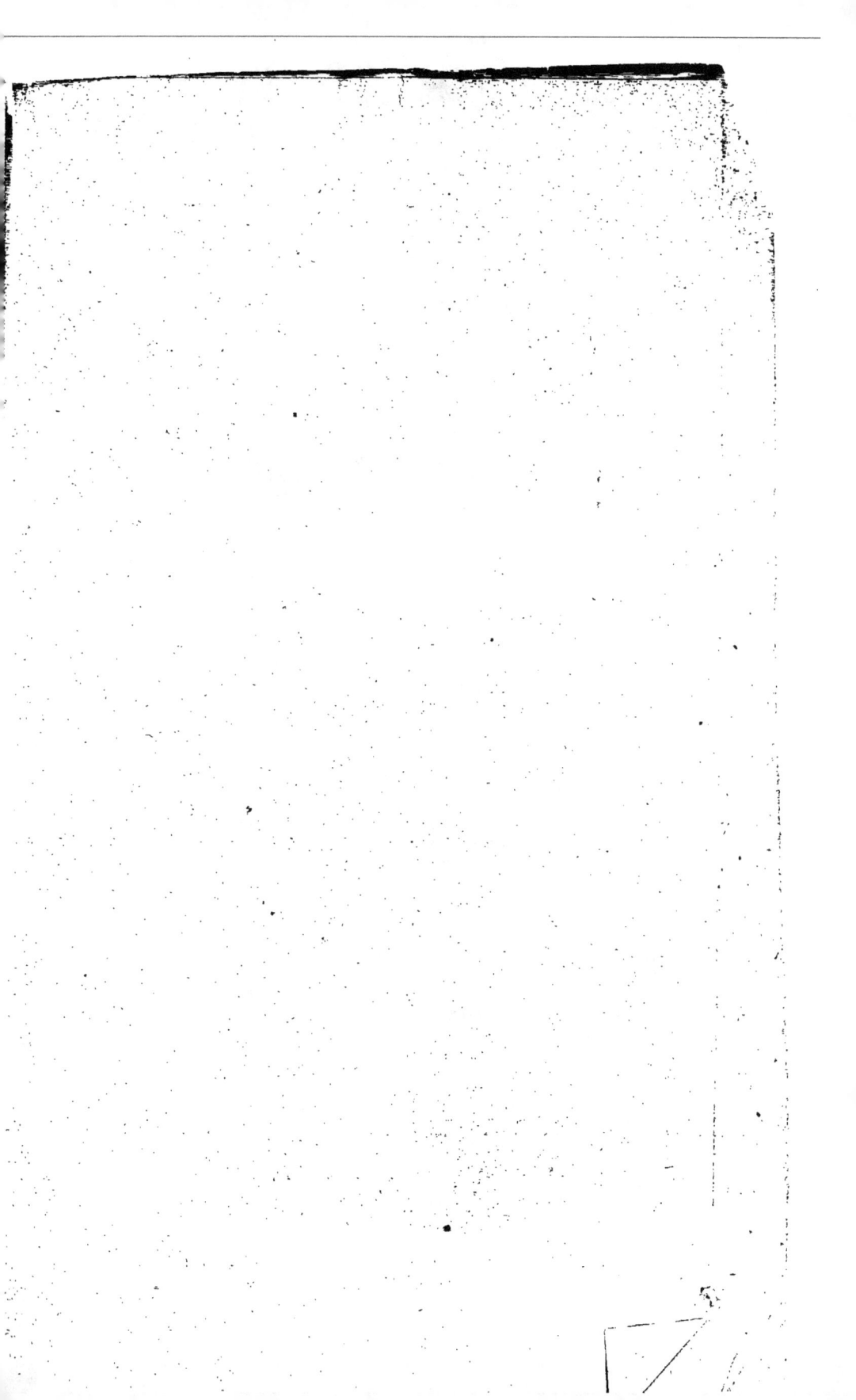

VICTOR MASSON ET FILS, A PARIS

LE LIVRE DE LA FERME

ET

DES MAISONS DE CAMPAGNE

PAR MM.

P. JOIGNEAUX, C. ALIBERT, CH. BALTET, EM. BALTET, ÉMILE BAUDEMENT,
LOUIS BIGOT, VICTOR BORIE, D' CANDÈZE, CAUMONT-BRÉON, BIGOT, CHERPIN, D' CLAVEL,
E. DELARUE, TH. DELBETZ, E. FISCHER, FOUQUET, HAMET, HARIOT, L. HERVÉ,
KOLTZ, LHÉRAULT-SALBŒUF, ALEXIS LEPÈRE, COMTE DE LA LOYÈRE, MAGNE, H. MARÈS,
EM. PELLETIER, P. E. PERROT, PONS-TANDE,
EUGÈNE RENAULT, ROSE-CHARMEUX, ANDRÉ SANSON, DE SÉLYS-LONGCHAMPS,
DE VERGNETTE-LAMOTTE, ETC., ETC.

Sous la direction de M. P. JOIGNEAUX

2 vol. gr. in-8 chacun d'environ 1,000 pages, impr. sur deux col. avec fig. dans le texte

PRIX : 32 FRANCS

Le *Livre de la Ferme et des Maisons de campagne* est à lui seul toute une bibliothèque rurale, où les connaissances les plus variées et les plus indispensables sont exposées par des écrivains spéciaux et rattachées entre elles par un lien commun.

DIVISION DE L'OUVRAGE

LIVRE PREMIER. — AGRICULTURE PROPREMENT DITE. — Qualités nécessaires au cultivateur et à la ménagère. — Météorologie. — Terrains. — Engrais. — Théorie et pratique des labours, hersages, roulages et binages. — Bâtiments de la ferme. — Assainissement des terres et défrichement. — Assolements. — Plantes cultivées. — Culture de chacune d'elles, récolte, conservation des produits, emploi de ces produits et falsifications. — Plantes nuisibles aux récoltes, moyens d'en prévenir le retour et de s'en défaire.

LIVRE SECOND. — ZOOTECHNIE ET ZOOLOGIE. — Espèce chevaline. — Espèces bovine, ovine et caprine. — Laiterie. — Espèce porcine. — Boucherie. — Oiseaux de basse-cour. — Éducation des lapins. — Pisciculture. — Apiculture. — Sériciculture. — Animaux sauvages, mollusques et insectes nuisibles ou utiles aux cultivateurs.

LIVRE TROISIÈME. — ARBORICULTURE ET JARDINAGE. — Généralités. — De la multiplication des végétaux. — Culture de la vigne. — Arboriculture fruitière (culture du poirier, pommier, pêcher, prunier, cerisier, olivier, noyer, etc., etc.). — Jardin fruitier et verger. — Arbres et arbustes d'ornement. — Sylviculture. — Culture potagère. — Culture potagère. — Culture des fleurs. — Culture et emploi des plantes utilisées en médecine.

LIVRE QUATRIÈME. — CONNAISSANCES DIVERSES. — Hygiène des campagnes. — Comptabilité rurale. — Chasse. — Pêche. — Cuisine des campagnes. — Recettes pour la ménagère. — Table alphabétique de toutes les matières traitées dans l'ouvrage.

PARIS. — IMP. SIMON RACON ET COMP., RUE D'ERFURTH, 1.

www.ingramcontent.com/pod-product-compliance
Lightning Source LLC
Chambersburg PA
CBHW060950220326
41599CB00023B/3660